Sales

讓比爾蓋茲、股神巴菲特、傑克．威爾許奉行的商業定律

博恩．崔西的銷售法則

• 丁政 — 編著 •

他，就是博恩．崔西！

疑慮代表興趣，拒絕未必失敗

115招成交技巧，讓客戶點頭說YES！

★ 25歲招募並建立起一個95人的銷售團隊

★ 出版圖書近50本，影響遠播80多個國家

★ 在全球1/4的國家舉行演講，擁有超過400萬名學生

★ 全球最負盛名、最具傳奇色彩的成功銷售策略大師

目錄

前言

第一章　銷售高手的自我修練：從鍛鍊心智開始，一路向前

卓越的思考成就偉大的銷售 …… 11
做你自己的老闆 …… 13
不要在心靈上被打敗 …… 15
燃燒你的成功欲望 …… 17
成功者與失敗者的最大區別 …… 19
比別人更認真、更努力 …… 22
具備高度的同理心 …… 24
把重點放在「聽對方說什麼」 …… 27
做最真實的自己 …… 29
銷售的 7 個心理法則 …… 32
7 個提高心理適應力的練習 …… 35
永遠保持積極的心態 …… 38
設立目標，超越自我 …… 41
寫下你的使命 …… 43
培養敏銳的觀察能力 …… 46
讓自己更健康 …… 48

保持謙虛的態度…………………………………………………………… 50

第二章　全力激發潛意識力量：嚇死人的業績需要全部生命力的投入

「愛」上自己銷售的產品 …………………………………………………… 53
誠實，還是誠實……………………………………………………………… 55
分析你的公司………………………………………………………………… 58
讚美你的客戶………………………………………………………………… 60
正面期望帶來成功 ………………………………………………………… 62
從改變自己的內在開始 …………………………………………………… 65
致力於終生學習……………………………………………………………… 67
善用有聲書…………………………………………………………………… 69
打造自己專屬的「高手圖書館」 ………………………………………… 71
盡快推銷到第 100 個客戶 ………………………………………………… 74
吸引客戶注意力的 5 種途徑……………………………………………… 76
背後的潛在力量……………………………………………………………… 79
光彩照人的 30 秒…………………………………………………………… 81

第三章　銷售高手都是心理學大師：從「心」開始成交

耐心傾聽的力量……………………………………………………………… 85
和客戶做知己………………………………………………………………… 88
誰先開口，誰就輸了的「沉默」成交法 ………………………………… 91
小心留意客戶購買跡象 …………………………………………………… 93
了解客戶購買的主要障礙 ………………………………………………… 95
人們為什麼購買你的產品 ………………………………………………… 98

區分第一和第二動機……100
運用敏感點式銷售……103
不斷的強調，直到對方「銘記在心」為止……105
客戶永遠是對的……106
與客戶建立長期關係……109
不要批評你的競爭對手……111
不要太快就放棄……114
銷售人員就是購買動力……116
積極應對不合拍的客戶……118
客戶依賴視覺……120
記住客戶的名字與相貌……122
看見大人物你會恐懼嗎？……125
了解客戶內心的真實想法……128
那些不該說的話……130

第四章　疑慮代表興趣，拒絕未必失敗：突破客戶心防的 N 個攻心術

客戶的 6 個真正疑慮……133
讓客戶明白問題是有辦法解決的……135
直接請客戶下訂單……138
建立長期關係的重要性……143
友誼是銷售的前提、基礎……145
克服結束交易的障礙……147
幾乎對任何人都有效的「逆向成交法」……150
遠離難纏的客戶……153

適當給客戶一點「威脅」……155
穩中求勝，讓客戶敞開心扉……157
找到客戶的興趣所在……160
創造讓客戶無法拒絕的強大氣勢……162
正視客戶的投訴……164
成交階段促成訂單法……167
權衡階段促使客戶決定法……169

第五章　讓客戶點頭說「YES」：N 個成交技巧提高成功機率

能用問的事情，千萬不要說明……173
使用第三方證明，建立絕對信賴……176
重視反對意見……178
保留反對意見結束交易……181
「門把手」結束交易法……182
當價格阻礙成交時……185
「這價錢也太貴了」……187
證明你的產品並不貴……189
客戶往往喜歡聽從「內行」的話……192
預留感情資本，細水才會常流……195
不可小看的力量……197
與客戶先交朋友，後交談……198
消除客戶異議的 7 種方法……201
團體銷售法……204
高效的客戶評估……206

第六章　方法總比問題多：面對不同客戶及問題需求的 N 個成交方法

利用產品的售後條件來成交……209
有助於減輕客戶壓力的暗示成交法……211
迅速讓客戶做出決定的直接認定成交法……213
保證介紹的產品功效足夠多……215
將買與不買的優缺點進行比較……220
細節決定成敗的累積法則……223
「秒殺」客戶的故事成交法……224
留住客戶，讓他原地做決定的何必麻煩成交法……227
留到最後一刻再講的最後一天成交法……228
能起死回生的以退為進成交法……230
快速、有效提高業績的轉介成交法……233
針對隨和型客戶的熱情成交法……235
針對精明型客戶的真誠成交法……237
針對外向型客戶的俐落成交法……240
針對多次拜訪的 TDPPR 法……241
針對感性型客戶的獨特成交法……243

第七章　高效成交背後的祕密：時間管理能力決定你的銷售業績

讓每一個小時都賺得更多……245
要耐心工作，然後做好……247
透過目標和目的掌控時間……249
制定 GOSPA 模型，銷售更簡單……252

從制定清晰的銷售額和收入目標開始……254
按照時間規劃你的客戶……257
了解 39 法則……260
為自己創造時間，保持領先……262
消除推銷環節中浪費時間的行為……264
不要站著等事情發生，要勇敢的去迎接它……267
把自己工作的時間拉長一點……270
把握好每一分鐘……272
做好個人的調查研究……274

第八章　因為專業，所以不同：讓銷售職業成為你的專業

具備專業的態度……277
成為銷售大師……279
發揮你的銷售潛能……281
自我評估……283
逐步增強推銷能力……287
跟更優秀的人比……289
讓自己學會「零基礎思考」……292
每天都要尋求更好的方法……294
成功銷售是你必須要做的事……297
做好銷售準備……299
控制銷售局面……302
擴大自己的人際關係網……306

前言

不管是哪一種技巧，哪一種成交法，只要有心，一定可以學得會；只要有心，沒有辦不到的事。

——博恩．崔西

有這樣一個人，在他高中退學後，在小餐館洗盤子，洗車，洗地板，他甚至一度以為，自己的前途就是不停的洗東西；在 23 歲以前，他還是個全盤的失敗者，所賺到的錢只能使自己糊口罷了，換過很多工作仍然一事無成。然而，沒有人能想像得到，像這樣一個每天連續疲於奔命，總還是沒有辦法賺到足夠的錢填飽肚子的人，竟然能夠在短短的 2 年內，從寄人籬下變成擁有豪華公寓，25 歲時，招募並建立起一個 95 人的銷售團隊。

他，就是博恩．崔西，讓我們來看一下這位銷售大師至今獲得的個人殊榮：

- 當今全球最負盛名、最具傳奇色彩的成功銷售策略大師
- 在全球四分之一的國家舉行演講，擁有超過 400 萬名學生
- 全球研究人類潛能發揮居於先導地位的權威之一
- 讓比爾蓋茲、傑克．威爾許、華倫．巴菲特、麥可．戴爾都坐在臺下專注傾聽的人
- 出版圖書近 50 本，影響遠播 80 多個國家

透過博恩．崔西坎坷的人生歷程和他所獲得的成績，我們不難看出，博恩．崔西是一位集智慧與勇氣於一身的完美銷售人員：他生於貧窮，長於苦難，卻始終自強不息，不懈奮鬥，虛心學習，努力執著；他注重服務，對待客戶，始終堅持客戶至上的原則，將客戶的利益放在第一位，並一如既往的

堅持誠信;在銷售方法及策略上，博恩．崔西從不墨守成規，能夠不斷創新，不斷總結更有效率的工作方法，從而在激烈的競爭中不斷超越自我，最終走上銷售的巔峰，成為世界上人人尊敬的最偉大的銷售人員。

本書著重介紹這位銷售大師在銷售過程中總結出的成功經驗及方法、策略，並輔以大師本人推銷實例，旨在幫助所有銷售人員有一個良好的學習途徑，並不斷提升自己的銷售能力。

第一章　銷售高手的自我修練：從鍛鍊心智開始，一路向前

卓越的思考成就偉大的銷售

博恩．崔西說過：「銷售人員唯有不斷的學習與創新才能跟得上社會變化的脈搏。」隨著時代的發展，推銷技巧也發生著日新月異的變化，再加上現如今人們的生活方式與溝通方式發生著轉變，所以推銷技巧和推銷觀念也必須隨著社會的變化而改變。

但是博恩．崔西提醒銷售人員，在學習新的推銷技巧的時候，首先要驗證這些銷售技巧是否能夠適應自己的推銷產品和推銷個性。

當你看到別人展現出他們驚人的說服魅力與推銷技巧的時候，你可能會非常的羨慕，其實博恩．崔西告訴銷售人員，「別人的不一定是最好的，適合自己才是最好的。」是的，別人的經驗和技巧只能夠供我們參考與融合使用，我們千萬不能照樣畫葫蘆，不然的話，即使是博恩．崔西這樣的大師，也是不可能成功的。

所以，我們學習新知識一定要懂得融會貫通，將所學到的東西能夠存入到自己的頭腦當中，用你的智慧去分析這些知識是不是能夠很好的符合需求，用你的經驗來分析實際運用所產生的結果，並且能夠全盤掌握好一些可控和不可控的因素，能夠隨機應變。

但是俗話說得好，「萬事開頭難」，如果你只知道坐在屋裡面埋頭空

想，而不去真正實踐的話，實際你就是在空想。即使你以現在的實際經驗來累積學習的成果，在你的銷售過程中，還是會遇到隨時隨地出現在你身邊的危機。

博恩．崔西把銷售技巧看成是一種非常實用的功夫，任何理論都需要用實際的操作來驗證它的效果。不然的話，這一切只能夠成為毫無意義空洞的構思，是經不起現實的考驗和挑戰，所以最後這些不切實際的想法，也只能成為一個無法執行的工具。

所以說，銷售人員需要思考，只有卓越的思考才能夠成為一名偉大的銷售人員。如果僅僅是光說不練，那麼不僅無法讓你的銷售技巧提高，反而會成為你推銷最大的障礙。

現在社會的發展速度之快，我們是有目共睹的，以前我們認為不可能的事情，現在都一一呈現在了我們的面前，所以，推銷技巧也不可能一味的墨守成規，而要懂得與時俱進，時刻創新。

一名出色的銷售人員，要時刻抱有一顆學習的態度，透過學習發現並創造出最恰當的技巧才行。

博恩．崔西說：「要想成功，自我進步的速度必須要大於社會整體的進步速度，不然的話你只能是停留在原地，甚至是倒退。這樣你就永遠都不可能跟上社會進步的步伐了，你會離你的銷售目標越來越遠，最後被淘汰在銷售行業裡。」

博恩．崔西一直以來都認為，成為一名優秀銷售人員的關鍵，不在於外在的能力，而在於你的思考。如果你想成為一名非常優秀的銷售人員，你就要學會思考，因為你的思考會讓你避免很多失誤，解決銷售工作中遇到的諸多問題。

做你自己的老闆

給自己當老闆的態度，是一種能夠帶動你的其他特質出現的首要特質和提高自我形象的重要心態。你對自己的工作、公司、產品以及服務、未來的客戶和現在的客戶，包括你所做的任何事情，都應該有一種自我經營的態度。因為博恩．崔西說過：「這種對自己的經濟命運負責的態度，不論是在行銷業或者是其他任何行業中，都是用來區分成就高低的重要因素。」

當你把自己看成是一家銷售公司的老闆時，你就已經具備了對自己以及公司任何事情負責的態度。

如果我們從法律角度來看，你只要自己願意，是完全可以開公司的，沒有人可以阻止你。有的時候你甚至只需要很少的錢就可以註冊一個公司，在銀行開一個帳戶，這樣一來你就在自己的心中有了當老闆的心態，開始對自己的生活負起完全的責任，對自己的事業，包括你的員工。

如果你心甘情願為一切發生在你身上的事情負責任的話，那麼你就不會再去尋找藉口或者是指責別人了。博恩．崔西一直都把「如果問題註定要發生，那麼我會負起責任」作為銷售的重要原則之一。當問題發生的時候，博恩．崔西會把自己當成老闆，站在老闆的角度來思考解決問題的辦法，因為他明白自己沒有辦法把問題推給主管。假如你銷售的業績好，那麼你就有功勞，可是如果你的銷售情況很差，那麼你就必須負責，根本就不允許你找藉口。所以博恩．崔西告誡現在很多年輕的銷售人員：「你永遠沒有權利抱怨，永遠沒有失敗的藉口。」

根據一項調查顯示，在美國的各行業中，最上層只有 3%的人，而他們做事的態度就和博恩．崔西所宣導的一樣，把自己當成公司的主人，也就是做自己的老闆。他們會時刻關注公司發生的任何事情，在別人眼中，他們就好像掌握著公司的 100%股權一樣。他們覺得自己對客戶、銷售、品質、利潤、銷售管道，以及成本效益都要負起責任。他們對待自己的工作、產品及

服務更是全身心的投入。

你想獲得更好的銷售業績嗎？那麼你就應該向博恩．崔西學習，讓自己走到最近的一面鏡子面前，和你的「老闆」好好商量一下，鏡子中的人就決定你最後能拿到多少的獎金。

博恩．崔西甚至建議我們：在每個月的第一天，你要拿起私人支票本，估算一下你打算在這個月賺多少錢，然後開一張支票給自己，付款日期填成本月底，然後簽名。

在這個月裡，你必須努力想辦法籌到付薪水的錢，就好像是公司老闆的事一樣。假如你必須要增加銷售才能加薪，那麼你現在的任務就是去設法辦到。

因為你現在是自己專業行銷公司的老闆，而你目前實際的雇主就是你最好的客戶。當然，由於實際情況可能會隨時變化，而你不會永遠為目前的雇主工作，更不會一直在同一家公司上班，可是你要明白：你永遠會為自己工作，你永遠是自己的雇主。

只要你下決心讓自己從被僱用的角色變成公司老闆的角色，那麼你就已經下決心要把自己變成生活中的創造者了，這對於任何想成為優秀銷售人員的人來說都是非常重要的。

在行銷行業，你千萬不要把自己看成是一個為了客戶的犧牲者，或者是為了服務的被動接受者，你應該把自己看成是一個積極參與者，要主動控制一切。你走近客戶，去創造生意並且也讓自己生存下去。你用最高的價格出售服務，並且提供你自營銷售公司所能提供的最佳服務。你不會坐等事情發生，也不會期望機會從天而降，你會安排讓事情發生。

你知道一名優秀的銷售人員與非專業的銷售人員之間的差距嗎？博恩．崔西是這樣回答的：「專業銷售人員，如同醫生、律師、建築師、工程師或是牙醫一樣，會擁有銷售專業方面的私人書籍及錄音帶等等。他們在發展事業的時候，會不斷增加這方面的收藏。」

非專業的銷售人員會很消極的看待自己，他們只會把自己看成是受僱人員或經濟體系下的犧牲品。一般而言，他們很少會投資在自己的身上，也不會主動匯集任何銷售方面的圖書或錄影帶。他們只是在被動等待公司花時間和金錢來訓練他們成為更好的銷售員。他們並不了解，事實上，他們是在進行工作，他們是在為自己自我經營。隨著歲月的流逝，他們的未來會越變越窄。

所以說，博恩．崔西之所以能夠成功，很大程度就在於他懂得建立自我形象，並且把這件事情放在非常重要的位置。他曾經告誡自己的手下，「一定要把自己看成是一個自我負責而且自我經營的人物」，因為這樣你才會對所有發生在你自己身上的事情負起責任，如果你發現自己現在還沒有這種轉變，那麼請你立刻去改變吧。

不要在心靈上被打敗

博恩．崔西是一位銷售領域的傳奇人物，而他正是憑藉「不要在心靈上被打敗，相信自己」的強大信念，在推銷生涯中獲得了如此驕人的成績。

博恩．崔西說：「成為業務高手的關鍵，不在於外在的能力，而在於內在的性格。」如果你想成為一名優秀的銷售人員，那麼你就要從改變自己的內心開始，因為你的性格才是影響你業績成功的關鍵因素。

「你有沒有信心」這不但比「你了解產品多少」重要，也比你的銷售技巧重要。事實上，銷售人員的成敗 80%取決於你對自己的信心。

如果你對自己都心存懷疑，那麼你想想那些優秀的銷售人員是如何做到在當今市場不景氣、競爭異常激烈的大環境中持續成長業績的呢？

因為優秀的銷售人員總是能夠對自己充滿信心，而他們的這種自信是源發於他們內心的。也就是說當一個人越是喜歡自己，就會對自己越有自信。

博恩・崔西分析了影響銷售成功的諸多因素，認為自信是首要因素，有自信才會成功。但是在實際銷售過程中，很多銷售人員可能做出了很大的努力，但還是會遇到產品賣不出去的情況，結果很多銷售人員在自己的付出沒有得到回報的情況下，開始感到迷茫，甚至懷疑自己已經不再適合做銷售工作了。

對於銷售人員來說，如果已經有了這樣的想法，就意味著對自己信心的動搖，而失去信心做推銷，是很難有所作為的。

成功並不是偶然的，一種正確的思考方式和良好的心態，往往是成功的關鍵和基礎。有的銷售人員覺得自己沒有經驗，學歷也不如別人，博恩・崔西告訴你，這些都不是問題，因為經驗只代表著過去，並不代表未來；而學歷也只能說明這個人學習知識的程度，代表不了悟性。所以，每一位銷售人員都要清楚，現在你還沒有成功，也許就是因為缺少一份自信，要相信自己能夠成為像博恩・崔西這樣的銷售員。

當然，銷售本身就是一項競爭性異常激烈的工作，在做銷售工作的同時，你既有可能成為銷售菁英，也有可能被銷售行業所淘汰。所以作為一名銷售人員，你認為自己能成為什麼，自己就會成為什麼：如果你對自己的銷售之路充滿了信心，認為自己會成為銷售菁英，那麼你就有可能成為一名優秀的銷售人員；反之，你很有可能會一生平庸。

博恩・崔西在推銷過程中，時刻相信自己，他有的時候在出門之前總是對自己說：「我是最偉大的。」、「我是最好的銷售人員。」博恩・崔西這樣就經常喚起了「我是第一」的意識，而且他在實際工作中，也不斷向「我是第一」這一目標努力。

一位德國人力資源開發專家在他所寫的《激烈的神話》一書中寫道：「強烈的自我激烈是成功的先決條件。」作為銷售人員，更應該對自己充滿自信。博恩・崔西也說：「一個缺乏自信的業務員是不可能成功的。」

你失去了自信，就永遠都不敢主動出擊，哪怕這件事情沒有一點失敗的可能，你都會為此而猶豫不決，白白失去了大好的機會。

博恩．崔西再三告誡銷售人員：「切記！切記！懂得愛自己，自然就會懂得如何愛別人。」一開始看這件事和信心沒有關係，實則不然，你越是關心別人，別人就會越對你有信心。而當別人對你有信心之後，自然也就會買你的東西，這樣反覆下去，你的信心也會不斷建立起來。

誰都喜歡和對我們有好感的人在一起，同樣的道理，客戶也喜歡向真正關心他們的銷售人員購買東西。

在你的銷售道路上，可能會遇到不同的競爭對手和數不盡的困難，可是博恩．崔西既然能夠克服，我們同樣也可以克服。總之，要想成為一名優秀的銷售人員，就要像博恩．崔西那樣對自己充滿信心，這樣我們在推銷過程中遇到任何問題，才能夠坦然自若，從容應對，自己也才能在未來的銷售事業中大放光彩。

燃燒你的成功欲望

事業的成功離不開自我對於成功的渴望。博恩．崔西對待工作始終保持著一種充滿熱情的狀態，而且他的事業之所以這麼成功，與他始終保持熱情的工作狀態、心中懷揣成功的欲望是分不開的。

博恩．崔西說過：「要把握身邊任何一個可以充實自己的機會，把眼光放遠一點，充分利用每一份工作所帶來的學習成長空間，並且時時刻刻保持強烈的求知欲。如果公司進行任何培訓，不要遲疑，馬上報名參加。記住，你學到的每一項新技能，都是對未來幸福人生的投資。」

有的人認為對待工作就需要 100%的付出，可是博恩．崔西認為這還不夠，需要的是 200%的付出，因為這才是成功的保證。

博恩．崔西對自己的工作成績從來就沒有感到過滿足，可是一般的銷售

人員卻並非如此，他們往往把工作看成是自己謀生的手段，只要能夠賺到每個月的生活費，能夠完成每個月公司安排的任務就已經滿足了，這樣的銷售人員是沒有遠大理想的，他們缺乏成功的欲望，缺乏對待工作的熱情。

沒有對成功的欲望，就不可能充滿熱情的去工作。根據專家調查發現，熱情在推銷成功的因素中所占比重高達95%，而對於產品知識的介紹只占5%。當銷售人員態度熱情的時候，往往很容易促成交易的完成，因為你的熱情會觸動客戶。

就比如當一名新的推銷人員還不知道自己應該如何進行成交的時候，如果他僅僅憑藉自己所掌握的一點最基本的產品知識，卻能夠把產品促銷得非常好，那麼就說明他是用自己的熱情來影響客戶，從而實現這一目標的。

恰恰相反，如果是一名非常成熟的銷售人員，對產品的知識也是瞭若指掌，可是他心中沒有成功的欲望，那麼當他面對挑戰的時候，熱情肯定就會減退，從此，這位經驗豐富的銷售人員也就變成了一位碌碌無為的普通銷售人員，永遠失去創造佳績的機會。

作為一名銷售人員，可以說每一天每一月，甚至是每一年都需要四處奔波，為自己的產品進行推銷，其間遇到的失敗和挫折自然是不計其數，而且銷售工作往往需要耗費很多的精力和體力，這也是對我們的極大挑戰。如果你喪失了對自己工作的熱情與欲望，那麼你絕不會成為一名成功的銷售人員。

博恩．崔西說過，不管是做哪一行，你如果想出類拔萃，就一定要全身心投入整整五年的心理準備時間。只有當你花費了很長的時間，才能培養出足夠專業的能力，在競爭激烈的市場中推銷成功，成為出色的銷售人員。

其實，充滿熱情和成功的欲望是推銷成功與否的首要條件，所有的銷售人員都應該以發自內心的熱情進行推銷工作，用自己的熱情去感動客戶，從而消除客戶的冷漠拒絕，呼喚起客戶對你的好感和信任，只有這樣，你與客戶才更容易達成共識，完成交易。

作為推銷人員你要知道，熱情是要自己創造的，而不是等著別人來點燃你的熱情。如果你不進行努力，任何人都沒有辦法讓你充滿滿腔熱情。當然，博恩．崔西也非常肯定的告訴我們，熱情是可以培養的。而培養熱情的基礎就是你要對自己的產品充滿信心，這種發自內心的自信，會激發你產生足夠的動力和勇氣去說服客戶，這樣也才會讓客戶覺得你是多麼熱愛自己的推銷工作，你是多麼的富有活力與熱情。

此外，博恩．崔西還建議銷售人員可以在自己去見客戶之前，自己鼓勵自己，這樣你在推銷產品的時候，可能會表現得更好。

有一次博恩．崔西在推銷一種新產品時，沒有把新產品推銷出去，結果心情很是鬱悶，但是第二天一大早，他在出門前對自己先進行了一番精神上的鼓勵，才去拜訪客戶，結果最後把產品成功推銷出去了。

而事實上，博恩．崔西兩次推銷的都是同一種產品，只不過第二次，博恩．崔西以更大的熱情去向客戶進行介紹，從而才收到了不同的效果。

總之，銷售人員一定要有對於成功的渴望，堅信自己一定會成為博恩．崔西這樣的銷售大師；對於自己的產品，你要具有無比的動力和熱情，而這些都會幫助你走向成功。一名銷售人員只有充滿了熱情，才能夠在推銷的過程中掌握好自己的命運，激起自己成功的欲望。

成功者與失敗者的最大區別

偉大的銷售大師博恩．崔西，一直以來都認為成功者與失敗者之間最大的差別就在於：成功者總是會為自己的行動造成的後果，擔負起自己應該承擔的責任，而失敗的人總是喜歡不停的找藉口，試圖透過這樣的方式，為自己的責任進行開脫。

其實，在一些失敗的銷售人員身上有一種通病，就是喜歡不停的找藉口。如果你現在已經得上了這樣的「病」，那麼你的銷售業績可能就會長期低迷。因為這種病很容易讓一個銷售人員失去鬥志，不敢勇敢的去面對客戶。

博恩．崔西能夠成為優秀的銷售大師，就在於他總是把時間花在解決問題上面。他每天所思考的是如何面對挑戰，如何解決問題，他總是不停的在嘗試各種解決問題的方法，博恩．崔西從來都不會為自己找藉口。

藉口是銷售人員最大的敵人，特別是當一個簽單的機會來到你的身邊，而作為銷售人員的你，如果只知道找藉口的話，就會束縛住你的手腳，你也必然會失敗，而這個時候，藉口又會成為掩蓋你缺陷的武器。

在美國西點軍校學生口中經常說這樣一句話:「我沒有任何藉口，長官。」你要想成為一名優秀的銷售人員，就要和博恩．崔西一樣，在犯錯誤或者是沒有按時完成任務的時候，不要總想著找藉口，而應該學會主動去承認自己的錯誤。

可是現在很多銷售人員的做法卻恰恰相反，他們身上都有一個通病，就是喜歡把各種錯誤推託到別人身上，甚至是客戶身上，在他們的口中，我們經常聽到的就是「這不怪我，是他的錯誤。」「這怎麼能怪我呢？」等等。

殊不知，這種越是喜歡替自己找藉口的銷售人員，越是簽不下訂單，反而會讓其失去更多的潛在客戶。原因就在於銷售人員的藉口，往往會讓客戶覺得你是在掩蓋事情的真相，雖然有的時候你可能比較幸運，一時搪塞過去。

俗話說「家家都有一本難念的經」，現在這句話也已經被用在了銷售人員身上，每個銷售人員自身都有一本難念的經。因為誰都會在工作中遇到各式各樣的困難，特別是與客戶進行溝通談判的時候，但是成功的銷售人員卻能夠堅忍不拔，迎難而上，而沒有什麼銷售業績的銷售人員卻只會選擇逃避。

工作的每一天都不是輕鬆的，特別是對於我們銷售人員來說，根本不存在絕對安逸的一天，我們每天都會圍繞在客戶的身邊，而只有等我們把客戶拿下之後，你才有可能享受到真正的成功的安逸。

現在很多銷售人員，在工作當中稍微遇到一點困難就感到懼怕，從而不敢前進，一起床想到今天不知道自己又要吃多少閉門羹，可能心裡就會膽怯。博恩·崔西就是一個勇敢的人，他不懼怕任何困難，雖然他的成功道路非常艱辛，但是正是由於博恩·崔西的不斷堅持，才成為全世界最優秀的銷售人員之一。

在法國有一本非常著名的書《她》，而這本書的作者是一個叫布彼的人，他才華橫溢，文章寫得不僅風趣而且還有很深的見解。可是令人感到不幸的是，在 1995 年的一天，當時 43 歲的布彼因為突發腦溢血而昏迷不醒。

醫生經過幾個星期的努力搶救，終於把布彼從死亡線上拉了回來，可是他的身體所有部位完全癱瘓了。這樣一來，布彼不僅喪失了行走、說話的基本能力，甚至自己的呼吸都需要借助機器。而他與外界溝通就靠唯一能夠活動的一隻左眼。

他時而把左眼睜大，時而把左眼瞇起，就透過這些細微的動作來表達自己的情感和訊息。最後布彼與當時的一位女護士達成了共識，這位女護士把字母表一千次、一萬次的高聲朗誦，並且隨時觀察布彼左眼的變化。只要布彼的左眼眨一次表示「是」，而眨兩次的話表示「不是」，就這樣，布彼先記錄下字母，結束後再選擇字母，排列順序，從而形成語句。

最後，布彼雖然躺在病床上，手不能動，但是卻還是把《她》這本書一頁頁的寫了出來。

失敗的銷售人員不僅僅喜歡找藉口，而且他們的藉口往往是說自己沒有機會。一個失敗的銷售人員總是把自己不能成功的原因歸結於客觀原因，可是那些優秀的銷售人員絕對不會找這些藉口，他們往往不會等待機會到來，更不會去輕易尋求別人的幫助，而且習慣先依靠自己的努力，透過自己的苦做和實做去創造和把握住機會。

博恩．崔西一直認為成功永遠屬於那些不找藉口，主動出擊，努力奮鬥的人。如果你的口中常說：「沒有機會。」那麼這句話也將伴隨著你走進失敗的墳墓。所以，你想成為像博恩．崔西這樣的優秀銷售人員，你必須改變對藉口的態度，把尋找藉口的時間和精力放到自己的銷售工作當中。

比別人更認真、更努力

博恩．崔西是一個做事情非常認真而努力的人，也正是由於他的認真和努力才讓他成為優秀的銷售人員。其實博恩．崔西的這種思想與「不積跬步，無以至千里」不謀而合。可見，任何一件大事情的完成都是透過一件件小事不斷累積起來的，就好像我們建築高樓，如果地基不牢固的話，那麼建起來的大樓肯定也是不牢靠的。所以，銷售人員在工作當中，應該要有認真、努力的態度。

除了博恩．崔西這麼認為之外，一位企業家也曾經說過：「把每一件簡單的事情做好了就是不簡單，把每一件平凡的事情做好了就是不平凡。」

博恩．崔西不僅把自己的這一思維灌輸給他手下的員工，而他自己一直以來都是這麼做的。

曾經博恩．崔西在一次講座上遇到了一位女士，而這位女士當時在佛羅里達的一家大型公司做祕書工作，可以說這位女士對博恩．崔西影響很大。

當時這位女士告訴博恩．崔西，自己在聽完了錄音的培訓課之後決定為自己設定一個目標，就是將自己的月收入提高一半。雖然她為自己設定了這樣一個目標，但是她並不知道這一目標的可行性有多高，更何況她現在工作的公司已經有了一套完整的薪資核算體系。

可是這位女士最後成功了，這讓博恩．崔西也感到非常不解，原來這位女士為自己訂下目標之後，她開始努力工作，做好工作中的每一件事情，特別是一些細微的事情。而且這位女士也深深的明白，要想提高自己的薪資僅僅依靠努力工作是不夠的，還需要在努力工作之餘為老闆增加額外的價值，所以她又開始做一些分外的工作，並且努力學習新的知識，掌握新的技能。

每天她都是第一個來到公司，並且總是最後一個離開。很長時間以來，她一直在努力工作之餘學會觀察老闆的工作，發現老闆非常不喜歡寫文章，包括回覆信件，所以她主動幫老闆完成這些工作，讓老闆欣喜萬分，對她更是關懷有加。

由於她出色的工作表現，後來老闆把越來越多的常規工作交給她完成，她儼然成為了老闆的祕書，而在接下來的時間裡面，老闆前後替她加薪了三次，她的薪資從剛開始的 1,500 美元，一下子漲到了 2,250 美元，而且這些都是老闆主動加薪，她從來沒有提過。

當這位女士把自己的加薪經歷對博恩．崔西講完之後，讓博恩．崔西深受啟發，這位女士就是努力把事情做好，從而踏踏實實、步步為營的向著自己心中的目標前進。

當一個人在做許多小事情的時候累積了經驗，就能夠很好的掌握自己所要做的大事情，也更有利於自己成功。這一點對於銷售人員來說更為重要，當你遇見的客戶多了，就能夠更好的掌握住客戶的內心活動，有助於談判的成功。

銷售人員第一次與客戶溝通很容易做到耐心仔細，態度和藹，但是難就難在每一次都能夠這樣。如果你作為銷售人員能夠用平和的心態認真對待每一位客戶，那麼這就是一種難能可貴的精神，而這種精神對於每一位優秀的銷售人員來說是必不可少的。

銷售人員誰都希望自己的業務越做越大，但是你可知道，這不斷壯大的業務是需要一點點累積起來的。現在很多銷售人員對於一些利潤小的訂單不屑一顧，不願意做小事，但是當我們翻看博恩．崔西的成功經歷會發現，他也是從簽下一個個小的訂單開始的。

所以在實際的銷售工作當中，博恩．崔西為我們總結出了他的兩個細節原則。

第一，小事須重視，要端正自己對待小事的態度。

博恩．崔西認為一名優秀的銷售人員一定要對小事更加重視，做到心中無小事，只有當我們把一件件小事情做好了，才能夠做成大事情。而且伏爾泰也說過一句名言：「使人疲憊的是鞋子裡的一粒沙子，而不是遠處的高山。」可見要想成為一名出色的銷售人員，必須要端正自己的態度，正確對待銷售工作。

第二，努力學習，提高做好事情的本領。

博恩．崔西做事情不僅非常認真，而且他也是一個謙虛的人，因為他始終堅信，不管你的能力有多麼出色，不管你曾經把工作完成得多麼出色，如果你成天到晚都是沉溺於對自己從前的自滿當中，那麼你的「學習」肯定會受到阻礙。

很多銷售人員都不明白為什麼會這樣，其實原因很簡單，現在的職場對於不喜歡學習的員工來說，那就是無情的戰場，更何況行銷業更是一個不斷更新，靠業績說話的行業，如果你不懂得學習，那麼你就會迅速貶值，正所謂「不進則退」，一轉眼你就被拋在後面，被時代所淘汰。

具備高度的同理心

一名優秀的業務員往往具有高度的同理心，也就是說，他們真的是發自內心的對客戶付出關懷。博恩．崔西說：「強烈的企圖心（我要出人頭地）與高度的同理心（真心真意的關心客戶），是業務員不可或缺的兩把成功鑰匙。」

在《EQ》一書中，作者丹尼爾．高曼曾經說過，EQ 對於一個人成功與否的影響，遠遠超過自己的智商。而丹尼爾．高曼把 EQ 定義為：「與許多人和平共處，並且能夠感知他人的想法、感覺以及情緒的能力。」他還指出，同理心是人際關係能力的關鍵指標，一個人如果具備高度的同理心，就代表他在家庭中、工作上有能力與別人相處融洽，並且維持良好的人際關係。

其實，從銷售人員的角度來看，同理心就是指為客戶著想，能夠什麼事情都從客戶的角度出發。當然，「同情心」和「同理心」是不一樣的。同情心雖然對別人也是一種關懷，但是卻還是從「外在」的角度來看待問題；可是相對於「同理心」來說，它則是從內心出發，去真正的了解客戶的現實處境和需求。在現實生活中經常流行著這樣一句話：「抓住消費者的心，就能抓住消費者的腰包」，其實說的就是這個意思。

如果銷售人員把客戶當成是自已的衣食父母，這種說法倒也無可厚非，沒有太大的爭議。然而，如果我們從客戶由銷售人員所提供的商品而獲得好處來看，銷售人員就成為了客戶的發財工具。

之前有一位文具店的老闆在銷售人員的推薦之下購買了一批資料夾，你想想，如果這些資料夾的銷售情況不是特別好，最後成為了滯銷的商品，那麼文具店的老闆肯定會因此而損失，那麼他下次肯定不會再去購買這位銷售人員的產品了。

當然，這其中的原因其實有很多，而最為關鍵的則在於銷售人員和文具店老闆的眼光如何，只要商品賣得不錯，那麼銷售人員等於也就成為了創造利潤的一個間接人，而他這種真心為客戶著想的同理心，勢必也會讓文具店的老闆今後更常去購買他的產品。

其實，沒有一位客戶會在自己沒有任何利益的情況下，無條件的購買你的產品。而你的產品也必須能夠為客戶創造出更多的利益，並且讓客戶得到滿足。

博恩．崔西一直認為，有了購買需求才會產生銷售行為，這其中就包含了有形與無形的利益。

有形的利益指的是金錢，而無形的利益是滿足個人的需求與欲望，所以說，買東西都是因為客戶有所需求，而銷售人員正是幫助這些客戶滿足他們的利益和獲得滿足感的人。

所以，要想成為一名專業的銷售人員，就不要把自己的職業單純的定義為把東西賣給客戶，而是應該明白，自己還有一項重要的任務就是可以提供買方所需要的東西，不管是人，還是資訊，只要是能夠讓買方獲得有形或者無形的利益。

記住，當你在推銷自己產品的時候，如果遇到客戶的拒絕，你千萬不要心灰意冷，不要有消極悲觀的情緒，而應該想辦法將其轉化為讓客戶能夠滿意，能夠為客戶創造利益的機會。你可以按照博恩·崔西說的，具備同理心，真心為客戶著想。

當然，同理心也離不開銷售人員的長遠眼光。一般的銷售人員在拜訪客戶的時候，只想著眼前的這筆生意，根本沒有考慮今後的發展。可是真正優秀的銷售人員卻恰恰相反，當他們還在和客戶談第一筆生意的時候，腦袋裡就已經開始為第二筆、第三筆，甚至是更多的後續生意鋪路了。

博恩·崔西在和客戶交談的時候，心裡就會想著如何在 20 年之後還能夠留住這位客戶，他所做的每一件事情都會想到對於以後的影響。所以，即使在短時間裡，優秀的銷售人員也要比別人更具有同理心。

在博恩·崔西的眼中，那些三流的業務員，只要可以說服客戶簽下手中的這筆單子，其他什麼都不會去考慮，而真正一流的業務員總是會把重點放在與客戶之間長期的互動上，而不是眼前的這點蠅頭小利。

優秀的銷售人員，說到底其實就是「企圖心」與「同理心」平衡存在的完美組合。如果一個銷售人員的企圖心太強，那麼他就只知道自己賺錢，而客戶就很容易感覺到你不是真心為他們著想；可是如果同理心太強，那麼你就會不好意思開口。所以只有當企圖心與同理心平衡共存，才能夠打造出一個完美的銷售人員。

把重點放在「聽對方說什麼」

推銷是一門藝術，聽別人講話也是一門藝術。

你可能以為別人講話的時候你是在認真的聽，可是根據有關資料顯示，人說話的速度大約是每分鐘 120 ～ 180 個字，而思維的速度往往要比這快四到五倍，所以說，一個人在聽別人講話的時候，注意力很容易分散，常常只能夠聽進去一部分。

有的銷售人員認為，做買賣就應該有一張能說會道的嘴，說起話來滔滔不絕、口若懸河，其實這樣是不對的，因為如果你說話過多，就會讓客戶幾乎沒有表達自己意見的機會，

認真傾聽客戶的談話，這是成功的祕訣之一。日本偉大的推銷大師原一平說：「就推銷而言，善聽比善說更為重要。」

你懂得傾聽客戶談話，往往能夠贏得客戶的好感。如果你成為客戶的忠實聽眾，客戶就會把你當成他們的知己。可是如果你在與客戶交談的時候心不在焉，甚至是冒昧打斷客戶的談話，或者是溝通的時候囉囉嗦嗦，不給客戶表達自己意見的機會，那麼你肯定會讓客戶覺得反感。

博恩．崔西認為，一名出色的銷售人員應該從客戶的說話當中把握住客戶的心理，知道客戶需要什麼，關心什麼，擔心什麼。如果你能夠了解客戶心理，那麼就增加了你說服客戶的針對性。

另外，如果你說話太多，難免會出現失誤，可是如果你能夠傾聽客戶的談話，那麼你就可以減少甚至是避免失誤，少說多聽這是避免失誤的最好辦法。

成功的推銷人員深深的知道良好的傾聽和溝通能力是獲勝的法寶。但是絕大多數推銷人員想當然的認為傾聽是一種與生俱來的技能。他們把只要聽

見別人說話就認為是傾聽，這是大錯特錯。

傾聽的技巧與與生俱來的聽是截然不同的。傾聽具有目的性，而且這是一種非常積極的過程，人們必須專心傾聽說話的人所說的內容。

其實，在同一時間內，我們往往會聽到很多聲音，但是我們總是會有目的性的選擇去聽一些特定的聲音。

當銷售人員在與客戶談話的時候，我們要理解好客戶的意思，只有當我們專心、思考、不分散注意力去傾聽客戶的談話，我們才能夠全面的搜集客戶的資訊。

博恩．崔西發現，專業的推銷人員他們都會應用傾聽和提問的技巧，與客戶之間建立一種平等的雙向互動的交流，而且還透過介紹產品或者服務，從而幫助客戶完成購買的心願，滿足客戶的內心需求，幫客戶實現他們的目標。

良好的傾聽技巧是成功進行溝通及銷售的關鍵。因為透過電話交談只能夠聽見對方的聲音，而不能夠從對方的肢體語言、眼神中獲得有助於你推銷成功的資訊，而你唯一可以依靠的就是你的耳朵。

當你進行有效傾聽的時候，你就應該對聽到的東西進行消化、綜合、分析，並且正確理解客戶的意思。

傾聽的目的，不僅僅在於知道真相，而且還在於你能夠真正理解客戶的意思，並且評估事實之間的相互關聯，進而努力尋找到資訊所傳達的真正含義，只有這樣的傾聽才是最有價值和意義的。

博恩．崔西說：「不了解客戶的需求，好比在黑暗中走路，白費力氣又看不到結果。」在從事銷售活動之前，先發現客戶需要什麼是非常重要的。當你了解到客戶需要什麼之後，你就可以根據客戶需求的類別和大小來判斷眼前的客戶是不是自己的潛在客戶，值不值得你去銷售，如果他不是你的潛在客戶，那麼你就要好好考慮一下自己是否還應該和他繼續談下去。

而要想了解客戶需要什麼，就可以透過傾聽和溝通的方式。你可以透過詢問客戶一些問題，從而發現客戶的真正需求。

懂得傾聽客戶的回答，可以使客戶有一種被尊重的感覺。一名優秀推銷人員的良好目標就是要告訴自己的客戶：自己非常專心的傾聽他們的說話，而且也完全了解他們說話的意思。

當然，你在聽客戶談話的時候，必須盡可能多的與客戶進行溝通，就好像是在與自己說話。你專心致志的傾聽是非常重要的，但是如果你不懂得如何在傾聽的時候與客戶進行溝通，那麼客戶就不知道你是否在認真的傾聽他的說話。

所以，你適當的表現一些自己的態度，會給客戶一種鼓勵，鼓勵他把自己的想法說出來，說下去。

做最真實的自己

你了解自己嗎？你想過如何去了解自己嗎？其實一個人的自我概念是由三種特質組成的：自我期許、自我形象、自我肯定，這三個方面之間相互影響。當你完全了解了自己這三個部分所扮演的角色以後，你就可以在自己的心裡計劃了。

作為一名銷售人員，當你學到如何去創造一個更新、更好的自我概念時，你就能夠在自己未來的事業中完全掌握你的銷售業績。

首先，自我期許。

自我概念的第一部分就是你的自我期許，可以說你的自我期許決定了你人生的大方向，它能夠引導你成長並且發展為你的人格特質。

成功的銷售人員對自己的事業都有著非常清晰的理想。那些失敗的銷售人員，不是沒有理想，而是他們自己對自己的理想都相當模糊。成功的銷售人員清楚的知道，他們要在事業以及生活的各個方面都追求卓越，可是失敗

的銷售人員根本就不會去想著這些事情。

博恩．崔西說過：「一個成功的人，在人生的每一個階段都不斷的檢討他們的行為是否符合理想的行為模式。」

一個人的目標就是他理想的一部分。當你為自己設定更高、更富有挑戰性的目標時，你的自我理想的層次就會相應提高。當你為自己設定目標，立志以後要成為什麼樣的人，過怎麼樣的生活，那麼你的自我理想就變成了指引人生方向的超級導航系統與鼓舞力量。

其次，自我形象。

在自我概念中的第二部分就是你的自我形象，也就是你會如何來看待和評價現在的自己。舉個例子來說，當你認為自己銷售非常冷靜、自信和幹練的時候，那麼你無論從事哪一種活動，你都會覺得自己是非常的冷靜、自信和幹練的，你也會變得樂觀而快樂，表現更出色，並且會做出很多成績。

可是，由於你的某種原因而表現出了失常，那麼你自己也不要太在意，其實這些都只是暫時的現象。

博恩．崔西認為，在推銷行業中，改善業績的最好辦法就是去改善自我形象。當你發現自己有所改變的時候，那麼你的表現自然就不一樣了。當你表現不一樣的時候，那麼你的感覺也會不一樣。

很多年以前，當博恩．崔西還在賣折扣俱樂部會員資格的時候，通常會在介紹完產品之後，遞給客戶一份詳細的俱樂部會員利益書，並且鼓勵他看下去。而博恩．崔西認為他的自我形象就是，「無法讓自己去要求客戶做出購買的決定。」

那個時候，博恩．崔西每天從早到晚都會去各地的辦公室做產品介紹，而且還會留下小冊子讓未來的客戶閱讀。

我們大家都能夠想像得到，博恩．崔西這樣做根本是賣不出去任何產品的。因為最後當博恩．崔西給了未來客戶充實的閱讀時間，再打電話追蹤這些客戶的時候，他們都會說沒興趣。

為此，博恩．崔西非常沮喪，生活還曾經一度陷入困境。雖然博恩．崔西當時訪問了很多未來客戶，但是他幾乎做不成生意。到了最後，博恩．崔西終於發現了客戶不購買的原因。問題並不是出在客戶的身上，而是出現在博恩．崔西自己身上。如果想要改善業績，博恩．崔西就必須改變自我形象，並且改變他的行為習慣。

從第二天開始，博恩．崔西決定不再打電話追蹤未來客戶，博恩．崔西的產品價格非常低，而且當博恩．崔西完成商品介紹的時候，客戶已經獲得了足夠的資訊去做決定，博恩．崔西根本沒有必要再去把資料留給他們。

最後，自我肯定。

自我概念的第三部分就是自我肯定，這其實是自我概念裡面最為感性的部分。自我肯定的最佳定義可以說是你喜歡自己的程度。你越是喜歡自己，接受自己，尊敬自己，把自己看成是一個很有價值的人，那麼你的自我肯定也會越高。

你的自我肯定往往決定了你的能量、熱情，以及自我激勵的程度。如果你是一個擁有高度自我肯定的銷售人員，那麼你一定會在推銷過程中有一股強大的個人力量，你的銷售業績也一定會直線上升。

你的自我理想就是你期望未來能成為的偶像。你的自我理想決定了你的生活、成長與進步的方向。從另一個方面來看，你的自我形象決定了你目前的表現方式，決定了你今天、現在、此刻如何看待自己。

自我肯定是建立積極自我概念的基礎，高度的自我肯定對成功銷售是非常重要的。因為你越是喜歡自己，越是尊敬自己，就越能夠把一件事情做好。所以說，發展並且維持一種高度的自我肯定，對於銷售人員的自身發展有著至關重要的作用。

銷售的 7 個心理法則

你是一個有思想的人，你生活中的方方面面都會受到思想的控制。實際上，你主要是運用頭腦來思考和解決問題。如果你改變了自己的思考方式，那麼你的生活可能也會發生極大的變化。

博恩．崔西總結了七項心理法則，可以應用在銷售活動中。當你能夠用這些法則來安排銷售活動的時候，那麼你的銷售業績也就開始成長了。

第一，偉大法則。

博恩．崔西把這一法則又定義為「因果法則」，由於這條法則非常深奧，並且影響力極大，所以它往往被看成是人類命運的「鐵律」。

再成功的銷售也只是一個結果，它的發生往往都是由於一個或者多個特殊的原因。假如你發現某個人在銷售上面非常成功，比如博恩．崔西，那麼你去模仿他的話也可能會得到成功。

現在從事銷售行業的人很多，但是大多數銷售人員都不太了解這個簡單的法則，他們總是認為自己可以晚點上班，提前下班。其實在博恩．崔西的眼中，這一法則分分秒秒都在引導你走向成功或者失敗。換句話說，你的成敗完全取決於如何把這一法則恰到好處的運用到你的銷售工作中。

第二，報酬法則。

報酬法則是指從長遠來看，你的付出要大於你獲得的報酬。如果你今天獲得了好的銷售業績，那麼這也是你之前辛勤付出所得。如果你想讓自己的銷售業績更好，那麼你就要付出更多。

報酬法則還有另外一個必然結果，博恩．崔西稱其為「超額報酬法則」。這個法則是說一些偉大的成就往往都是發生在喜歡付出的人身上，這樣的人一直在找機會超越他們的人生目標，而且由於他們一直堅持超額報酬法則，結果他們就會備受客戶的喜歡，銷售業績自然如日中天。

第三，控制法則。

博恩．崔西解釋這一法則時說：「你實在太欣賞自己了，所以你覺得可以完全掌控自己的生活。」心理學家稱這種情況是「控制領域」理論，也就是你的快樂程度完全是取決於你自己在生活重要領域的控制力。當你不管做什麼事情，如果都能夠把事情控制住，做自己命運的主人，那麼你將成為世界上最快樂和最自信的人。

當然，這種積極心態最重要的在於你的控制上，如果你能夠在銷售工作中維持這種控制感，那麼這對於培養你的銷售能力是絕對重要的。

第四，相信法則。

博恩．崔西曾經說過：「你所相信的任何事，只要投入感情，一定可以實現。」而相信法則就是說，你不見得會認同你看到的一切，但你一定會認同已決定去相信的事物。

在現實生活中，你的信仰往往會左右你的生活，而你的態度永遠都會符合你內心的信仰與觀念。其實，你只需要看看別人都做了什麼，你就能夠看出他們的信仰是什麼。

假如一個銷售人員相信自己的銷售業績是非常出色的，那麼他就會在自己身上進行大投資，也就是說他的決心越來越大。反之，一個銷售人員不願意在自己身上進行投資，不想著提高自己的銷售技巧，那麼他就沒自信，不相信自己能夠獲得成功。

而在沒自信中，博恩．崔西把自我設限看成是一種最危險的信念，這種對自己產生懷疑的恐懼感會讓自己整天不能踏實工作，面對客戶的時候緊張慌亂。而克服它的最好辦法就是去挑戰你的自我設限信仰。

博恩．崔西建議銷售人員可以做這樣的練習：你先設定一個理想目標，然後再依以下步驟進行：首先，你問自己一個這樣的問題：「我要不要成為行業中最頂尖的銷售人員？」

你的答案應該是：「我要！」

然後你再問自己：「為什麼我現在還不能成為這種人？為什麼我現在還沒有名列最頂尖的銷售人員之列？為什麼我沒有成為行業中的佼佼者？是什麼因素阻擋了自己？」等等。

當你陳述了一個目標之後，通常第一個跳入你腦海中的答案就是你自我設限的信念，而你知道這點之後，再想辦法克服它，就能夠慢慢讓自己改變。

第五，專心法則。

這一法則的意義在於「心中念念不忘的東西，會在生活中成長擴大」。你越是想一件事，你的心思也就會放在這件事情上。假如你對某件事情想得夠多，它到最後一定會主導你的思想並且影響你的行為。

博恩．崔西認為這個法則是一把雙刃劍。如果你想要增加銷售績效，那麼你就會發現自己其實正在做一些能夠達成期望的事情。而你越是專注於你所要的東西，你就會越執著努力去得到它。你想得越多，你的目標就會更快的在你的世界裡出現與擴大。

第六，物以類聚法則。

這一法則會影響到你銷售活動的每一部分，並且是幫助你決定成功銷售及收入的關鍵。所以博恩．崔西把它的意義描述為「你是一個活生生的磁鐵，你無可避免的會把那些和你主要想法一致的人與事吸引到你生活當中」。

其實心理學家早就發現類似的事物會被彼此所吸引，而這也是我們生活的真實寫照。當你越是熱衷於某一想法，這種想法就越有力量來影響你的生活。也就是說你對銷售工作越積極、樂觀及熱忱，你心理磁場的威力就越大，也越能夠更快的吸引那些你想要的客戶來到你的身邊。

第七，反映法則。

這是了解人類行為的基本原則，它幾乎可以解釋你生活中的每一部分。特別是你在行業中成功的水準往往是你所接受的訓練、經驗，以及你對身為銷售員的看法的一個反映。

假如你現在已經能夠不斷充實並且不斷訓練，直到你真正相信自己能夠把工作做到優秀的時候，這種態度就會在你所有言行中展現出來，並且還會反映在你的銷售業績上。

愛默生曾經說過：「你一直自認為是怎樣的人，你就會變成那樣的人。」只要你刻意的、有目的的，並且是系統的把握好自己思想的每一個部分，那麼你就可以完全控制住自己的銷售生涯，你將在之後的幾個月內就能夠達成比過去幾年更多的進步，你將自信的發現自己離專業的銷售人員越來越近。

7 個提高心理適應力的練習

博恩．崔西認為，心理健康其實可以定義為是一種樂觀和自信，能夠讓你對任何事情保持一種愉快的態度。而你要達到這個計畫，就需要自己不斷去努力，直到它成為你的潛意識。雖然這個過程非常不容易，但是只要你能夠不斷努力，那麼就一定可以做到。

一直以來，博恩．崔西都在透過進行這七項心理練習來保持他的積極、樂觀及心理的健康。而現在，各行業裡最成功的專業人員都會採用這些練習，這些練習是每個成功領域中心理建設的基礎。

第一，積極進行自我對話。

這七項裡面最基本的就是積極與自己對話。透過幾十年來的心理學研究發現，自我對話比其他任何一種更能夠決定你的感受。

一位心靈派大師曾經寫過這樣的話：「生活就是一連串的問題。」也許你的生活現在正在被一些負面的事情所充斥，你看到的任何東西都會為你帶來負面的影響，包括你在與朋友討論問題的時候，甚至是你與客戶討論話題，也不外乎是說他們的生活為什麼不好，自己的公司為什麼不好，結果讓客戶一點也沒有購買你產品或者服務的興趣。

其實，在行銷行業，有的銷售人員偏向負面思考的心態這是一種很自然的傾向。他們可能會發現自己總是喜歡談論那些讓自己生氣、委屈的事情，而他們也總是會擔心自己的客戶如何難以應對等等，最後嚴重的甚至會出現銷售恐懼症。

如果你一旦出現這樣的負面態度，那麼勢必會影響到你的個性，進而也就會影響你的銷售業績，長期下去你就會成為一個非常消極，甚至有點喜歡憤世嫉俗的人。

但是博恩．崔西告訴你，你完全可以利用控制內心對話或者是積極的自我對話，這樣就可以用積極的對話方式來對抗你的負面傾向。在平常的生活中，你對自己經常說一些簡單的肯定之類的對話，往往會帶來非常驚人的效果。比如有的時候你只要用一種非常熱忱、堅定的語氣對自己說：「我喜歡我自己」和「我相信我能做好工作」等等，這樣都可以把這項訊息深深植入你的潛意識中，而你也會覺得更加肯定樂觀，並更能控制自己的生活。

第二，建立積極的形象。

博恩．崔西說：「因為你的外在世界是你內心世界的反射，所有外在的改善都來自你內心想法的改善。積極的形象或積極想像，是你創造一種清晰逼真、想像你自己在工作的方式。」

你把自己想像成一個非常積極、自信的銷售人員，那麼你在與客戶溝通的時候自然就會信心十足，效率百倍。

第三，積極的健康精神食糧。

你要做的第三種練習就是不斷用積極的健康「食品」進行洗腦。你可能只知道食物對你的身體、健康、工作精力有著很大的影響，同樣的，你平時接觸到的精神食糧也會影響到你的思想，而你的思考將決定你的行為舉止。

你要想有一個好的銷售業績，那麼你一定要從書本、同事的經歷、自己所經歷的失敗當中找到寶貴的經驗。而博恩．崔西依照的因果法則及反映法則證明，你今天所獲得的精神食糧，一定會決定你日後是否能夠成為一名優秀的銷售人員。

第四，學習積極人物。

不管你是在現實生活中，還是在你的想像中，都會有一些人會成為你學習的榜樣，比如作為銷售人員，肯定希望自己也能夠成為博恩·崔西這麼偉大的銷售大師。所以說你的目標就應該和積極的人一樣遠大，你要盡可能和積極的人在一起，而遠離那些沒有目標、自暴自棄的人。博恩·崔西做過調查，發現在一個人的身邊大約有 80%的人都是不積極的，他們沒有野心，目標盲目，如果你總是和這樣的人在一起，那麼你也會和他們一樣。

一個積極的人會讓你變得心情愉快，心態樂觀。因為積極的人往往能把這種積極的氣氛帶到他的周圍，所以你在和他們來往的時候就會感到快樂，而你也會發現生活、工作是如此快樂。為此，博恩·崔西說：「你的目標就是要成為別人樂意為伍的人。」

第五，積極的訓練和發展。

如果你現在已經吸收了很多銷售方面的新觀念或者是新資訊，那麼只要你進行深入的思考，就能夠把這些新理念運用到實際工作中去。不管你的心思集中在哪一方面，你的心中都希望自己獲得成功。而你必不可少的就是進行積極的思考和訓練，這樣你才會成為更加優秀的銷售人員，而你也會得到像傑出銷售人員一樣的出色業績。

第六，養成積極的健康習慣。

銷售工作非常辛苦，它需要付出極高的體力、精力和感情能量。也正是由於這個原因，幾乎像博恩·崔西這樣出色的銷售人員都付出了超水準的精力和熱情，而這就要求銷售人員養成一種積極的健康習慣。

（一）戒掉所有脂肪性的飲食。脂肪已經被證實是健康生活的頭號「敵人」。它們會和許多退化性疾病、糖尿病、高血壓、心臟疾病及倦怠沮喪等種

種情緒關聯在一起。你應該用替代性食物來減少高脂飲食，吃一些低脂肪或沒有脂肪的食物，像水果、蔬菜、通心粉或全穀類的食品。

（二）經常運動。你可以在自己的工作之餘去游泳、跑步、騎自行車、打網球，或是用健身房運動儀器來達成這些體能練習。

（三）每天多喝水。你喝很多的水，就會清洗自己的全身系統，特別是把一些毒素、鹽分、糖分，以及其他雜質排出體外，從而達到改善健康、增加體能的作用。

（四）充分的休息。假如你想增加白天的銷售效率，博恩．崔西建議你需要充足的睡七到八小時。因為銷售相當耗費精力，所以你需要用睡眠來補充精神和體力的流失。

第七，積極行動起來。

博恩．崔西發現，行動得越快，你的精神就越好；行動得越快，就越積極。可見快節奏對於你銷售業績的提高是有很大幫助的。你的動作越快，就會在更短的時間內獲得更大的成功。而這個成功又會激勵你對工作更加的積極，從而會讓你的速度更快，進而讓你的銷售更成功，它保證你在專業銷售生涯中獲得極大的成功。

永遠保持積極的心態

積極的心態對於每個人的成功發揮著至關重要的作用。銷售人員的積極心態更能激發和鼓舞客戶，讓客戶確信你是一名優秀的銷售人員。

積極的心態是優秀銷售人員最為重要的特質之一，同時也是我們每個人獲得生活、事業成功的最重要的素養之一。很多銷售人員心態一直不好，他們不知道如何來改變自己的心態，而博恩．崔西卻認為積極的心態是可以透過實踐來達到的。

無論什麼時候，作為銷售人員你應該做到，只要自己需要，就要用積極的心態來面對客戶，面對問題，面對一切。如果你能夠堅持這麼做，那麼你將會成為博恩．崔西一樣的優秀銷售人員。

一個積極的心態是擁有樂觀精神的基礎，是在任何情況下能夠充分發揮自己潛在能力的源泉。在你的銷售生涯中，你可能不能左右客戶，不能左右產品，但是你唯一能夠掌握的事情就是自己的心態。對某一情境你如何做出反應，如何來看到這一情境，這都是由你的心態決定的。你心態越積極，越樂觀，那麼你就會表現得越鎮定自若，越充滿自信。

博恩．崔西說：「樂觀主義者是保持『我能應付！』心態的人。他們會在每一情境中尋找有益的東西。如果某些事情出了問題，他們會說：『這是好事！』之後，他們會在問題和困境中尋找某些有益的東西，而且他們總能如願以償。」

具有積極心態的人，每次遇到挫折或者失敗的時候，總能夠從中獲得寶貴的經驗。就好像有人曾經說過：「他們會在每次挫折和每個障礙中，尋找與挫敗和障礙同樣有價值，或者更大的好處，或者有益之處。」對於一名具有積極心態的銷售人員來說，他們心中抱定的原則是：「困難並不是來阻礙我們的，而是來教導我們的。」

一名心態積極的銷售人員總是能看到未來，而不是天天後悔自己的過去。他們每次都會在困境中尋找機會，他們會思考現在應該做什麼，從來都不會怨天尤人。

博恩．崔西認為銷售人員具有積極的心態，不僅僅是這點益處，更為重要的是一個心態積極的銷售人員屬於解決方案導向型的，而不是問題導向型的。他們總是會讓自己全神貫注於解決方案和接下來的行動步驟，而不會拘泥在某一個問題上。他們習慣於思考自己當下要做的事情，而不是執著於已經發生的事情，更不會去抱怨什麼。

比如一名心態積極的銷售人員在遇到客戶找麻煩的時候，他們總是想著

如何去化解自己與客戶之間的問題，而並不是抱怨客戶如何如何。

那麼銷售人員如何才能具備積極的心態呢？博恩．崔西為我們找到了答案。

他建議，透過將你的著眼點從問題上面轉移到你所面臨的挑戰，不管這個挑戰是什麼，你都要想出它的解決方案，如果你能夠這樣做，那麼你就能將自己消極的心態轉變成為積極的心態。

當你每次面對問題的時候，特別是客戶的追問時，你都應該停下來好好思考一下：「好了，現在，我應該怎麼做呢？下一個步驟是什麼呢？我要從哪裡開始向客戶進行解釋呢？」等等，這樣一來即使你面對的是一個很大的問題，可是你卻能夠從這個問題當中學到某些你所需要的知識，而這些知識，特別是寶貴的經驗是你持續發展和健康成長的必需品，而這些都是你成為優秀銷售人員必須學習的。

湯瑪斯．愛迪生就透過遵循一個極其簡單的原則，最後成為了美國最偉大的發明家和全世界最富有的人之一。因為他始終相信，成功的第一步是確定自己希望得到什麼，而第二步才是為了自己的這個希望去努力。愛迪生認為，成功其實就是一個排除的過程，更是一個不斷失敗的過程，直到最後發現正確的方法為止。

如果你現在能夠將自己暫時的失敗和挫折看成是成功的墊腳石，那麼，你會成為一名極為積極、樂觀，而且富有創造力的優秀銷售人員。

博恩．崔西透過三種方法來讓自己變得心態積極。

第一，立刻將你生活中的三個最重要的目標寫下來，之後你就開始為自己目標的實現進行行動，你不要小看這一行動，博恩．崔西說：「這個簡單的行為本身就能讓你感受到更強烈的控制力，而且會讓你力量加倍。」

第二，列出你現在所面臨的三個最大的障礙或者擔憂。之後針對每一個障礙或者擔憂開始行動，把它們各個擊破。

第三，在你現在正在努力克服和解決的事情中發現最具有價值的經驗和教訓。博恩·崔西認為：如果你是一個能夠從每一個問題或者障礙中找到寶貴經驗和教訓的人，那麼你前進的速度一定會超過他自己。

設立目標，超越自我

對於銷售人員來說，也需要和其他職員一樣做好準備工作，明確自己的工作目標，制定工作計畫並能夠迅速的落實。特別是銷售人員在拜訪客戶之前，一定要做好準備工作，確定出目標，只有這樣才能確保你接下來的銷售工作順利展開。

在實際工作中，任何工作都應該有目標，這樣就好像是航行在大海中的船隻，如果沒有羅盤進行指引，那麼必然會失去方向；如果沒有了燈塔導航，船隻就將迷失航道；如果找不到停靠的港灣，船隻永遠只能在大海上漂浮。工作中如果沒有目標，那麼工作也將不具有任何意義，如果我們不能夠在一定時間之內完成一定的工作量，也就無所謂成果。因為這樣的工作就好像是「做一天和尚撞一天鐘。」

為此，在銷售工作中也不能沒有目標，但是博恩·崔西認為更為關鍵的是如何確定明確的目標。有的銷售人員在制定工作目標的時候，主張這一目標應該設定的比自己的能力稍微高一點，從而讓自己逐步提高，藉以來刺激自己的工作熱情，能夠在工作中穩步前進。如果設定的目標太高，那麼就會讓一個人在剛剛開始的時候喪失鬥志。

當然，還有的銷售人員認為設定那些不太可能達到的目標比較好，因為他們認為每一個人的潛能都是無窮的，所以沒有必要為自己的目標設立限制。而且反過來說，如果你訂立了一個高目標，並且能夠盡全力去挑戰，那麼最後即使失敗了，你等到的成果也要遠遠比那些按部就班的方式要好很多。

博恩．崔西說：「要想達到目標，銷售人員就要付出加倍的努力，也只有設立遠大的目標，才能夠磨練自己成為優秀的人才。」

那麼到底如何設定目標呢？博恩．崔西主張設立目標的關鍵還是要看銷售人員自身。如果你是一位鬥志昂揚的銷售人員，那麼你就應該把眼光放長遠，設立能夠激起自己工作熱情的，具有挑戰性的目標，並且想盡辦法來完成這一目標。反之，如果你只希望自己做一位平凡的銷售人員，那麼你也可以為自己設定眼前的目標，一步一步、踏踏實實的前進，這樣也是可以獲得同樣的效果。

但是博恩．崔西認為，不管你打算做哪一種銷售人員，你都不應該忘記，人類是因為有了夢想而變得偉大。如果你現在已經決定為自己設立一個高目標，那麼你就不要害怕失敗，更不能因為失敗而失去信心，要堅持不懈，只有這樣你才能夠追求到自己的夢想。可是如果你的性格過於內向，做事保守，你就更應該要有持之以恆的精神，在自己完成了當下的目標之後，不要忘記時時反思，修改你的下一次目標，這樣才能夠不斷激發自己的工作熱情。

偉大的銷售大師喬．吉拉德就是因為有著強烈實現目標的願望，才完成了第一次成功的銷售。

喬．吉拉德第一天做汽車銷售員的時候，就賣掉了一輛汽車。而這位客戶並不是他打電話主動聯絡的，而是一名在他下班之前來到店裡的客戶。當這位客戶進來的時候，店裡面的其他銷售人員要麼在和其他客戶交談，要麼就已經下班走了，根本沒有人去招待他。而喬．吉拉德看了一下周圍，發現還是沒有人過去，於是自己就迫不及待的走到這位客戶的面前，而且最後成功把汽車賣給了這位客戶。

後來喬．吉拉德回憶起自己第一次成功推銷的時候，他只深深記著兩件事情：第一，這名客戶是一位可口可樂的銷售人員，他之所以記得這一點是因為那天他腦袋裡面想著都是食品，而且他還迫切需要帶著這些食品回家給自己的老婆和餓了很久的孩子；第二，就是喬．吉拉德一看到這位客戶就覺得他肯定會買一輛車。

其實，對於銷售人員來說，只有知道自己想要什麼，清楚的認知到自己的目標和需求，之後的一切行動都要以滿足這個目標和需求為中心，才會努力讓自己做得更好。

另外，博恩．崔西建議，一名銷售人員要想做好推銷工作，在有了明確的目標之後，還需要制定一份詳細而周密的銷售行動計畫，這樣才能夠保證你的銷售有的放矢，讓你順利完成銷售目標。

寫下你的使命

所有成功的公司都清楚自己的使命陳述，而所有的成功銷售人員也都清楚自己的使命陳述。優秀的銷售人員要學會自己管自己，作為你自己的老闆，掌管著你自己的生活和工作，而對待生活和工作，你就需要用兩種不同的使命陳述，相互進行支持，互相加強。

這一切從邏輯上來看，就是把使命陳述寫出來之後，更加明確了價值觀和願景之後的下一步。博恩．崔西說過，「使命陳述是你的個人信條並決定著你的未來，是你做每件事的指導方針。」

個人的使命陳述顯示的是你在各個方面，有的時候甚至是將來，比如說，你最希望自己成為什麼樣的人。而職業使命陳述則展示你希望客戶以後如何來看待你。

我們舉個例子來說，個人使命陳述有可能會是這個樣子：

「我在各個方面都是非常出色的。我在與我的生活、家庭及其他重要人士的人際交往中，都是熱情的、愛護他人的、有同情心的、正直的和寬容的。我更是一個誠實的人，我以我的慷慨大方、樂於助人、為人真誠、善解人意

和耐心被人們所接受並成為他們的好朋友。我樂觀、熱情、開心、全心全意的生活。我被所有認識我的人所喜愛、崇拜和尊敬。」

而職業使命陳述有可能是這個樣子：

「我是在各個方面都非常傑出的銷售人員。我對我的產品和服務，對我的每個客戶現在的狀況都瞭若指掌，我對每次銷售拜訪都會進行精心的準備。我擁有非常好的性格，因為我的誠實、信賴、責任感和堅定的意志而被人們所了解。我是一個熱情的、友好的、受人喜愛的人，我總是會真誠的關心我的客戶，而且我也樂於和他們打交道。」

這就是一個你希望你的客戶怎樣看待你的職業使命陳述，你希望別人能夠這樣談論你並向他人描述你。一旦你做出了職業使命陳述，你就需要制定出了所有工作中讓你言行正確的一系列指導原則。

使命陳述要以現在進行時的形式來描寫，就好像你已經成為了你描述的這個人。它是非常積極的一件事情，而不是消極的，描述你最渴望擁有的特質，並不是你所希望克服的缺點。它是屬於你個人的，而博恩．崔西建議銷售人員應該以「我是……」「我能……」或「我達成……」等這樣的話開始。

只有當你把使命陳述以現在時、積極的以及個人的語氣呈現，你的潛意識才會接受你的使命陳述，把它當成一系列的指令。

「我是一個特別優秀的銷售人員。」這其實就是一個非常完美的例子。每次你在銷售拜訪結束後，你都應該重新閱讀一遍你的使命陳述，並問自己你最近這一段時間所作所為，是使你更像你渴望成為的那種人，還是與你心中的目標越來越遠了。

博恩．崔西一直以來都是覺得作為一名頂級的銷售人員，就是要把你的銷售活動與最高標準相比較，並且還能夠不斷調整自己的銷售活動與最高標準一致。而你只有不斷努力，力爭把每件事都做得更好，每天都有意識的朝著你的願景中你最渴望成為的那種人發展，你才能夠成為一名頂尖的銷售人員。

假設從現在開始的一年後，你的客戶與潛在客戶一起午餐，而潛在客戶問起你作為銷售人員的情況，你想想你希望客戶用什麼樣的話來描述你呢？其實這就是你職業使命陳述的目標。

你的客戶也許並不知道你的職業使命陳述是什麼內容，但是他會用那些你描述自己的文字來描述你。只有當你用和你的職業使命陳述一致的態度來對待自己的客戶時，這種情況才會發生。

當然，你一旦做出了使命陳述，你就要時不時的去閱讀它們，進行回顧、編輯和升級。而且你也可以再增加一些新的東西，或者更清楚的定義你已經列上去的內容。你要明白，它們就是你的個人信條，是你的人生哲學，是你在與他人交往中的指導原則。你每一天都應該評估自己的行為，並與使命陳述設定的標準進行比較。

如果你能夠堅持這麼做，那麼過上一段時間，一些值得你注意的事情就會發生。當你閱讀和回顧你的使命陳述時，你發現自己幾乎是無意識的選擇了話語和行為，自己越來越像你之前所定義的那種理想人物。而人們也會立即注意到你的這種變化。你會發現自己正在創造你最羨慕的和最渴望的人格和性格特點。

博恩．崔西根據自己的經驗發現，你的生活與你的個人使命陳述和職業使命陳述其實是一致的，而且這個時候，你的銷售生涯將煥然一新，你的銷售業績和收入自然也會飛速成長。

博恩．崔西還認為，對於價值觀、願景和使命陳述的最為重要一點，就是對自己要溫和一點，慢慢來，不要著急。有的時候你用了你整個人生才可能成為今天的你。而如果你和其他的每個人都一樣，其實這也就不是你了。你要明白，你還有許多空間去發展和提高，而你要成為你最渴望成為的這種人，還有許多性格的變化需要你去慢慢改變。但是俗話說：「江山易改，本性難移」，一個人的性格改變不是一件容易的事情，不是一夜之間就能完成的，你需要有足夠的耐心。

有的人變得越來越好，就在於他們懷有夢想，而且能夠始終堅持下來，他們從來不會去空想什麼，更不會期望一夜之間能夠發生巨變。當他們沒有看到立竿見影的結果時，他們也不會灰心喪氣，而是繼續前行。

一旦你想讓自己成為什麼樣的人，過什麼樣的生活，發展什麼樣的事業，有了清楚的想法之後，就要堅定的邁出第一步。

你每天在自己開始採取行動之前，就應該大聲的朗讀你的使命陳述。想一想在你形成自己性格的過程中，你所經歷的那些事情。而且你要記住，僅僅是你對待他人的行為才能真正展示你成為了什麼樣的人，如果你堅持的時候足夠長久，那麼你最終就會成為你想成為的那種人。

培養敏銳的觀察能力

每一位優秀的銷售人員對客戶的性格特點、興趣愛好、家庭狀況、職業特點、家庭成員的情況以及他們的興趣，目前最需要什麼，最擔心什麼，最關心什麼等等都應該有所了解。而這些除了銷售人員透過調查所得，還有就是透過他們的觀察得出來的結論。每一個頂尖的銷售人員都是客戶的心理專家，他們不但是傑出的銷售人員，還是一個好的調查員。在與客戶見面之後，他們能夠準確的說出客戶的職業、子女、家庭狀況，甚至他本人的故事。客戶在對此感到驚訝的同時，也拉近了你和他們之間的距離。

甚至有一些厲害的銷售人員，能夠透過觀察，把見過的陌生人身上的一些細節小事說出二、三十件來，他們往往只需要幾眼就能夠記住所有的細節，並歸納出客戶的模樣。

觀察能力是指人們對所注意事物的特徵具有的分析判斷和認識的能力。具有敏銳觀察力的人，能透過看起來不重要的表面現象，而洞察到事物的本質與客觀規律，並從中獲得進行決策的依據。作為銷售人員想要成功，也就需要銷售人員必須培養自身敏銳的觀察力。

華人首富李嘉誠 15 歲的時候父親去世，他不得不到茶坊招待客人為生。在招待客人之餘，他最喜歡做的事情就是透過對客人的觀察，去分析每一位客戶的性格，以及他們是做什麼生意、家庭狀況、有沒有錢、並加以查證，同時他會把這些資訊牢牢的記在心裡，然後真誠的對待那些客人，結果年僅 15 歲的他是所有員工中得到賞錢最高的。可見，敏銳的觀察力不是天生具備的本領，而是透過後天的培養所練就的。

要培養敏銳的觀察力首先要具備好奇心。好奇心是出自內心的一種疑問，如果能夠對所有的事情都抱有一種好奇的心態，那麼就會想去一探究竟，這樣的心理能夠讓我們學到更多的東西。

有好奇心的人不會對任何事情失去興趣，就算是參加一場十分乏味的演講會，別的人都聽得昏昏欲睡，有好奇心的人也會精神飽滿，因為即使是演講的人無法引起他們的興趣，周圍的其他事情、其他人也會引起他們的興趣。

當然，好奇心要產生於我們應該好奇的事情，對於那些和推銷無關的事情，比如客戶的隱私等等，這樣的事情還是不知道為妙，我們應該只去好奇對我們會有所幫助的事情。如果我們能夠擁有觀察、發問，外加學習的精神，對任何事情都抱有好奇的心態，等於我們對周圍的人、事、物睜開了另一雙眼睛。

敏銳的觀察力不僅要透過眼睛去看，還要透過耳朵來聽，鼻子來聞和心靈來感受，這些器官的結合才能形成敏銳的觀察力。

當銷售人員具備了可以得知客戶一切資訊的敏銳觀察力後，還需要具備非凡的親和力，這樣才能在和客戶接觸的時候，迅速拉近彼此的距離。

具備非凡親和力的銷售人員，更容易博得客戶的信賴，也更容易被客戶

接受，贏得客戶的喜愛。大多數推銷行為都是建立在友誼的基礎上，包括我們自己而言，都更願意去找我們喜歡、信任的銷售人員購買東西，因此，銷售人員能不能在最短的時間內和客戶建立友好的感情，將直接影響到銷售人員的業績。

通常情況下，銷售人員先從喜歡自己、相信自己做起，只有喜歡自己、相信自己的人，才能做到去喜歡別人、相信別人，同樣也能得到他人的喜歡和信任。那些常常貶低自己，心情低落的銷售人員，在他們的眼中世界就是灰暗的，這樣的人是無法得到他人的喜愛和信賴的。因此，要練就自己非凡的親和力，首先要給自己樹立一個自信、樂觀的銷售人員形象，然後以此去影響我們的客戶，在客戶的心中留下一個熱情、真誠、樂於助人、關心他人的形象，相信每一個客戶都願意和這樣的銷售人員打交道。

每個人都是自己的一面鏡子，我們怎樣對自己，也就怎樣對別人，從現在開始，喜歡自己、相信自己，努力讓自己擁有人見人愛的親和力，相信我們就可以和每一個客戶成為朋友。

讓自己更健康

健康是我們賴以生存的基礎，只有擁有了健康，我們才有條件、有心情去追求智慧。同樣的道理，要想精通銷售藝術，也必須以良好的體質為基礎。

相對於其他行業來說，銷售人員需要具有超出常人的健康狀況、忍耐力和對工作的熱情。銷售工作的性質使得銷售人員更容易產生疲憊、懈怠的情緒。不過，大多數銷售人員都沒有意識到這一問題，只有極少數的銷售人員事先採取了相關的措施來預防他們的「倦怠情緒」。

由於不正確的工作方法，一般銷售人員要麼讓自己過於勞累，沒有精力去進行調查研究；要麼拖著筋疲力盡的身體去進行調查研究，根本得不到想要達到的效果。

他們往往計劃在精力最為充沛的時候去進行實際的銷售工作，等到想要調查研究的時候，卻發現自己早已沒有了體力和精力。其實，調查研究是一件體力工作，需要健康的身體做基礎。良好的體質對銷售人員具有重要的意義。

有的時候銷售工作會讓我們感覺非常累，於是我們沉浸在對工作的抱怨中，我們渴望停下來，哪怕一下下，也要給自己一個放鬆的機會，讓自己可以暫時的逃避現實。不用說，這樣的日子確實悲慘，每天活在憂慮中，任誰都受不了折磨。但是我們從來沒有探究疲憊產生的原因，只有當某個問題不能解決，肩上背負著很大壓力的時候，才會感到疲憊。既然如此，我們何不花一點時間去解決問題呢？如果在銷售工作中感到力不從心，你不妨進行一次有效的調查研究，當你找到解決問題的辦法時你會發現，你整個人都輕鬆下來，疲憊消失得無影無蹤。

人的潛力是無限的，一些科學家斷定：一般人能輕而易舉的挖掘出自己雙倍的體能。而你的體能為什麼發揮不出來，說到底是你的心理產生了懈怠。要走出這種困境是完全有可能的，其實疲憊是一種疾病。如果不幸患上了這種病，是可以治療的，而且只要在痊癒之後採取適當的預防措施，就能夠確保不再復發。

有的時候，銷售人員會突然發現自己不能高效率的工作。起初，他並沒有當一回事。直到某一天他才恍然大悟：這樣低速運轉，支付自己薪水的公司並沒有什麼損失，損失最大的是自己。因為，不能高效率的工作，就會錯過很多賺錢機會。後來終於下定了決心，一定要付出更多的努力，做更多的工作。

但是，應該怎樣做好自己的工作呢？這是個值得商討的問題。

有的人可能會覺得，只要不斷的增加工作時間，就彌補了損失的時間。

殊不知，這樣的結果往往是讓自己過度疲勞。所以，聰明的銷售人員這個時候往往會這樣做，先增加自己的體能，有了更多的體能就可以做更多的工作。增加體能的辦法有很多種，鍛鍊首當其衝。那些經常高速運轉的銷售人員需要具備運動員一般的體魄，肌肉強健有力，沒有多餘的脂肪，暢通無阻的循環系統。在與客戶見面的時候，應該表現出超過日常銷售工作所需要的精力和能量。只有這樣的銷售人員，才可以在八小時之內完成更多的客戶拜訪。如果在拜訪客戶之後依然精神飽滿，還可以進行一些其他調查研究工作。

如果一天的工作讓銷售人員感到疲憊，事實上他自己對此難辭其咎。如果你對自己的工作盡職盡責，充滿了熱愛，那麼你的耐心和力量永遠都不會枯竭。感到疲憊的最主要原因，在於我們沒有充分的開發和利用自己的精力。

不要給自己休息的理由，不要逃避調查研究的職責。相反，我們要不斷的督促、鞭策自己，直到將自己的工作效率提高到滿意的程度為止。當你真正全身心的投入到工作中之後，才有資格說：「我已經累得筋疲力盡了」。

銷售工作就像一個戰場，要不斷的用狂熱的理想來激勵自己。你要讓自己有一種危機感，時刻向自己灌輸這樣的思想：如果不盡力的拚搏，就會被消滅在戰場上。只有這樣，我們才能端正態度，認真對待調查研究這份工作。

無論什麼時候都要謹記，調查研究工作是銷售流程的開始，如果在這個階段沒有打好堅實的基礎，那麼你就不可能成為一個非常成功的銷售人員。當然你也要懂得，完成這份工作的前提是有一個健康的身體。

保持謙虛的態度

我們每個人保持謙虛謹慎的態度，既是對他人的尊重，同時也是對自己既得成果的保護。謙虛謹慎細說起來，就是在態度上要謙虛，在行為細節中要謹慎。

很多做銷售的朋友，可以說在整個銷售過程中都謙虛熱情，表現完美。可是一旦客戶下筆簽署訂單，就好像大功告成，馬上擺脫了銷售員的苦差事，以致讓客戶看來是過分驕傲，原形畢露，心裡產生吃虧上當的感覺。

不管你對於每天接觸的客戶有什麼樣的想法，這些都無所謂，重要的是你對待他們的態度。你必須時時牢記，你目前是在做生意，在做生意的時候，無論對方是故意開玩笑或者是你所討厭的人，都不能任意得罪，畢竟他們是有可能將錢放入你口袋的對象。

很多銷售人員都會犯收完錢就走人的毛病。客戶的簽字還墨跡未乾，銷售人員就已經走出了大門，這種事情也是非常惡劣的。

事實證明，沒有什麼比這種行為更能引起客戶的懷疑了。因為這種行為傳遞了一種資訊，你唯一的目的就是賺到錢開溜；這種行為還驗證了一些客戶內心深處的想法：「銷售人員就是想著法子騙你購買，只要你一旦付了錢，他們就會消失得無影無蹤。」

當客戶想到這些，就會變得很生氣。而且很有可能他們會一氣之下取消訂單！而有些銷售人員的理由是認為他們離開客戶的辦公室應該越快越好，他們就擔心客戶會改變主意，趁他們還在場時要回貨款！

其實當你拿到訂單之後，你完全沒有必要第一時間逃離。你和客戶剛剛交上朋友，就為認識了一位新朋友，你也應該多待一下。

不管有多少別的客戶在等你，你都要和你眼前的客戶稍微談幾句，讓他確信你對他感興趣的原因並不是赤裸裸的金錢因素。把謙虛謹慎保持到最後，一方面減少了客戶後悔的機會，另一方面它有助於獲得再合作的可能性。

這謙虛謹慎的態度能讓客戶相信他們做出了正確的購買決定，而不是感覺到一旦生意談成、銷售人員就拋開他們不管。

有時候，銷售人員的一些細節上的疏忽都能導致客戶心裡不舒服，比如忘了遞交產品說明書，或者忘了及時發貨等等。

表面上看來，這些細節無關緊要，但對客戶來說是很重要的。現如今，大部分客戶還是通情達理，他們也知道有些事不是你或者是你的公司能夠掌控的。

但是你作為一名銷售人員，一定要將謙虛謹慎的態度保持到最後，不能把一些客觀原因當成是自己可以理直氣壯的理由，所以，既然你已經和客戶透過銷售溝通和交流建立了一種類似朋友的關係，也請你把謙虛的態度保持到最後。

第二章　全力激發潛意識力量：嚇死人的業績需要全部生命力的投入

「愛」上自己銷售的產品

對於銷售人員來說，如果想更好的把自己的產品推銷出去，進一步得到客戶的信任，那麼就必須做到透徹的了解你自己的產品，熟悉甚至是精通你自己的專業，而且還要摸清楚你所在行銷行業的整體情況。

只有當你掌握了豐富的產品知識，你才能夠更深入的了解購買某種產品或者服務的動機，特別是對於客戶的提問一定要做到對答如流。

一名銷售人員如果在推銷的過程中，對於自己推銷的產品不夠了解的話，客戶肯定會覺得你不夠專業，而你所推銷的產品在客戶眼中也會變成是不可靠的。而根據博恩．崔西的銷售經驗，如果客戶對你和你的產品產生了不信任，那麼你們要想完成成交幾乎是不可能的，這樣一來你的成交量肯定會上不去，不僅影響自己的收入，還會影響到公司的名譽和利益。

有一組科學實驗可以證明：銷售人員對於產品的態度，絕對可以影響到客戶的選擇。這組實驗是這樣的，有兩位水準差不多的老師分別向隨機抽取的兩組學生講授完全一樣的課程。而所不同的是，其中的一位老師被告知他所教的學生天生都非常聰明，思維更是敏捷異常，只要你對他們傾注所有的關愛和幫助，他們一定可以成為優秀的學生。而另外的一名老師則被告知他的學生資質一般。

結果一年之後，所有天生聰明的學生比一般的學生在學習成績上要領先很多。其實原因就在於老師對於學生的認知程度不同，所產生的希望也不同。

所以，要想成為像博恩．崔西這樣優秀的銷售人員，就應該在自己的行業裡面成為真正的權威，應該多方面的去了解產品，做到對每一件產品的每一個細節都無所不知。也只有這樣，你才會對自己的產品和服務更有信心，你才會有足夠的勇氣和知識去進行一次完美的產品推銷活動。

博恩．崔西認為，銷售人員可以從以下幾個方面著手，對自己的產品進行透徹的了解，愛上自己的產品。

第一，掌握產品詳細的技術性能。

產品的詳細性能主要是指產品的材料、性能指標、規格、操作方式等等。掌握了這些資料，你才可以根據客戶的實際需求進行推薦，更可以主動去向客戶介紹自己的產品，打動客戶，從而促成交易。

如果你在推銷自己產品的時候，缺乏對產品詳細技術的了解，那麼你就會失去客戶的信任，也就意味著失去了你的生意。

在博恩．崔西身邊發生過這樣一件事，有一名銷售人員向一家製造金屬圍欄的工廠推銷自己的材料，他用自己所掌握的知識，向客戶證明這種特質的鋁材不僅重量輕，而且還不會生鏽，並且有足夠的強度，結果他順利簽下了這筆訂單。

其實，這家工廠在以前所生產的圍欄大部分是鋼材的，而之所以不採用鋁材就是因為工廠認為鋁材的強度不夠。

結果博恩．崔西的朋友，正是在了解自己產品的前提下，緊緊抓住了客戶的心理，做成了這筆生意。

第二，不突出的特點不可忽視。

優秀的銷售人員要對產品的專業資料做到心中有數，博恩．崔西認為這一點是最為重要的。在博恩．崔西的觀念裡，要想順利完成交易，你就一定要讓客戶覺得你是這一行業裡的專家，而不僅僅只是一位銷售人員。

當然，博恩．崔西也提醒銷售人員，如果你推銷的產品屬於高檔用品，那麼你牢牢掌握各種專業資料是必要的，另外產品的一些並不具體，不是特別明顯的特點你也應該進行了解，因為在與客戶的交談過程中，即使是你的一些模糊回答，也會讓客戶的內心受到極大的影響，認為你的產品不可靠。所以，你一定要有能力解決客戶的任何一個疑問。

第三，弄清楚競爭產品的價格。

作為銷售人員，如果你不夠了解競爭產品的情況，不了解競爭對手的銷售手段和促銷形式，那麼當客戶故意誇大另一件產品的優勢時，你就顯得無能為力了。可是如果你能夠準確掌握競爭產品的相關資訊，那麼你就能夠判斷出客戶說的話是否屬實，這樣你就掌握了談話的主動權，能夠提出你的價格，從而在客戶面前保證自己的利益。

第四，了解產品的形象。

每一位銷售人員都應該清楚的了解自己所推銷產品的構成形象。其實一個產品包含著多層含義，包括核心產品、有形產品和延伸產品等等。就拿電腦來說，它就是在解決了形象問題之後才出現銷量大增的情況。因為這種產品雖然能夠節省時間並且簡化人們日常的工作，但是它似乎很複雜和不好用，可是當電腦在人們心中樹立起好助手的形象之後，就變得被越來越多的客戶接納和採用。

所以，你不要小看產品的形象，很多時候客戶是非常在乎產品「長相」的。

誠實，還是誠實

說謊的人就是不誠實的人，而一名銷售人員不誠實是更加危險的。因為

你不誠實就不會與客戶進行很好的合作，而不懂得與客戶合作的銷售人員，是不可能做出出色業績的。

博恩．崔西對誠實非常重視，他認為說謊是最大的罪惡。作為一名優秀的銷售人員，不管是對自己還是對別人，都需要百分之百的誠實，因為「誠實」是一個業務員最重要的特質。美國有一位著名的勵志大師名叫厄爾．南丁格爾，他曾經說過：「如果你不是誠實的人，就要想辦法把自己改造成一個誠實的人。因為，誠實才是真正的致富之道。」

對於博恩．崔西關於誠實的這一銷售思維，很多成功人士都是非常認同的。特別是西點軍校曾經就要求自己的學生，不但不能對別人說謊，而且也不能對自己說謊，因為只有這樣，這個人才是一個真正誠實的人。

在博恩．崔西培養銷售人員的時候，總是要求銷售人員要誠實做人，也正是由於博恩．崔西這樣的嚴格要求，才讓很多普通的銷售人員成為了銷售菁英，而且也獲得了令人驕傲的成績，博恩．崔西讓我們明白，「只有誠實，才能長久。」

可是在現在的銷售過程中，很多銷售人員認為欺騙、說謊是一種有利可圖的好辦法。為此，這些銷售人員對於欺騙的手段也是屢屢使用，他們可能並沒有當著客戶的面說話，但是他們往往會把一些本應該對客戶說清楚的話而不說。

有的時候，你會發現某些銷售人員也許願意站在正直的一面，可是一旦某件事情關係到他自身利益的時候，他們也許就會離開正直，而選擇了欺騙。

而不對自己找藉口可以說是對欺騙和謊言的當頭一棒。因為自己不找藉口，便不會為了編織藉口而說謊，或者欺騙。

天下沒有一種廣告能夠比誠實可靠，比不欺騙消費者而更讓大家信服了。所以一個言行誠實的銷售人員因為有正義公理作為自己的後盾，為此在面對客戶的時候總是能夠坦然。而一個欺騙了客戶的銷售人員，他的內心也許會常常出現這樣的聲音：「我欺騙過他，他要是發現了，找我麻煩，我該怎麼辦？」

美國著名的哲學家愛默生寫道:「要把自己的品德當成聖物一樣來守護。」這其實正好印證了博恩．崔西「對自己要誠實，對別人更要誠實」的觀點。

現在大部分的客戶都有憑藉自己的直覺來判斷銷售人員是否在說謊的能力，因為客戶他們曾經可能遇到過許多假惺惺，或者是對他們心懷不軌的銷售人員。即使很多客戶和銷售人員在一個房間裡面，客戶還是能夠馬上判斷出哪個銷售人員說的是真話，哪個銷售人員說的是假話。

博恩．崔西曾經在一家全國性的貿易公司做過一項調查：在甲銷售人員和乙銷售人員所銷售的產品差不多的情況下，為什麼客戶比較喜歡從甲銷售人員那裡購買呢？博恩．崔西為了弄清楚這個問題，花費了 5 萬美元的研究成本，而且還訪問了很多客戶，最後博恩．崔西得出一個非常簡單的結論：客戶之所以喜歡選擇甲銷售人員的產品而不從乙銷售人員那裡購買，就是因為客戶們「信任」甲。而博恩．崔西特別強調這裡所說的「信任」，指的是客戶相信甲銷售員會遵守自己的承諾，能夠履行自己所保證的事情。

其實博恩．崔西一直以來都認為，如果你的產品性能不是特別的卓越，作為銷售人員，你千萬不要吹噓自己的產品功能多麼好。銷售人員要做到講話不騙人，介紹產品不誇大。如果你真的想提高自己在客戶心中的可信度，你更應該主動的告訴客戶自己的產品有哪些缺點，以及你的產品和競爭對手相比，有哪些不足之處。

這樣你自然就會得到客戶的信任，而且大部分客戶往往不會因為你的產品有一點不太關鍵的缺點而放棄購買。

所以，要想成為一名優秀的銷售人員，不一定非要把自己產品說得天花亂墜，有的時候對客戶誠實，坦誠的告訴客戶你的產品所存在的缺陷，這樣

往往會讓你受到意想不到的效果。而且誠實做人也是一個人應該具備的優秀品格，擁有誠實做人的品德，必定會在你的成功之路上添磚加瓦。

分析你的公司

要想成為優秀的銷售人員，需要對自己公司的各個方面進行深入的了解。他們通常能夠知道公司是什麼時候怎樣成立的，公司最主要的決策者是誰。他們知道在不同的場合，誰是對最終決定有影響的人，知道不同部門各個負責人之間錯綜複雜的關係，他們清楚的知道他們代表的這家公司是什麼。

不管公司的規模如何，你都應該知道公司的主要產品是什麼，主要客戶群有哪些，主要為哪個市場服務，這個公司是怎樣開始的，剛開始的時候它賣的是什麼產品，特別是在過去的三到五年中，它最主要的產品、客戶、市場是哪些，這些與公司今天的主要產品、客戶、市場有什麼不同，公司的發展趨勢如何，未來什麼會成為公司的主要產品，哪些會成為公司的主要客戶，公司主要為哪個市場服務等等。

而且你還要了解公司的策略是什麼？它承諾要實現什麼，避免什麼，在現有的市場環境下要保留什麼？它有什麼價值？它支持什麼？等等，這些內容可能有的時候已經成文了，也可能是還沒成文的，但不管怎麼說它是一定存在的，這些顯示了公司將來會如何對待員工和客戶。

我們的價值觀是人格的核心部分，而公司的價值觀就是公司人格的核心部分。最理想的情況是一個人的個人價值觀和公司的價值觀是協調一致的，之間不存在任何衝突和矛盾。

實際上，如果你所工作的公司的價值觀你並不贊同，那麼如果讓你做好這份工作也是一件非常困難的事情。所以，先決定你的價值觀是什麼，再去發現你公司的價值觀是什麼，並且一定要確保它們是協調一致的。

你公司的市場策略是什麼？你公司獨一無二的銷售主張是什麼？你公司的競爭優勢是什麼？你公司獨特的優勢是什麼？你公司在哪些方面比其他公司做得更好？這些也都是需要你去了解的。

每個公司都是圍繞著某種核心能力建構的，而這些核心能力就決定有些事情可能這個公司會比另一個公司做得更好。所有與這些事情相關的過程、功能、產品、服務等就會流向具備這個核心能力的公司。就像你具備了某種核心技能一樣，公司也在某些方面是這個市場的翹楚。那麼到底是哪些方面呢？這需要你思考。

你還需要考慮一下自己，你現在是在什麼位置？人們之所以購買或不購買你的產品的原因是什麼？有沒有你工作公司的原因？假如你代表的是一個有著很高聲譽的公司，那麼你會見客戶、達成銷售是不是相對容易些？如果你代表的是一家聲譽不佳的公司，那麼你需要做一些什麼樣的努力呢？

哈佛商學院的李維特博士在《市場想像力》一書中寫道：「一個公司最有價值的資產是它的客戶如何看待它。」公司的聲譽顯然是非常有價值的，所以說幾乎每一家公司都不惜耗資千萬，以獲得一個好的聲譽。

假設你的公司在行業裡的前十家公司中排名第四位，那麼這就意味著有三家公司在產品品質或服務品質上超過你的公司，而有六家公司不如你們。其實這個排名，通常也就決定了每家公司的銷售情況和利潤情況。

而且你作為銷售人員一定要明白，品質的好壞是由客戶來定義的。客戶認為你公司產品的品質如何，你公司產品的品質就如何。

博恩·崔西曾經指出，客戶對品質的定義，往往會隨著與其他競爭產品的對比，不斷發生變化。基本上，品質由產品和與產品相伴的服務組成，有的時候還會包括產品的銷售方式。而產品和感受到的價值之間的關係，也是客戶品質評估的一部分。

換句話說，當一個更高的價格降低了產品的品質時，那麼一個公平的價

格就會被添加到這個品質的看法上去。總之，在任何情況下，你試著把品質作為一個銷售賣點的時候，一定要看客戶是怎樣來定義這一產品的品質的。

對於公司的分析還包括你在公司中的個人品質排名。不管你現在是正式員工，還是非正式員工，公司裡的所有銷售人員往往會有個排名，而且最好是從好到差。那麼，你的個人品質排名如何？誰排在你前頭，誰又在你後面？你透過什麼樣的方法來提高自己的個人品質排名呢？你做些什麼讓自己的排名更往前呢？

其實，銷售、收入和個人品質排名之間是有著直接關聯的。每個人都想獲得成功，你的目標之一肯定是提升自己的位置。你不需要從第五名一夜之間躍升到第一名，但是你需要從第五名到第四名，再從第四名到第三名，再到第二名，最後到第一名。所以，你追求在公司中的個人品質排名的目標對你的個人成功是很重要的，正如你的公司追求它在市場上的品質排名一樣重要。

讚美你的客戶

在人性中最根深蒂固的本質就是喜歡別人的讚美、希望得到他人的肯定，而銷售人員所面對的客戶也不例外，他們也希望能夠聽到別人的讚美。

美國最偉大的林肯總統曾經說過：「人人都喜歡聽讚美的話，你我也不例外。」而美國哲學家約翰．杜威也說：「人類最深刻的衝力是做個重要的人物，因為重要的人物能時常得到別人的讚賞。」

博恩．崔西也認為讚美的力量是極大的，特別是對於銷售人員來說，如果能夠善於利用，一定會為你帶來很多的客戶和朋友，讓你對自己的工作信心大增。每一位優秀的銷售人員都懂得使用讚美的藝術，去做好自己的推銷工作。

讚美看起來沒什麼，其實也是需要一定技巧的。銷售人員在讚美客戶之前一定要懂得仔細觀察客戶，找到客戶值得你去讚美和欣賞的地方。

博恩．崔西根據自己的推銷經驗認為，讚美一個客戶，最關鍵的就是要讚美客戶引以為榮的事情。特別是當你對客戶的學識、能力，以及他的品味進行了一番美言之後，他就會非常高興，而也會把你看成是一個懂他的，了解他的，有著共同語言的銷售人員，那麼就會願意與你進行合作。

需要特別說明的是，當你去客戶的家裡或者辦公室進行拜訪的時候，你在與客戶寒暄完之後，不妨對客戶家中或者是辦公室的裝飾也進行一番讚美，而博恩．崔西每次都會用一些「莊重典雅」「堂皇氣派」等等類似的詞語，來表達自己的讚美之意。

當然，你也可以讚美一下客戶家中擺放的物品，比如桌子上或者窗臺邊所擺放的盆景。

在博恩．崔西一次拜訪客戶的過程中，他發現這位客戶的家裡面養著一隻小狗，於是博恩．崔西便對這隻小狗大加讚賞，說這隻狗不僅毛色光亮、一看就是非常名貴的品種。原來這位客戶與自己的丈夫結婚快十年時間了，可是兩個人一直沒有孩子，於是他們為了彌補這個遺憾，就養了一隻狗，他們對這隻狗疼愛有加。所以，當客戶聽見博恩．崔西誇獎自己「孩子」的時候，自然內心也是非常高興，於是立刻就對博恩．崔西產生了好感，沒多長時間就答應博恩．崔西週末來家中細談的要求。

結果到了週末，博恩．崔西再一次見到這位客戶的時候，還替客戶的小寶貝買了一些東西，這讓客戶更加感動，於是非常痛快的就簽下了博恩．崔西的銷售訂單。

其實，在這個世界上不管是誰，都不會對你的讚美感到不愉快，銷售人員既想讓客戶開心，自己又想讓業績提高的話，不妨就是和博恩．崔西一樣嘗試一下讚美的方法，這真的是讓你順利接近客戶的最好辦法。

但是在這一個過程中，你要特別注意的是，當你在讚美客戶的時候，態

度一定要真誠，只有你的態度真誠，客戶才會對你的讚美產生興趣，而你也才會收到你希望的效果。如果你的讚美之詞聽起來一點誠意都沒有，那麼客戶就會感到虛偽。

很多銷售人員總認為自己的口才如何好，自己的讚美之詞，客戶一定不會聽出其中的虛偽，如果你真的這麼想就錯了。

讚美之所以變得虛偽，原因就在於銷售人員的嫉妒心理。可以說嫉妒是銷售人員最常見的失敗原因之一。

有的銷售人員總是喜歡在成功的客戶，甚至是優秀的同事背後議論這，議論那，對人家是又羨慕又嫉妒，所以在他們的內心深處總想著找機會對這些成功的人進行一下「攻擊」。其實，這些閒言碎語對這些成功的人來說，影響並不大，反而你的這種虛偽態度，會讓自己失敗一輩子。

博恩．崔西建議，對於在你的領域中表現出色、成功的令人羨慕的人，更應多讚美，少批評，要虛心向他們學習，把他們當成自己的榜樣。

你應該換個角度想想，他們和你一樣，都是從普通銷售人員做起來的，他們能夠成功，你也能夠成功。你不但不應該去嫉妒他們，反而應該為他們獲得成就感到高興，你時刻都應該牢牢記住，想要成功，想要得到別人的讚美，就要學會先讚美別人。

正面期望帶來成功

在銷售過程中，客戶總是要多去考慮一下，永遠都會想「你是不是在騙人？」。原因就在於他們在此之前可能有過太多被騙的經歷，所以說，「不買」幾乎已經成為了客戶下意識的一種反射動作，至於他們給你什麼樣的理由已經不重要了，他們會說：「我最近沒錢」「我不喜歡這款產品」「我已經有了一款差不多的產品」等等，可以說，客戶拒絕你的理由太多了。但是在眾多的理由當中，幾乎是沒有一個是真正的理由，充其量也只能算得上是面對推銷的反射動作而已。

博恩．崔西每次遇到這種情況的時候，都會讓自己保持自信，對客戶的百般刁難以一種無視的態度來對待，而且他相信客戶最終會慢慢放下戒備心理。

其實，在大多數情況下，你只要一直用一種正面、積極的態度去對待客戶的刁難，那麼客戶也會被你說服的。

博恩．崔西的建議是銷售人員不要管客戶一開始怎麼拒絕你，不去想他們用什麼樣的理由拒絕你，你只要繼續向客戶介紹你的產品，並且提出問題，耐心傾聽，這樣客戶往往會慢慢相信你的，進而就會購買你的產品。

真正優秀的銷售人員都知道如何讓客戶感受到產品為他們帶來的愉悅感，這樣當客戶一旦購買了你的產品，他們絕對不會後悔，反而還會覺得物有所值。而銷售人員在客戶面前表現得越自信，越有積極性，那麼客戶的滿意度就會越高。

所以說，想要成為一名優秀的銷售人員，就應該朝著這一方向努力。信心永遠是人生成敗的分水嶺。

偉大的銷售員喬．吉拉德在他 35 歲的時候，就明白了一個非常重要的道理：「建立自己信心的最佳途徑之一，就是從別人那裡接受過來。」在那個時候，喬．吉拉德遭遇了自己人生的第一次低谷，多年苦心經營的事業一夜之間全垮了，他成了「負翁」，負債高達 6 萬美元。當時法院已經給他傳了一份令狀要沒收他的所有家當，銀行也要拿走他的汽車。這時候，喬．吉拉德每天都覺得非常恐怖。

為了逃避銀行的人和債主，他每天都不敢回家，但是在法律面前逃避也是沒有用的，喬．吉拉德最後還是失去了自己所有的家當，當然還有他的自尊。

這一切對於喬．吉拉德來說，就好像是一場惡夢，但是更為糟糕的是家

裡面已經沒有吃的東西了，喬．吉拉德當時還有兩個年幼的孩子，他們餓了整天的肚子叫。就在這個時候，喬．吉拉德一下子覺得填飽肚子成為了他的全部心願，但是他幾乎對自己失去了信心。

最後讓喬．吉拉德一直支撐下去的是他的妻子朱．克蘭茲，她總是充滿信心的對喬．吉拉德說：「親愛的，我們結婚的時候什麼都沒有，但是不久之後我們不就擁有了一切嗎？現在我們雖然又一無所有了，但是我對你有信心，我相信你一定會成功。」

就這樣，喬．吉拉德心懷妻子對自己的信心，透過朋友的介紹來到了一家經銷汽車的公司，在那裡，喬．吉拉德悟出了一個更偉大的道理：「信心會激發更大的信心。」

可以說，這成為了喬．吉拉德人生走向巔峰的開始。喬．吉拉德在兩個月的時間內，真正的實現了自己的諾言，銷售業績超過了公司中其他的銷售人員。他也順利償還了自己所欠下的負債。在之後的一年時間內，喬．吉拉德的銷售業績已經達到了 1,425 輛汽車，而他也成為了世界上最偉大的銷售員。

可見，信心一定會讓人產生勇氣，能夠讓每個人爆發出身體內潛藏的能量與能力，最後戰勝各種困難，達成願望。

在我們每個人的一生中，信心所發揮的作用是無法估量的，他對一個人一生的發展都非常重要，而作為銷售人員來說，你更應該在推銷過程中保持自信，並且讓你的信心激發出你所有的勇氣和能量。

除了偉大銷售大師喬．吉拉德之外，博恩．崔西一直以來也是人們競相學習的對象。他用事實證明了，只要心中有信念的火花，就一定能夠燃起熊熊的烈火，從而不斷激勵自己的事業攀登更高峰。

每一名銷售人員都應該學習這些優秀銷售大師積極、自信的精神，讓自己有一天也成為「世界上最偉大」的銷售大師。

從改變自己的內在開始

經常有人會問：「怎樣做才能夠推銷成功呢？」「怎樣做才能夠成為一名優秀的推銷人員呢？」很多銷售人員都希望有人能夠給他們一個快速成效的方法。

那麼這一方法在哪裡呢？博恩．崔西告訴你，「方法就在你的心中。」這就好像任何一位獲得成功的人，在他的心中都會存在一個堅定不移的信念，而也正是這一信念能夠讓他克服阻擋在前面的各種困難和挫折，這個信念讓他勝過其他的對手。

曾經有兩位學習相同推銷技巧的銷售人員，理論上他們的銷售成績應該是不相上下的，不會相差太多。可是實際情況並不是這樣，而且這樣例子在實際工作中還特別多。雖然很多人認真、努力的學習銷售理論，但是僅僅這樣是很難成為偉大的銷售大師的。

其實，博恩．崔西認為，推銷的知識和技巧是「知」的層面，但是「知」和「行」是完全不同層面的兩件事情。你能夠讓一個人有步驟的增加「知」的能力，但是如果你僅僅這樣想，不去「行」的話，那麼知識和技巧的作用永遠都不會得到充分的發揮。

有一位記者曾經採訪過一位已經退休的美式足球教練，問道：「創造奇蹟的祕訣在哪裡呢？」他回答說：「我們的球隊和其他的球隊一樣，都有著非常傑出的隊員，面對這些一流的對手，我還能夠教他們什麼踢球技巧呢？他們對於美式足球的技巧與認識，可以說絕對不會比我少一分，我懂得的也絕對不會比他們多多少，我能夠做到的唯一事情，就是讓我的球隊在迎接對手前的每一分鐘，讓他們的戰鬥意志達到沸騰。」正是由於這個創造足球的奇蹟祕訣，不在知識也不在技巧，它存在於每一位隊員的心中，而這股心靈的力量，才是創造奇蹟的決定點。

例如馬拉松的選手靠著平時的磨練，他們的意志力戰勝身體的疲憊及想

要休息的渴望，而馬拉松選手是否勝利不是在體力上面，就是在毅力上。

推銷也是一樣的，博恩．崔西說「你必須啟動你的心靈力量，心靈的力量來自於你平時的鍛鍊與儲蓄。」

一名優秀的銷售人員必須要樹立起堅定的信念，也就是說，只要你決定做一天的銷售人員，那麼你就要有一種積極與熱誠的態度。這可以說是一種本能，本能是一種自然的反應，是不打折扣的，更是不需要理由的。

作為一名銷售人員，失去了積極與熱誠，就好像是藝術家沒有了靈感，引擎沒有了動力，那麼你還會有去了解客戶心扉的欲望嗎？

積極與熱誠是會被感染的，因為你不但可以將積極、熱誠傳播給你的客戶，同時你還可以將你的積極與熱誠傳染給以後的你，所以，博恩．崔西建議銷售人員，每天早晨起來的第一件事情就是給予自己積極與熱誠。

大家都知道，棒球選手每次出場都在向 0.3 的打擊率進行挑戰，如果他出場 10 次的話，那麼能擊出 3 次的安打，他就能夠保持他的打擊手地位，也就是說，他的意志在面對 7 次失敗的壓力時不是沮喪、也不被摧毀。

銷售人員通常要進行地毯式的尋找客戶，甚至每天要面對 50 次以上客戶的拒絕，才能夠找到一個對你產品感興趣的客戶。而在這一個過程中，如果你沒有一種堅強的意志，那麼你是很容易被擊垮的。

雖然這種地毯式的尋找客戶，能夠提高銷售人員的成功率，但是博恩．崔西告訴銷售人員，即使你這樣做，你的成功率還是會遠遠低於 0.3。

銷售人員其實和普通人一樣，是很難要求他們在長時間內經受得住客戶的拒絕的，為此，博恩．崔西根據自己的經驗，指導銷售人員讓自己的意志力必須支持自己完成他心中的最低目標。

什麼是最低目標呢？也就是說推銷人員要能達成 3 成以上的業績是由他的客戶介紹而來的，那麼到底他要花多長時間才能夠達到這一目標呢？

表面看來每一個行業是不一樣的，可是也有相同的地方，只要你的客戶越多，那麼你所得到的利益也會越多。

所以說，作為一位專業的推銷人員，你的第一個意志力的考驗就是不管多麼的艱辛，一定要有堅定的信念達成推銷人員的最低目標。

致力於終生學習

我們每個人的大腦就是最寶貴的財富，而你的思維品質也將決定你的生活品質，這一點，其實對於我們每個人來說都是重要的。

不久前，一位大學生向所有《財富》500 大企業的管理者發出了一份調查問卷。問卷裡有 39 個問題。這些管理者中有 83 位完成了問卷並把問卷寄了回來。從這樣一群大忙人那裡獲得這個數目的回覆，是一件非常不可思議的事情。

這個大學生仔細處理了問卷，以找出這些商界領袖認為他們能夠獲得成功的原因。在這些頂尖人士給出的建議中，有一項或許是相同的，這個建議被他們一次又一次的重複著：「永不停止學習，變得更好。」

其實，我們每個人的大腦都是可以增值的。閱讀，聽語音課程，參加研討和課程，你千萬不要忘記自己最有價值的資產就是你的大腦。

博恩．崔西曾經說過：「你可以讓自己的大腦增值。」他還舉出了例子，假如你要買一輛車，車就開始貶值；一旦你把它開出經銷商的車廠，車就會損失一些價值。如果你買任何種類的有形產品，這個產品就會立刻損耗，但是，你可以用一些新資訊獲得更好的成績。面對這些新資訊，你可以把它們不斷輸入到自己的大腦中，增加自己大腦的價值。

我們還可以為自己增加價值。我們每個人在人生的起步階段，都只有非常有限的一點知識，而人們可以憑藉這些知識為他人謀得利益。正如你所看到的一樣，在這種情況下，你由於為別人帶去了利益，你就變得更有價值了。當你獲得越多的、可用於實際工作的知識，那麼你的回報就會越多，你

的收入自然就會增加。

而且隨著我們每個人人生閱歷的不斷豐富，你就會獲取更多的經驗，閱讀更多的書籍，不斷更新自己工作、生活的技巧。進而，你的知識增加，你人生的回報也會增加。在自己的人生之路上，你朝著那些可能為你準備的成功前行。而在這一過程中，其實是因果定律正在發揮著作用。

博恩．崔西認為，在成功路上，因果定律往往被總結為「學習並付諸實踐」。每次你學習和實踐某種新的東西，你其實就是在自己的道路上前行。當你停止學習和實踐的時候，你也就會止步不前。

當你再次開始學習和應用自己所學的東西時，你又開始前進。也就是說，你學習和實踐得越多，你自己朝著成功方向的行走速度就越快。

如果我們把你現在的知識和技巧想像成是桶裡的水，那麼水的高度決定你的收入。當你開始自己的人生時，你的桶裡可能還沒有多少知識和技巧，你的成果和回報也最少。

之後，隨著你的知識和技巧的增加，你的桶就變滿了，你的回報和被人認可的水準也會增加，等再過了幾年之後，你的桶變得更滿了，知識和技巧也增加了，收入也隨之上升。

當然，博恩．崔西也指出這裡存在一個問題。如果這個桶裡有一個洞，那麼不管什麼時候，只要你停止學習和實踐新的技巧，或是停止增加新的知識和思想，將不能保持原有水準，而且還會下降，也就是說，你實際上已經開始在人生道路上倒退，別人開始超越你了。

所以，如果你不能夠經常更新自己的知識和技巧，就會慢慢失去自己的優勢。你目前的知識和技巧會變得越來越過時，你也就越來越沒有價值了。

博恩．崔西一直主張永不停止的學習，可是現在很多人並不理解這一點，他們接受了基本的教育，隨後，他們就試圖依賴這些少之又少的知識和技巧讓自己在社會中生活多年。

當年輕人在競爭中超越他們的時候，他們就會感到目瞪口呆，甚至是憤怒，這個時候他們會產生一種挫敗感。

因為他們不懂得，持續學習就好像每天洗澡刷牙一樣，是必不可少的。如果你有段時間不學習，那麼周圍的人很快就會超過你。

所以你要下定決心，要讓自己天天學習和實踐新的東西。每天早晨讀點東西，在車裡聽語音課程，自己有時間參加一些培訓，並且不斷把自己的新知識付諸到行動中，讓行動來考驗你對新知識的掌握情況。

善用有聲書

著名的演說家尼克．卡特曾經說過：「有聲書是出版業發展以來最重大的學習革命。」

在博恩．崔西剛剛開始做業務的時候，每天心情都不是很好，從來就沒有快樂過，這一切都是因為博恩．崔西沒有獲得良好的銷售業績，沒有成就感，雖然他每天工作都非常努力，但是效果還是不明顯。

後來，博恩．崔西的一位好友建議他有空的時候聽聽有聲書，而從此之後博恩．崔西的人生也發生了重大改變。即使在很多年以後，博恩．崔西還是能夠清楚的記得他曾聽過的某些有聲書的內容，還記得有聲書的作者所發出的那些讓人深思的、鼓勵的話，甚至博恩．崔西還把一些他喜歡的有聲書保存至今。

在 IT 行業有一句非常著名的話：「垃圾進來，垃圾出去。」而這句話的意思就是說，如果原始的資料都是錯誤的，那麼電腦再怎麼去進行分析，結果也不會正確的。就好像我們如果經常接觸一些垃圾的資訊，那麼我們的頭腦裡面就會充滿這些垃圾資訊，而嘴巴裡面所講出來的話（資訊）自然也是垃圾語言。

而反過來也是同樣的道理，如果你每天接受的都是有用的資訊，那麼你

自然而然就會變得有內涵，就會知道客戶喜歡聽什麼，想要聽什麼。

如果你能夠把這樣的習慣保持下去，利用工作的業餘時間，哪怕是拜訪客戶的間歇，多聽一聽有聲書，這樣你就會慢慢懂得如何與客戶更好的溝通，抓住客戶的心理。

博恩．崔西在開車的時候也會聽有聲書。現在一般的銷售人員平均每年要開大約四萬多公里，這還沒有考慮塞車的情況。這樣算下來，一個銷售人員每年大約會有一千多小時是在駕駛座上面度過的，如果以每天工作八個小時來計算的話，相當於只要四個多月，就可以把大學一個學期的課上完了。

加州大學最近的一項研究指出，如果人可以利用開車的時間聽一些有聲書來提高自己的修養，這樣就可以得到和當初上大學一樣的學習效率了。

為此，博恩．崔西建議每一位銷售人員從今天開始就把你的車子變成一座「移動式的學習教室」。

著名的潛能開發大師吉格．金克拉曾經說：「歡迎來到汽車大學，準備好開始你的終身學習課程了嗎？」相信當你一旦把自己的車子變成了一個移動式的學習課堂，你就會感到它帶給你的無限力量、超強威力。

如果你找到一部好的有聲書，那麼這本書往往會涵蓋 10 本、20 本，甚至是更多的講授銷售技巧類的圖書精華。如果你去買一本書的話，你不僅需要花很多的錢，而且還要花很長時間才能夠把這本書看完，而你如果和博恩．崔西一樣善於使用有聲書，就可以利用各種空閒時間，把這本書裡面的銷售精華全部消化掉。

除了這些之外，聽有聲書還有一個好處，就是如果當你聽到某些不錯的想法，就可以立即按下暫停鍵，給自己留下思考的時間，來想想如何把這個不錯的想法應用到自己的實際工作中。當然了，如果你願意的話，你自己可以重複聽無數遍。

而且聽有聲書還可以幫助你整天保持一種清醒的頭腦，當你發現銷售機會的時候，可以立即行動，馬上發揮出自己的優勢，緊緊抓住機會。

現在的情況是，很多銷售人員都不懂得如何去利用好時間。他們在開車的時候，等候客戶的時候，不是聽音樂，就是無聊的玩著手機，這等於在無形當中喪失了自己的很多寶貴的學習機會。

有一位銷售人員說，聽廣播不過是「給耳朵嚼的口香糖」。銷售人員如果把時間都花在聽廣播身上，那麼就相當於一位職業運動員去吃垃圾食品一樣。因為一個總是聽廣播的人，就會被廣播分散做事情的注意力，特別是不要在開車的時候聽廣播，不僅分散注意力不說，更嚴重的是發生交通事故。

如果你說你開車就是想聽廣播，那麼你的銷售業績十之八九肯定不如別人。博恩．崔西的身邊有很多這樣的銷售人員，他們的銷售業績非常不理想，但自從他們聽從博恩．崔西的建議，開始使用有聲書學習法之後，不僅收入暴增，而且客戶也大批而來。

博恩．崔西認識一位收入高得驚人的銷售員，而他就一直保持著隨時聽有聲書的習慣。他的車子就是移動的學習教室，車子裡面總是會有好幾種有聲書，然後他會根據自己工作的需求來進行選擇。

你想想，如果你發現有聲書學習法居然能夠為你帶來這麼多的好處，那麼你要不要學習博恩．崔西的這一有聲學習法呢？

打造自己專屬的「高手圖書館」

偉大的銷售大師博恩．崔西每天早晨都會規定自己花費 30 分鐘到 1 個小時的時間，閱讀與自己銷售行業有關的書籍，開始打造屬於他自己的專屬「業務高手圖書館」。

他曾經告誡自己手下的銷售人員，不要再把早晨的寶貴時間浪費在用來看報紙或者是看電視上，要把原來浪費掉的時間拿來閱讀跟自己業務相關的書籍，這樣才能提升自己的工作效率。

美國的一位牧師，也是著名的演說家曾經說過：「早上醒來的第一個鐘頭，決定你一天的方向。」其實換句話說，你早晨醒來的第一個念頭，就會決定你一整天的工作情緒。如果你早晨一睜眼，首先接受到的都是一些正面、積極的資訊，那麼你自己就會覺得這一天是充實的，你也會保持一種愉快的心情去工作，即使遇到客戶的拒絕，你也能夠迅速的調整自己的心態，繼續去拜訪下一個客戶。

博恩．崔西建議銷售人員每天提前 2 個小時起床，假如你 8 點鐘上班，那麼就請你 6 點鐘起來。先用一個小時的時間讀書，之後再準備出門。

在日常生活中，你會發現很多成功人士都是早早起床的。當他們起床之後，就會讓自己立刻進入工作狀態。相比之下，那些上班經常遲到的人，總是喜歡賴床，掐著時間踏進工作大門，根本就沒有時間進行工作前的準備。

博恩．崔西曾經做過一個計算，如果一個銷售人員每天早晨能夠花 30 分鐘到 1 個小時讀書的話，那麼他一週下來就可以看完一本與銷售有關的書，這樣一年的話就是 50 本，如果他能夠繼續堅持下去，10 年下來這位銷售人員讀的書就會累積到將近 500 本。你想想，這 500 本書難道不會對你的銷售工作有所幫助嗎？

假如你能夠每天花費 30 分鐘或者是 1 個小時來閱讀自己專業領域裡面的書，你很快就會發現，你自己成為了你專業領域中懂得最多的，做得最好的，最為優秀的人員。而且你在書中學到的寶貴經驗，一定會讓你不斷領悟到新的銷售技巧和觀念，並且以驚人的速度提升自己的銷售業績。

有一次，有一個二十來歲的年輕人來聽博恩．崔西的銷售培訓課，他的名字叫小寶。當時，小寶的儀容不整潔，頭髮又亂又長，看起來是一個很懶散的人。在那次培訓課上，博恩．崔西就講到了每天早晨花費 30 分鐘到 1 個小時自我提升的重要性。

在那一次的培訓課上，小寶坐在最後面，偶爾記一記筆記，等到培訓課一結束，他就馬上走了。

可是讓博恩．崔西沒有想到的是，在兩個月之後的一天，小寶的舅舅居然向博恩．崔西打來了電話。直到這個時候，博恩．崔西才知道，原來小寶來自於一個破碎的家庭，他不僅高中沒有畢業，而且還總是在外面惹事。雖然好心的舅舅收留了小寶，但是小寶卻一整天無所事事，就在家裡看電視，不積極找工作。

終於有一天，小寶的舅舅真的生氣了，於是他強迫小寶出去找工作。不管是什麼工作，只要不成天待在家裡就好。

就這樣，小寶在舅舅的壓力下，勉強找到了一個純佣金制度的推銷工作。我們可以想到，小寶的業績是多麼的差，收入更是少得可憐，可是他為了能夠在舅舅家繼續住下去，只好硬著頭皮做著這份工作。

結果有一天，已經快要放棄小寶的舅舅看到了博恩．崔西的課程介紹，就讓小寶來聽博恩．崔西的培訓課。當然，小寶是根本不願意來的，但是舅舅一直堅持著，並且幫他付了培訓費，還親自接送他，沒辦法，小寶只能很無奈的來上博恩．崔西的培訓課。

接下來的兩個月，奇蹟發生了，小寶聽完培訓課之後，馬上就買了一本講述推銷技巧的書籍，他每天早晨開始早起，花費 30 分鐘的時間來閱讀這本書。過了一個星期，他又把早晨看書的時間從 30 分鐘增加到 1 個小時。又過了一段時間，小寶每天早晨的讀書時間增加到了 2 個小時，他需要 5 點鐘就起床。

當然，在他的努力下，小寶的業績也開始出現了起色，最後就是以驚人的速度成長，並且一舉打破了公司的銷售記錄。

隨著自己銷售業績的不斷提升，小寶又開始注意自己的外表，每天都會把自己打理得俐俐落落，乾乾淨淨，公司的同事們也是對他另眼相看。

一個月半月之後，小寶就晉升成為了業務經理，更加感受到自己肩上的責任重大。

小寶自己也非常明白，正是由於舅舅強迫自己去聽了博恩．崔西的培訓課，才讓他從課程中學到了最重要的事情，就是每天早晨早一些起床，花費30分鐘或者1個小時的時間來閱讀書籍。

盡快推銷到第100個客戶

很多人都非常羨慕銷售人員，認為銷售人員每個月的收入很高，的確，銷售工作在世界上可以說是收入最高，但同時也是最難做好的工作。

我們工作的報酬，第一位就是取決於個人自己的目標，第二位才是自己的能力和努力程度。任何一名優秀的銷售人員，心中都有一個非常明確的目標，一個沒有明確目標的銷售人員，就好像是一艘失去了方向舵的輪船，自然是不可能航行到成功的彼岸的。

在實際工作中，一位沒有目標的銷售人員是很容易失敗的，而那些成功的銷售人員都是有明確目標的。

其實人與人之間的差別並不是天賦、機會，更重要的在於有沒有目標，所以，銷售人員成功的第一步就是要從自己設立目標開始。

科學家透過研究發現，人的資質相差不多，之所以存在差異都是後天造成的。你看看自己身邊，有的銷售人員與你同一天進入公司，為什麼過了一年、兩年之後，你會發現他比你出色很多，銷售業績也是蒸蒸日上，你可能還弄不清楚是什麼原因讓你們之間有這麼大的差距，其實歸根到底就是他的眼前有目標，而你沒有。

哈佛大學也曾對一群智力、學歷、環境等客觀條件幾乎一樣的年輕人做過一個長達25年的追蹤調查，調查內容主要是目標對人生的影響，結果發現：

在調查剛開始的時候，有27%的人沒有目標；60%的人目標模糊；10%

的人有清晰但比較短期的目標；3%的人有清晰且長期的目標。

但是在 25 年之後，這些調查對象的生活狀況卻發生了明顯的變化：

3%的有清晰且長遠目標的人，25 年來幾乎沒有改變過自己的人生目標，並為實現目標做著不懈的努力。25 年後，他們幾乎都成為了社會各界頂尖的成功人士，他們中不乏白手創業者、行業領袖、社會菁英。

10%的有清晰短期目標者，25 年之後大部分也都生活在社會的中上層。他們的共同特徵是：那些短期目標不斷得以實現，生活水準穩步上升，成為各行各業不可或缺的專業人士。

60%的目標模糊的人，可以說最後都生活在了社會的底層，他們雖然能夠每天安穩的工作與生活，但是自己沒有什麼特別的成績。

餘下 27%的那些沒有目標的人，幾乎都生活在社會的最底層，生活狀況很不如意，經常處於失業狀態，靠社會救濟，並且時常抱怨他人、社會、世界。

最後哈佛大學的教授得出結論：目標對人生有極大的導向性作用。而哈佛大學教授得出的這一結論，與博恩 · 崔西的銷售思想是一致的，他認為銷售人員設立的第一位目標就是「盡快推銷到第 100 個客戶」。

你剛看到這個目標的時候可能覺得非常困難，但是博恩 · 崔西指導我們，銷售人員實現這一目標是非常容易的，你可以用一招非常簡單又有效的辦法。

博恩 · 崔西在做銷售人員的時候，他每次開始一項新的業務，都會設下一個目標，那就是盡快把自己的產品推銷到第 100 個客戶為止。博恩 · 崔西每天早晨起床，首先都會做好準備工作，然後才開始工作，直到在最短的時間內把產品推銷給 100 個客戶為止。

博恩 · 崔西告訴銷售人員：「不管你有沒有賣出任何的產品，只要把產品推銷給 100 個客戶就對了。」

當然，你不僅僅是把產品推銷給客戶，更重要的是要集中注意力，能夠在與客戶面對面的時候，專心把你的產品介紹給客戶。這樣做的好處有兩個：第一，因為你已經和 100 個客戶見過面，而且還虛心聽取了這 100 位客戶的意見和建議，而這些寶貴的意見和建議，是普通銷售人員要花兩三年時間才能學到的。

第二，由於你根本不在乎產品是否能夠賣出去，而這樣的結果往往會讓你的銷售業績反而大增，接著你的信心也會成長，你也會樂此不疲。

根據博恩・崔西的銷售經驗，在這個時候，你就會發現自己開始喜歡某些客戶，而客戶也會越來越欣賞你，從而會購買你的產品。可以說當你推銷到第 100 個客戶的時候，你的銷售戰鬥力定會大步提高。

再接下來的日子裡，你會發現當初這 100 個客戶當中的很多人都會回過頭來向你買東西。他們之所以會這麼做，就在於你的目標只是把產品推銷給 100 個客戶，而並沒有想過他們是否要購買，所以客戶就沒有買東西的壓力，想到你的時候心裡更輕鬆，所以當他們需要東西的時候，自然而然就會想起你。

博恩・崔西建議銷售人員，如果你現在的銷售業績遇到瓶頸，或者是在新年剛開始的時候，你就可以設立「盡快推銷到第 100 個客戶」的目標。你要記住，只要想辦法在最短時間內把產品推銷給 100 個客戶就好，千萬不要擔心產品是否賣得出去。

「盡快推銷到第 100 個客戶」的目標，不但可以激發你的銷售潛能，更為重要的是能夠讓你的銷售狀態始終保持在最佳狀態。

吸引客戶注意力的 5 種途徑

銷售人員擁有吸引住客戶的魅力是很重要的，而這一點並不難達到，博恩・崔西就為大家介紹了優秀銷售人員經常使用的獲得魅力的 5 種途徑。

第一，說好第一句話。

在推銷過程中，為了能夠吸引客戶的注意，說好第一句話是非常重要的。博恩・崔西曾經用這樣的話來比喻銷售人員說好第一句話的重要性：「說好第一句話就為自己打出了一個很有吸引力的廣告。」

因為客戶在聽你說第一句話的時候，比聽第二句和下面的一些話要認真得多。在銷售人員說完第一句話之後，很多客戶不管是有意還是無意的，就能夠決定出是否與銷售人員繼續交談下去。如果你的第一句話不能夠吸引住客戶，那麼之後的談話就會非常困難了。

在很多情況下，只要把第一句省略就可以改進你的銷售談話，因為很多時候第一句往往是廢話。所以說，你要盡量避免使用一些毫無意義的詞語，比如說：「我來了是為了……」「我只是想知道……」「很抱歉，我打擾了您，但是……」等等，你時刻都要牢記開頭的幾句話是非常重要的，為了防止客戶注意力不集中，你開頭的幾句話說得必須生動，千萬不能拖泥帶水，更不要支支吾吾。只有做到這幾點，你才能和客戶繼續談下去，這也才會為客戶購買你的產品打下基礎。

第二，提問的方式要巧妙。

博恩・崔西說，和客戶去談「可能性」這個問題是非常不明智的。優秀的銷售人員根本不應該向客戶提出諸如「我想跟您談談購買我這款產品的可能性」類似的問題，而應該首先向自己提出問題。

你只有在與客戶一開始洽談的時候提出一個讓客戶感到驚訝的問題，才會讓客戶對你的問題進行思考，進而與你有興趣洽談下去，可以說這是引起客戶興趣最可靠的方法之一。

當然，這種方法也不是百試都靈的，當你再一次拜訪客戶的時候，客戶心裡就會想：「又給我來這套。」所以，博恩・崔西建議銷售人員在使用這樣方法的時候，一定要懂得隨機應變，而且一開始與客戶交談，可以使用例

如：「您已經……」「願不願意……」等等這樣的話語。

假如你在推銷過程中，遇到客戶告訴你他現在不想購買你的產品，並計劃以後適當的時候再與你進行合作的話，那麼你就可以回答他說：「我只是想提供一些資訊給您，讓您大致了解。當您在使用我的產品之後，您就會發現您的選擇是多麼的正確。」

其實，在業務剛開始洽談的時候，銷售人員一定要記住，不要對客戶的話進行反駁，更不能夠對客戶提出的問題進行應付和搪塞。

第三，透過第三方的證明來吸引客戶。

在吸引客戶注意力上，銷售人員使用第三方的證明，往往會收到很好的效果。在博恩．崔西身邊就發生過這樣一件事情。

曾經一家保險公司著名的經紀人常常喜歡在自己的老客戶中挑選一些合作者，一旦確定了銷售對象，他就會徵得客戶的同意之後，親自上門拜訪。

他在見到客戶的時候總會這樣說：「您好，某某先生經常在我面前提到您。」對方肯定想知道某某先生到底提到了他什麼，所以這樣雙方便有了進一步洽談的機會。

當然，透過第三方來吸引客戶的方法還有很多，這些都需要銷售人員在工作中，自己去進一步領會。

第四，避免客戶分散注意力。

在有的時候，一個電話，客人的來訪等等不可確定的外界因素，都會分散客戶的注意力，讓客戶不能夠集中全部精力與銷售人員進行交談。在這種情況下，作為銷售人員就應該巧妙的用話語支開，比如說：「某某先生，不好意思我不知道您這麼忙。」等等。

還有一種情況，那就是客戶讓其他人也參加洽談，這個時候你要對他們表示出足夠的尊重，並且主動進行自我介紹。

第五，巧妙應對各種干擾。

當你在受到干擾之後，最好向客戶提出一個檢查性質的問題，目的就是為了檢查一下客戶有沒有忘記剛剛你們交談的內容。

比如，當你與客戶的交談受到干擾之後，可以很直接的問客戶：「哎，剛才我們談到什麼地方了？」這樣就能夠讓客戶做出相應的反應。

如果當你發現客戶根本不認真對待你的談話，三心二意，那麼你這個時候千萬要抑制住自己的情緒，不要大喊大叫。特別是當你講話發現客戶走神的時候，不妨自己先停下來，往往停頓得越突然，越能夠引起客戶的注意。

背後的潛在力量

你知道西洋骨牌效應嗎？就是將骨牌排成一條直線，推倒第一塊，其他的就會一塊接一塊的倒下來，這就是連鎖效應。

在推銷界也存在著連鎖效應，在博恩．崔西的想法當中，世界上總是充滿著因果關係，某件事情的發生極有可能會影響到其他事或是其他人。

博恩．崔西認為說，在每一個客戶的背後，都會有很多人。而這些人是他關係比較親近的人，比如說同事、朋友、親戚、鄰居等等，假如在這些人當中有一個客戶不滿意，那麼就會引起其他人的不滿意。

偉大的銷售大師喬．吉拉德在他進入保險行業不久，有一天，他去參加一個朋友母親的葬禮，在主持人向現場的參與者分發印有死者名字和照片的卡片時，喬．吉拉德向葬儀社的職員問道：「你是怎樣決定印刷多少張這樣的卡片呢？」那位職員回答道：「這得靠經驗。剛開始，必須將參加葬禮者的簽名簿打開數一數才能決定，沒多久，即可了解參加者的平均數約為 250 個人。」

最初聽到這樣的結論，喬．吉拉德也認為這僅僅是偶然的現象，但是直到有一天，一個服務於葬儀社的員工向喬．吉拉德買車。待一切手續辦完，喬．吉拉德想到了之前參加葬禮時，那位職員對他說的結論。於是問道：「每

次參加葬禮，平均有多少人？」那名員工回答說：「大概 250 個人左右。」

還有一次，喬．吉拉德和夫人去參加一個朋友的婚禮，喬．吉拉德向酒店的服務人員問道：「一般來參加婚禮的人數是多少？」那位服務人員幾乎想都不想就告訴他說：「男方差不多是 250 個人，女方也差不多是 250 個人。」又是 250 個人，這一次不再僅僅是巧合了。從那時起，喬．吉拉德開始對這問題關注起來，並總結出了「250 定律」。

假如每一個銷售人員可以在一個星期內拜見 50 個客戶，其中有 2 個客戶對你不滿意。那麼這樣算下來，一週就有 500 個人對你不滿意。

也就是說，我們得罪了一個客戶，就連帶得罪了與他有關係的 250 個人，而這 250 個人，每個人的身後還站著 250 個人，你想想，這是一件多麼可怕的事情。

所以作為銷售人員，你不能夠得罪每一位客戶。試想，如果有一人走進你的店裡，而那一天你的情緒剛好不好，從而影響到了客戶。當這個客戶離開你以後，就會對他身邊的同事或者朋友說起這件事，那麼他身邊的人沒有見過你，也會對你失去好感。如果這個時候恰好身邊還有一位他的朋友，也聽到了這次談話，那麼那個人也會把你記在心裡，然後絕對不會來找你買東西。

通常，我們不能夠準確的知道哪一位客戶是真的想要買東西，哪一位客戶只是隨便看看。所以，我們不能對任何人存在偏見。

即使是博恩．崔西已經成為銷售大師以後，他也沒有忘記這一條原則，他依然會看客戶臉色行事。也許，我們遇到的客戶之中有十分讓你討厭的人。這時，我們就需要說服自己，客戶是來購買我們產品的，他不是來騷擾我們的，他是我們的衣食父母。如果交易成功了，我們能夠得到豐厚的回報，如果失敗了，我們所做的一切，都是屬於我們工作範疇之內的事情，我們也沒有任何損失。

你一定要明白，你是在談生意，是在想辦法把客戶的錢裝進自己的口袋裡。所以，你不要太在意客戶的長相、人品等等，我們只需要在意他們會不會購買我們的產品。不管客戶是什麼樣的人，就算他是人人都討厭的人，這些也與你沒有關係，你只需要控制自己的情緒，因為他們是可能掏錢給你的人。

如果我們確實碰到了十分棘手的客戶，也不要不知如何是好。你不妨按照博恩．崔西提出的以下幾種方式來應付他們。

第一，讓自己不要刻意的疏遠他，迴避他。

第二，如果對方故意找你麻煩，你最好裝作不知道，千萬不要放在心上。

第三，不要讓自己以高高在上的姿態出現在客戶面前，要對所有的客戶一視同仁。

第四，和此類客戶交談時，不能有批評客戶之類的語言。

第五，找個與對方關係較好的人做橋梁，逐漸建立起之間的友好關係。

第六，關心客戶的身邊人。

如果你能夠做到以上幾點，那麼再難纏的客戶也不會為難你，因為沒有人會對尊重自己的人表現不友好。

如果我們想成為優秀的銷售人員，那麼就要學習博恩．崔西，時刻把客戶放在第一位，在推銷過程中，絕對不得罪一名客戶。

光彩照人的 30 秒

推銷能否成功的關鍵，在於最初接觸的 30 秒。要想給客戶留下成功的第一印象，就要有良好的專業形象。作為銷售人員，一定要注意儀表，一站出去就是成功的樣子，讓客戶眼睛發亮。這些當然要從儀表、服裝、髮型、配件、公事包、皮鞋、襪子等等細節出發。任何一個細節的疏忽，如深色西裝、黑皮鞋，來一雙白襪子，這些都會造成無可彌補的損失，一旦被客戶看「扁」，以後再怎麼拜訪都沒有用。相反，如果一個銷售人員看起來神清氣爽，格調高雅，眉宇間透露著自信的神采，讓人有乍見之歡，那麼這筆生意基本上已經確定，因為良好的開端是成功的一半。

如果你不能在三十秒內的關鍵時刻消除客戶對你的疑惑、警戒和緊張心理，那麼你想繼續進行推銷，就會變得非常困難。

和客戶接近是面談的前奏。得體合適且能引起雙方共鳴的接近，往往可以掌握到百分之七十五的成交率。所以，每個績效傲人的銷售人員都秉持著共同的理念 —— 當你在拜訪客戶，開門的一剎那，同時也把客戶的心門一併打開。

頂尖銷售人員在進門的那一瞬間，就可分辨出來。他們一眼就能深深吸引周圍人的視線，全身散發出意氣風發，獨樹一幟的魅力，光憑短暫的接觸，就能給人深刻難忘的印象。

銷售人員永遠沒有第二次機會去扭轉第一印象。如果你被摒棄在大門之外，縱然你擁有全世界最高明的銷售技巧，也無用武之地。所以，你的外表要相當吸引人且具有專業水準。你要給客戶留下好印象，還要具有高度的專業化知識，對客戶提出的問題，對答如流，使客戶認為你是一個專業的、訓練有素的銷售人員。

銷售人員要常使用恭維敬語，以建立自己的禮儀形象，完成良性互動的人際關係。要以不卑不亢與人為友的態度對待客戶。先營造友好禮貌的情緒氣氛，再以充滿自信的態度，使用肯定的話語來讚美你的客戶，大聲告訴他，你的產品和服務會為他帶來很多好運及樂趣。

好的儀態也是恭敬的表現及延伸，微笑是表達恭敬的一種強有力的手段，是萬國共通的語言。適時微笑，笑口常開會為自己及客戶帶來好運。微笑可使人心情舒暢，放鬆壓力，使情緒和緩、容易建立友好氣氛。當人心情愉快時，一切都好說；對客戶有關的弱點、缺點，要採取三不主義，即「不看、不聽、不批評」；對競爭者也不要誹謗；對自己也不過度吹噓。唯有讚美他人才能表現出自己的高貴。第一印象常會形成呆板的形象，常犯的錯誤是「恭而不親」，因此要研究誠懇而親切的藝術。

多數的客戶在銷售人員接近時，都本能的豎起防衛的盾牌，在雙方之間形成一種緊張的狀態，如果能夠投對方所好，改變你的行為，讓對方一見面就有一種「一見如故」的感覺，那麼客戶就會卸載防衛盾牌，張開雙臂歡迎你。這時雙方的緊張狀態也會減弱，信任與合作關係就會加強，推銷在突然之間變得如探囊取物一般容易了！

第三章　銷售高手都是心理學大師：從「心」開始成交

耐心傾聽的力量

你也許是一個八面玲瓏、能說會道的銷售人員。當你面對客戶，你能夠滔滔不絕的向他們詳細而全面的介紹自己產品的優點，這一點是非常重要的，但是，我們在能說會道的同時，也需要懂得耐心的傾聽。

銷售人員的一項重要工作，就是讓客戶說出他們的真實想法，當客戶開口說話之後，作為銷售人員你一定不要過多言語，而是應該認真傾聽。

在實際的銷售工作中，有的銷售人員由於天生性格內向，不善於交際，所以當他們面對客戶的時候，心裡即使有很多想法，也無法說出來，只好認真默默傾聽客戶。也許你看到這裡，認為這樣的銷售人員業績肯定不好，然而事實卻恰恰相反，他們的業績雖然不能說最好，但也差不多。而究其原因，就在於他們能夠認真傾聽客戶的真實想法，他們與那些能說會道的銷售人員簡直天壤之別，所以這也讓客戶更願意與看似少言寡語的銷售人員打交道。

可見，銷售人員不能光靠自己嘴上的功夫，有的時候也需要提高自己的耳朵功夫，博恩．崔西就是一個善於傾聽的人，而且他始終認為一個善於傾聽的人，一定會和他一樣成為一名出色的銷售者。

其實，傾聽是一門值得我們好好去研究的大學問，因為一位好的傾聽

者，不管是在社交場合還是在自己的事業上，都會占有極大的優勢。

曾經有專家透過調查發現，在 20 種銷售人員的特質和能力中，排在一二位的是傾聽能力和溝通能力，這更證明了耳朵與嘴巴是何其重要。記得有這樣一句名言，人之所長兩個耳朵，一張嘴巴，原因就是上帝告訴我們要多聽少說。

如果你是一名銷售人員，當你在工作的時候，你會有 70%～80%的時間都是在與客戶或者是與同事、老闆進行溝通，而溝通當中最主要的活動就是傾聽。所以，傾聽是一名成功的銷售人員不可或缺的重要素養。

很多銷售人員可能會擔心自己不具備這樣的素養，博恩．崔西透過自己的親身經歷告訴我們，傾聽這項素養透過你的努力是很容易獲得的。

在博恩．崔西剛剛出道的時候，他曾經和一位他認為最優秀的銷售人員一起工作，這位銷售人員名叫里昂．卡漢。每次里昂．卡漢在訪問未來客戶的時候都會叫上博恩．崔西。後來博恩．崔西回憶說，每次里昂．卡漢在見客戶的時候，都會像一塊大石頭一樣，端坐在客戶的面前，眼睛直視對方。

在談話的過程中，當雙方無話可說，場面出現沉默時，里昂．卡漢就會把自己的身體微微前傾，而且更為專注的望著客戶，並且會刻意的問客戶一些和自己所賣產品有關的問題。而當客戶開始回答里昂．卡漢的問題時，里昂．卡漢又會把自己的身體更靠近客戶，每次里昂．卡漢都會非常認真的傾聽客戶的回答，有時會邊聽邊點頭，甚至是不時的微笑。可是不管里昂．卡漢如何行動，他的注意力始終都不會離開客戶的臉部。

也正是里昂．卡漢的這些做法對博恩．崔西產生了極大的影響，以致到後來，博恩．崔西還頗為感慨的說自己從來沒有見過第二個能把「沉默」在銷售對話時運用得這麼好的人。

當然，最後里昂．卡漢也用他良好的傾聽技術，讓自己很快躋身於基金市場最頂尖的 10%銷售人員之列。

傾聽為什麼會這麼神奇呢？其實原因很簡單，傾聽容易讓別人有一種被信任的感覺，這已經成為行業行銷裡面的一個真理。談話並不能讓彼此之間產生信任，但是傾聽卻可以。

從另外一個角度來說，沒有另一種方式比多說少聽更容易破壞和激怒客戶的信任和感情了。曾經美國採購經理人協助的年度調查顯示，專業採購人員每一年最大的抱怨就是銷售人員說的話太多，多得讓人們產生了反感情緒。

博恩．崔西根據自己多年的銷售經驗，總結了一套訓練銷售人員傾聽的有效法則：70/30 法則。這則法則主要分為四大部分：

第一，傾聽講究心無旁騖。

在客戶說話的時候，銷售人員千萬不要插嘴。傾聽時表現出來的態度就好像是你要記住客戶所要說出的每一個字一樣。你在客戶說話的時候，保持專心的注意力，這是傾聽最基本的技巧，當然這也是最不容易養成的好習慣，但是一旦習慣養成，你將收到極其可觀的回報。

第二，回答之前先停頓。

當客戶說完之後，你不要急急忙忙回答，而應該靜靜的等待三四秒。一位出色的銷售人員往往善用停頓的技巧，當客戶說完話之後，他們就會在自己開始說話之前先做一次深呼吸，放鬆自己，並保持微笑。

第三，問題一定要澄清。

客戶有的時候可能會說一些自己都弄不清楚的話，所以你應該及時的澄清問題，這樣不但可以在客戶回答的時候得到再一次傾聽的機會，而且還能夠確定自己所聽到的和客戶所說的是否一致。

第四，學會重複客戶的話。

一名優秀的銷售人員應該學會用自己的話來重複客戶剛剛說過的話，特別是應該用一種肯定語氣，這樣才能讓客戶覺得你是在認真而誠懇的傾聽他

的說話，而複述就是你證明自己態度的最好辦法。

你可以練習這四種重要的技能，來讓自己成為優秀的傾聽者，你也可以和自己的朋友、家人，特別是自己的未來客戶進行練習，把這個 70/30 的積極傾聽法則融入到你所做的每件事情中。

和客戶做知己

凡是做銷售這一行的人，只要提起原一平這個人，大家應該都不會覺得陌生。作為一位頂尖銷售大師，曾經寫過兩本書:《撼動人心的銷售法》和《銷售之神原一平》，而這每一本書都是他根據自己多年的銷售經驗和心路歷程寫成的。

在這兩本書中，他不僅告訴了我們他出色的銷售成績，還教會人們應該如何從失敗中站起來。當時很多銷售新人在讀完書之後都獲益極大，甚至裡面的一些東西讓他們受益終生。

當然，在原一平的書中也提到了「與客戶建立真誠的友誼」這樣一條銷售原則，這條原則其實也是很多頂級銷售大師一直以來都非常推崇的，比如博恩．崔西、喬．吉拉德等等。這條法則看似簡單，但是真正要做好是非常困難的。

我們就拿原一平的例子來說吧。

有一次，原一平透過自己的一位朋友介紹，認識了一家建築公司的經理，這家建築公司的實力非常雄厚，生意做得很大也很好。於是，原一平請他的朋友寫了一封介紹信，他帶著信去拜訪這家公司的年輕經理。

原一平心想：既然有朋友牽線，那麼與這個經理打交道應該是比較容易才對。可是誰知道，朋友的這位熟人並不買原一平的帳，他甚至都沒仔細閱讀原一平帶來的介紹信，只是非常輕蔑的說道：「如果你此行的目的是拉我填寫保險單的話，對不起，我沒有任何興趣！」

「山田先生，你還沒有看看我的計畫書呢？」

「沒那個必要，我已經在一個月前剛剛與一家公司簽了保險合約，所以，我沒有必要再浪費時間看你的那份什麼計畫書了。」

如果是一般的保險銷售人員，這個時候他可能會選擇放棄，打道回府了。但是，年輕經理的那冰冷的態度並沒有把原一平嚇走，他反而鼓起勇氣，大膽問道：「山田先生，我們都是年齡差不多的生意人，你能告訴我你為什麼這樣成功嗎？」

「你想知道什麼？」

「你最開始是怎樣投身於建築行業的呢？」

原一平那一雙真切懇求而熱情的眼光，讓這位年輕的經理也意識到了自己的冰冷，這讓他內心多少產生了一絲歉意。

在接下來的時間裡，年輕的經理就開始向原一平講述自己過去的艱難創業史，每當他說到他是如何克服挫折和困難，遭受很多不幸的經歷時，原一平總會伸出手拍拍他的肩說：「一切不幸都過去了，現在好了。」

就這樣不知不覺，幾個小時的時間已經過去了，突然，經理的祕書敲門進來，說有文件要請經理簽字。等祕書出去之後，兩個人才從對過去的回憶狀態中醒過來，相互對視了一眼，不再繼續剛才的話題了。

最後，還是那位年輕的經理打破了沉默，他輕聲問道：「那麼，既然是你帶著介紹信而來，你看我能做些什麼呢？」

「哦，你只需要回答我幾個問題就可以了。」

「什麼問題呀？」經理好奇的問道，他原以為原一平會直接要他買保險呢。

原一平就剛剛他們提到的關於創業、經營等話題，又深入一步，做了進一步的研究，包括對方未來的規畫和當前存在的問題。

山田先生見原一平如此認真且誠懇，便一一向他做了相關說明，後來山

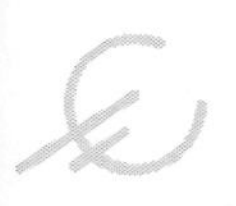

田先生又一次自言自語說道：「真搞不懂，我怎麼會告訴你那麼多關於我自己的事情，有很多事，我甚至連我妻子都沒有告訴過呢！」

原一平最後起身，禮貌的告辭，他說：「山田先生，謝謝你對我的信任，我想我會對你告訴我的那些話做一些回饋。再見，我們下次再來繼續你的話題。」

等過了兩個星期之後，原一平帶著一份詳盡的計畫書，再一次敲開了山田先生的辦公室。事實上，原一平上次回去之後，針對山田先生的當前狀況和對未來的展望等實際問題，做了大量的研究工作。

而這次，山田所看到的這份計畫書，正是原一平經過數天奮戰苦心做出來的，在計畫書裡，原一平詳細擬定了山田建築公司在未來發展方面的一些計畫。

山田剛剛讀了一段文字，就知道原一平是下了很多功夫的，於是他非常熱情的走上前去握住原一平的手說：「朋友，我非常歡迎你的這次光臨。」

山田坐在沙發上仔細翻閱了一下計畫書，臉上露出欣喜的表情。

「真是太棒了，我們自己人都想不到這麼周全，實在太感謝你了，原一平先生。」

「您太客氣了，我哪能跟你們公司的專業人士相提並論呢？」

於是年輕的經理邀請原一平坐下來繼續交談，兩個人又談了很久。到原一平離開山田的辦公室時，這位經理毫不猶豫的購買了 100 萬日幣的人壽保險。同時，在他的介紹下，公司的其他兩名高層管理人員也向原一平購買了不同額度的保險。

很明顯，在日後的日子裡，他們的合作密度不斷加大，保險金額也不斷跟進。在接下來的 10 年當中，他們的保險金額總共高達 750 萬日幣。這在當時的日本，可以說是無人能比的業績，而原一平和山田先生的友誼也越來越深，他倆成了一對非常默契的知己。

透過原一平的例子我們可以發現，即使我們的銷售人員不能像原一平那樣刻苦和敬業，但只要有一個願意與客戶做朋友的好心態，就一定會為自己帶來不錯的業績。

誰先開口，誰就輸了的「沉默」成交法

博恩．崔西認為，在銷售過程中，只有一種壓力對於提高銷售人員的業績是有幫助的，那就是「沉默」。

當你把產品都介紹完之後，你在詢問是否需要購買之後，最好不要再講別的話了。而接下來你所要做的事情，就是等著看客戶的反應，你一定要明白，這個時候誰要先開口，誰就輸掉了「沉默」成交法。

有一次，一家業務快速擴張的公司因為需要全新的電腦系統，為一筆價值高達 75 萬美元的電腦工程招標。有一家投標的公司，他們把產品介紹得非常完美，而且其他該做的事情也都做了。比如，建立起了良好的互動關係，認清了客戶的要求，產品的分析與介紹也是非常到位。

就這樣，有一天雙方開始討論到底用不用這家公司的提案。買方公司的老闆在自己年輕的時候也是做業務員起家的，所以他很好奇，這家投標公司的業務代表要用什麼樣的辦法，讓自己簽下這筆高達 75 萬美元的生意。

於是這位老闆找來了他的會計，還有相關的企劃人員，而對方帶來的只是他們公司的工程師、設計人員，以及會計。

會議一開始，這名業務代表就詳細介紹了提案的有關內容，包括產品如何安裝、一些重要細節在哪裡，保修說明，售後服務的範圍，產品的諮詢等等，各式各樣的資料都準備得非常齊全詳細。

當他說明了產品的報價，以及這個報價包含哪些內容之後，最後他說道：「如果您喜歡這份提案，那就請您在合約上簽字，您簽完字之後，我們會馬上為您安裝產品的。」

只見這位業務代表在合約簽名的地方打了一個勾，之後就把筆放在了合約書上，然後他把整個合約連同簽字筆一起呈給了這位老闆。

這位老闆做過很長時間的銷售工作，當然知道對方在玩什麼樣的把戲，心想:「哈哈，不過就是沉默成交法而已。」所以，他也只是微笑著看著對方。

於是，就出現這樣的場景，這名老闆和對方的業務代表相對無語互相微笑著看著彼此，時間彷彿瞬間停頓下來。他們就這樣一動不動，一句話也沒有說，很明顯這兩個人都是有備而來。

最後過了大約有 15 分鐘，這位老闆終於拿起了筆，在合約上簽下了自己的名字。而這個時候，這位老闆和對方的業務代表都同時笑出了聲音，旁邊的人也都隨即而笑，談判那種緊張的氣氛頓時瞬間消失，大家都為生意談成感到高興。

博恩．崔西說：「當你問完客戶買與不買之後，『沉默』就成為了你最強的武器。但是你千萬要記住，問了『買不買』之後，就不要再說任何話，只要靜靜的等待就可以了。」

有句俗話說：「沉默是金。」特別是對於剛剛進入行銷行業的推銷人員來說，一般都要面對一個很棘手的問題：如何開始行銷？其實，博恩．崔西早就給了新銷售人員答案，那就是：行銷當然從沉默開始！

對於新手銷售人員來說，他們根本不熟悉自己的行業和產品，也沒有多少推銷經驗，怕說錯話，當客戶提出問題的時候，他們也無法回答得讓客戶滿意。

所以，對於新手銷售人員來說，選擇沉默就是為了盡量避免犯錯，這是可以理解的。所謂「多做多錯，少做少錯，不做不錯」，選擇沉默，就從根本上避免了犯錯誤的可能性。新手銷售人員的沉默，可以說是一種普遍現象。

但是反過來，很多從不沉默、無知無畏的銷售人員不懂得「沉默」成交法的妙處，結果讓自己在客戶面前顯得急功近利，自己明明還沒有掌握好溝通技巧、對產品還一知半解，就急於操兵演練，急於求成，勢必遭受拒絕與失敗。

銷售人員在缺乏經驗的工作初期，心態要不急不躁，大部分精力應該放在練就基本功，熟悉行業、產品，培養自身素養上；面對客戶時，也應該做一個「聽話高手」，多了解客戶需求。

小心留意客戶購買跡象

在推銷活動中，成交的時機往往是非常難以把握的，太早就容易引起客戶的反感，最後造成簽約失敗。可是太晚，客戶就已經失去了購買的欲望，你之前所有的努力都要付之東流了。

那銷售人員該怎麼辦呢？博恩．崔西指出，當成交的機會來臨時，客戶都會給你一些「信號」，只要你留心觀察，那麼你就一定可以把握好時機。

其實，客戶的購買信號往往具有很大程度的可測性。特別是當客戶在已經決定購買但是還沒有採取行動的時候，或者是已經有了購買意向，但是還不確定的時候，常常會不自覺的表現出他的態度。

在大多數情況下，客戶的購買信號會透過他自身的行動、言語、表情、姿勢等管道反映出來，而作為銷售人員的你只要細心觀察便會發現。

要想成為一名優秀的銷售人員，就需要培養自己敏銳的業務眼光，這是獲得成功的一項非常重要的武器，而能夠洞察客戶心意是完成交易的第一要訣。

你讓任何一個人明確的對你說出如何洞悉是非常不容易的，但是你可以從對方的一些反應或者實際情況來進行分辨。

要想把握好客戶的購買信號，那麼首先就是要了解客戶對商品是如何反應的，一般來說，客戶對產品的認同度可以從眼神、姿勢、口氣、言語等幾個方面來觀察。

第一，專注的眼神。

博恩．崔西說，最能夠直接透露購買信號的就是客戶的眼神，如果商品對於客戶非常有吸引力，那麼客戶的眼中就會顯現出美麗而渴望的光彩。例如，當你說到用這一產品可以獲得某些可觀的利益時，或者是能夠為客戶節省很大的資金時，那麼客戶的眼睛肯定是會隨之一亮，於是這樣你就和客戶達成了認同，那麼你也會在認同之上獲得了利益。

第二，積極的動作。

當你把商品的宣傳資料交給客戶看的時候，如果你發現他只要隨便的翻看幾頁之後就把資料放在一旁的話，那麼這說明你的資料缺乏與客戶之間的認同，他對你的資料不感興趣。

可是如果你發現客戶的動作是非常積極的，如獲珍寶一般去翻看和仔細閱讀你的產品宣傳資料，那麼這就是一種強烈的購買信號。

第三，客戶的姿態。

可能有的時候客戶會坐得離你很遠，或者是他翹著二郎腿和你說話，甚至是雙手抱著胸，這其實就顯示他的內心是一種非常強烈的抗拒心理。

如果你發現客戶是非常懶散的斜靠在沙發上，用一種非常渙散的姿態和無所謂的語氣和你說話，甚至有的客戶根本就不接受你的要求，不坐下來和你進行洽談，那麼你就要明白這些都是無效的推銷反應。

當然，如果你發現客戶對你的話總是頻頻點頭，或者表現一種非常專注和認真的表情，身體微微向前傾，這就表示客戶的認同度很高，你與客戶交談的距離也會越來越近，那麼客戶的購買信號也就更加強烈。

第四，客戶說話的方式。

當你發現客戶說話的語氣從非常堅定變成一種商量的口吻，這其實就是購買信號。另外，如果客戶說話由疑問句轉變成為了感嘆句。比如說：「你們的產品品質可靠嗎？售後服務怎麼樣？」等問句，變成了「使用你們產品之後有沒有什麼保障？」「必須多長時間保養一次」等話語時，就說明客戶已經認同了你的產品，心中開始想著自己購買完你的產品使用的一些情況了，這就是客戶購買的前兆。

第五，語言購買信號。

博恩．崔西說，購買信號就是客戶在洽談過程中，透過語言表現出來的成交信號。在大多數情況下，客戶的購買意向往往會透過語言表現出來。而博恩．崔西也認為客戶的語言，是購買信號中最直接、最明顯的表現形式，更容易讓銷售人員察覺，通常表現為：關心送貨的時間和方式，詢問付款的相關事項，以及一些服務情況等等。

比如說，有的客戶會問「一次購買多少才可以得到優惠？」「產品有了問題，如何聯絡售後服務？」等等，這些都是客戶透過語言所表現出來的購買信號。

當客戶為了一些細節而不斷的詢問銷售人員的時候，那麼這其實是客戶的一種探究心理，這也是一種常見的購買信號。

你要相信，當你把客戶心中的這些疑慮解除之後，讓客戶得到令他滿意的答案，那麼你馬上就能夠得到訂單。

當然，有的時候推銷工作也許不會如此的順利，銷售人員最怕某些客戶總是問一些不著邊際的問題，讓你無可奈何，又不得不回答。如果你遇到這樣的情況，博恩．崔西教你一招，那就是把它當成購買信號去處理，並且透過你的經驗來判斷客戶的真實用意。

了解客戶購買的主要障礙

博恩．崔西說：「人類最大的兩個敵人就是害怕與無知。」害怕其實誰都會有，當你害怕的時候，你會不敢前進，失去自信。而且害怕還會負面的引導我們遭到令人挫折的事情和環境，讓我們慢慢失去自己心中的渴望和期望。

而無知往往就是人類產生恐懼的溫床。當你不了解某件事情的時候，或者是你不知道自己該如何去做的時候，那麼你就會感到不自在，甚至是害怕，因為我們大多人的失敗和挫折，就是因為自我無知和不確定而引起的。

換句話說，如果你對某件事情把握越大，你就不會害怕它。反而你會非常自信，所以知識和技能可以克服害怕和無知，讓你認為的一切不可能變成可能。

如果銷售人員所經歷的最大障礙是害怕被客戶拒絕的話，那麼客戶所經歷的最大購買障礙，就是害怕自己買錯產品。

博恩．崔西在總結自己銷售經驗的時候說道：「害怕失敗可能是今天社會裡各種成功的最大障礙。害怕失敗比其他任何因素都更會讓人畏縮不前，並癱瘓他們的決策能力。」

其實，大多數客戶不購買你的產品的理由就是因為他們害怕犯錯誤。他們害怕自己買錯了東西，從而牢牢套住；當然，也害怕自己買產品買貴了；也害怕自己買的產品沒有其他產品功能多。

簡而言之，當客戶在考慮是否要購買你產品的時候，他的內心活動一直都處於擔心之中，所以客戶會經常對你說：「讓我再考慮一下。」

在博恩．崔西的記憶裡，發生過這樣一件事情。有一天，博恩．崔西六歲大的兒子大衛，和博恩．崔西的太太芭芭拉去一家超市買東西。可是那天大衛堅持要在賣玩具的地方花一塊零用錢去買一把很便宜的塑膠槍。而大衛的媽媽芭芭拉一直嘗試著說服兒子不要購買，並且告訴他說：「孩子，這是一把非常便宜也很容易壞的槍，而且你玩不了多長時間，這把槍就會壞掉。」

可是兒子大衛非常固執，他一定要買那把槍，而且還纏著芭芭拉，直到最後芭芭拉同意才甘休。

當他們回家之後，大衛就迫不及待的把槍從包裝盒裡拿了出來，而且立刻就開始玩耍。可是幾分鐘過去了，這把槍的扳機也壞了，槍把也散了，最後大衛的手也劃傷了，槍的零件散落了一地。

結果這個時候，大衛非常生氣的說道：「你看看這把破槍，它就是一個垃圾。我以後再也不買這種垃圾玩具了。」

就這樣，博恩．崔西的兒子大衛在商業社會中開始慢慢接受到了作為消費的教育。因為大衛已經體驗到了一項購買決策的結果。

在以後，大衛還是會做出許多錯誤購買的決定，但是他還是希望自己從來都沒有買錯過這些東西。而每次當大衛購買到不好的東西時，他就會把這種憤怒和害怕牢牢的記在心裡，以免自己日後再重蹈這樣的覆轍。

身為銷售人員，你每天都會接觸到類似大衛這樣的客戶。消費者基於他們的人生經驗，他們對銷售人員的直接反應就是：銷售人員總會把一樣所言不實的東西以非常昂貴的價錢賣給自己。所以客戶總是會以一種批判、懷疑、敵視，甚至是抗拒的受壓力心態，去回應銷售人員。

幾乎所有的客戶在第一次交易的時候都會說一些抵制的話，因為他們害怕失敗，害怕做出錯誤的決定，所以客戶第一次拒絕你這是常事。

在大多數的銷售對話中，你可能會發現這種情況：一位總受客戶拒絕的推銷人員和一位飽受害怕犯錯之苦的客戶在打交道。結果你會發現這位銷售人員總是想盡千方百計來避免自己遭到客戶的拒絕，而客戶也總是會盡力避免不要做出錯誤的購買決定。

其實，博恩．崔西發現在大多數情況下，大部分銷售人員和客戶都會有一種看不見的默契，千萬不要將對方逼到死角，雙方來一個魚死網破。

無論什麼情況，一名優秀的銷售人員都應該要保持社交禮儀，並且要注意自己的話語，盡量做到不傷害客戶的感情，這樣才能夠禮貌性的完成銷售。

人們為什麼購買你的產品

客戶為什麼會購買你的產品，原因是多方面的，但是客戶的購買欲望與你如何展示產品是分不開的。如果你能夠憑藉經驗，根本不同的客戶運用不同的產品展示方法，那麼你的銷售業績必然會大幅度成長。

最有效的產品展示方法無非幾種，最為常見的就是產品直接展示法。這樣做目的是讓客戶親眼看到、親耳聽到、親身感受到你的產品的精美和實用，把商品的精美特徵表現出來，從而激發客戶的購買欲望。

在幾年前，可口可樂公司打出這樣一個「有獎品嘗，答對可樂名者，獎可樂一箱」的標語，引起了人們的注意。許多人看見之後都紛紛駐足觀看，一些年輕人更是成群結隊的擠到臺前去報名。

可口可樂公司把自己的可樂與其他可樂分別倒滿一杯，放在臺前面，並且編上號碼提供給客戶免費品嘗，如果客戶在品嘗後，能夠正確挑出可口可樂公司生產的可樂的話，那麼就現場獎勵可口可樂一箱。

結果可口可樂公司的這一招真是聰明至極，因為客戶認為免費品嘗就已經占了很大的便宜，居然答對了還能夠得到一箱可樂的獎勵，這對於客戶來說真是太划算了。

事實上，博恩．崔西指出，一般的客戶，當他對一種商品產生興趣的時候，就會產生強烈的排他性，對於其他的同類產品就會視而不見，只會選擇自己認定的產品。而可口可樂正是應用了客戶的這一心理，採用「免費品嘗＋贈送一箱」的方法，對客戶施加一種強烈的刺激，吸引客戶。

還有一種方法就是心理情感銷售法。什麼是心理情感銷售法呢？就是透過態度，讓客戶與產品之間形成心理和生理的連結。銷售人員只有與客戶建立起來了情感，在激發了客戶購買欲望的同時，還能在產品本身上傾入一種感情的話，那麼可以說你做得就更好了。

就在十多年以前，香港等地的很多玩具由於款式新穎，適合客戶的口味，一直雄踞國際市場，無人能敵。結果後來美國的奧爾康公司在推出了一種叫「椰菜娃娃」的玩具後，香港的玩具開始受到人們的冷落。

「椰菜娃娃」這種玩具的高度統一為 40.6 公分，但是款式、髮型、服裝容貌卻各不相同，一改之前玩具「千人一面」的缺點。

而且讓消費者更沒有想到的是，奧爾康公司為「椰菜娃娃」注入了新的生命，每個「椰菜娃娃」身上都有著出生證明、姓名和胎記，甚至在每個「椰菜娃娃」的手臂上面都印著「接生人員」的姓名，這樣一來，「椰菜娃娃」就成了有血有肉有情感的真正孩子。

而且更特別的是，客戶在購買的時候不能說買就買，還需要辦理「領養手續」，簽一個「領養證」，這樣更有助於與客戶之間建立起良好的關係。奧爾康公司同時還在各地設立了「娃娃總醫院」，由公司的職員裝扮成醫師和護士，他們會把「椰菜娃娃」放在搖籃和嬰兒箱裡面，等待客戶的「收養」，這樣就更讓孩子們喜歡，成年人也愛不釋手。

由此可見，銷售活動並不難，關鍵在於你是否具有創新思維，而銷售創新活動的中心或者精妙之處，恰恰在於巧妙的使用情感進行溝通，建立起客戶與產品之間的感情。博恩．崔西建議，如果銷售人員能夠把握好這一精髓，自然就能夠進入銷售的精妙之境。

還有個方法，就是揚惡除善介紹法。有句俗話：「老王賣瓜，自賣自誇。」沒有人會說自己的產品不好，哪怕是客戶察覺到你產品的缺點，銷售人員也要懂得去掩飾，不然的話你根本不會把產品推銷出去。

博恩．崔西在自己推銷時，特別注意強調自己產品的特色與優點是提升客戶認同的關鍵。因為他明白沒有什麼產品是十全十美的，作為銷售人員就一定要去掩飾，這並不是欺騙客戶，而是一種非常巧妙的轉移技術。

銷售人員的基本原則是，對方沒有提到產品的缺點，就不要畫蛇添足的多說話，讓你的產品暴露自身的缺點，讓你銷售最後失敗。

比如，保險銷售人員為了強調保險的保障性，常常會不假思索的說道：「保險非常重要，萬一你有一個三長兩短」之類的話，而通常你這樣一句話，馬上就會被客戶轟出來，因為你提到了每個人最為忌諱的事情，那就是死亡。

所以，銷售人員在說明產品的時候，一定要注意避免刺激客戶，要透過運用除惡揚善的銷售方式，盡量說明產品的優點，讓客戶在你的話語中遺忘掉產品的缺點。

區分第一和第二動機

第一動機是指人們購買某一產品或服務的基本原因。很多潛在的客戶願意傾聽你的介紹，就是因為你的產品或者服務能夠滿足他們的最基本要求。

而第二動機可以說是人們購買的具體原因。這些原因是指能夠把你的產品和別人的產品區別開來的一些其他因素，它們往往能夠引發情感回應，最終帶來購買決定。

比如，在租用辦公室的時候，第一動機可以是要考慮房屋的品質，有多少停車位、辦公室的位置、員工上下班是不是方便等等；但是第二動機就變得更加精細了，比如辦公樓以後的發展、周圍其他公司的規模和品質等等。

根據調查發現，80%的辦公室與公司主管的居住距離都在 5 公里以內。由此可見，這是一個很微妙，但是卻又非常重要的因素，因此也就成為了租賃辦公室的關鍵。其實，這也就是產品的第二動機，而且所有的產品都有這樣的第二動機。

博恩．崔西說：「許多購買決定都會有二元法則。」也就是說，做任何事情總是有兩個原因，一個是表面聽起來覺得不錯的原因，另一個則是真正的原因。

聽起來不錯的原因是現實的、有邏輯的，而且是最低限度的基本原因，任何聰明、理性、精打細算的人相信都會接受這個原因。但是，實際上只有「真正的原因」才能夠帶來購買的決定。

真正的原因是心理和情感上的，雖然聽起來非常感性，但是卻是客戶真正購買的動力。在銷售過程中，你首先就是要幫助客戶建立購買的第一動機和第二動機，然後告訴潛在客戶，只要購買你的產品就能夠滿足他的這兩個動機。而銷售的成功，就取決於你確定客戶第一、第二動機的能力。

其實，所有的購買決定都是帶有情緒化的，因為人們對他們所要去做的每件事情本來就有情緒化。客戶往往先進行情緒化的決定，再進行邏輯性的修改。他們通常會迅速的做出購買決定，甚至是在瞬間做出購買決定，之後才花費大量的時間來修正和調節自己的行動。

很多人不明白，為什麼在銷售行業，有的時候女性會表現得更加突出一些，因為女性比男性更加情緒化。男人更傾向於關注事實、數字、理性的東西，而女性通常能夠跳出理性的爭論，看到人們購買還是不購買的真實原因。

在與客戶進行銷售陳述的時候，如果對潛在客戶的情感需求或者潛意識的需求很有吸引力，那麼這個銷售很容易成功。因為客戶之所以購買，就是因為他認為購買這一產品和服務能夠滿足他的真實需求。

博恩·崔西建議，銷售人員在和客戶談話的時候，要想像這個人面前有一堆按鈕，每個按鈕都連接著不同的情緒。有的按鈕是綠色的，代表了積極的情緒；有的是紅色的，代表消極的情緒。

在你和客戶打交道的過程中，你有可能按到綠色的按鈕，也有可能按到紅色的按鈕。如果你按到了正確的按鈕，那麼你自然而然能夠得到你所希望的客戶反應，客戶也會給你積極的回應。

其實，購買最主要的兩個動機就是渴望擁有和害怕失去，所有的購買決定都是由於某些情緒引起的。銷售人員只有創造性的與客戶進行交談，從而

在銷售場合能夠激發起客戶的這兩種主動購買動機。

博恩．崔西有一段時間買了一輛新車，他對於原來駕駛的那輛車一直很滿意，並不打算買新車。但是汽車修理行的人告訴他，他的車需要更換輪胎、四輪定位以及進行其他一些必要的修理，博恩．崔西算了一下，差不多要花 3,000 美元。而且這輛車已經跟隨博恩．崔西六年了，即使把這輛車賣了也賣不了這麼多錢。所以博恩．崔西就成為了一個買車的潛在客戶，他決定去買輛新車而不是去修這輛舊車。

其實，博恩．崔西害怕失去的就是那不可能收回來的 3,000 美元的修理費用。而他渴望擁有的是自己能夠獲得和駕駛一輛新車一樣的滿足感。

就在博恩．崔西試駕和談判的過程中，關鍵購買因素出現了，那就是經銷商的車庫裡只有一輛 2,000 美元的車，而且這輛車剛好又是博恩．崔西想要的，不管是從車的顏色還是車的配置，博恩．崔西都非常喜歡。

甚至如果博恩．崔西在當天購買了這輛車，他當天就可以開走，這要比購買其他車提早了一個星期。正是因為這些因素結合在一起，於是博恩．崔西當天就做出了購買的決定。

由於所有的購買決定都是情緒化的，所以在銷售談話過程中，一件重要的事情就是確定最有可能影響潛在客戶行為的情緒因素是什麼。

博恩．崔西建議銷售人員可以透過一些技巧，比如詢問客戶一些問題，認真聽取客戶的回答等。

在心理學中有一個詞語叫「失言」，其實就是指人們在談話過程中，無意中說出的自己的真實想法。

通常情況下，如果你足夠仔細、認真的傾聽潛在客戶訴說，他就會給你情感方面的暗示，揭示他真正的情感需求，從而幫助你做成這樁生意，當然，前提是你必須要滿足客戶的情感需求。

作為銷售人員要記住，只要是客戶，都是有情感需求的。當你在與客戶談話的時候，要對潛在客戶所用的詞彙相當敏感，並且能夠在以後的銷售過程中學會引用這些表達情感需求的詞彙，來幫助自己與客戶建立情感需求，高效促成交易。

運用敏感點式銷售

作為一名專業的銷售人員，往往非常擅長抓住客戶的內心想法，運用一種所謂的敏感點式的銷售方法。一旦銷售人員找到了客戶心中的敏感點，那麼他們就會在這個銷售的過程中，想盡千方百計去觸動客戶的這個敏感點。

而銷售人員在制訂方案，或者說是請求結論的時候，都會把焦點放在這個關鍵的敏感點上。銷售人員會圍繞著客戶的敏感點不斷的進行提問，透過不斷的說明產品的好處，來激起客戶的購買欲望。

博恩．崔西說：「敏感點永遠都是感性的，而且一定是和人的自尊及自我有關。」假如你打算賣一棟房子，或者是一座辦公大樓，或者是一輛汽車，哪怕是一份保險等等，幾乎所有的未來客戶，都會考慮別人對自己這項購買的意見和看法。

當然，你可以在每次銷售的時候，想盡各種辦法去發現客戶敏感點的所在位置。當你問一些假設性問題的時候，你的客戶回答的答案也是假設性的。但是客戶的回答往往會讓你知道，你在進行產品介紹的時候一定要展出哪些利益，才能夠最後完成銷售。

博恩．崔西介紹了三種一般人最喜歡用來發掘購物時候的問句：

「某某先生，假如你之前已經買這款產品，當時它的用途是什麼呢？」

「某某先生，你要怎麼樣才會相信這款產品呢？」

「某某先生，假如這款產品或者服務是完全免費的，你會想要嗎？」

假如客戶的回答是「是的，如果免費我就要。」那麼你接下來就可以先停頓一下，再問他：「為什麼呢？」

當你一旦找出了客戶的敏感點，你就一定要集中火力說服他，讓他相信自己在購買了你的產品之後，一定會得到他所想要的所有利益，特別是關鍵利益。

為此，你要把介紹產品的重點放在這個問題上面，你要向客戶展示出，你的產品和服務已經成為了解決客戶心中疑問的最好答案。

博恩．崔西特別提出過一項「90/10 法則」。這個法則是說：客戶 90%的購買因素是由你產品或者服務提供，也能享用利益的 10%所決定的。而你的銷售任務就是去找出那關鍵的 10%。換句話說，也就是找出客戶認為比其他功能加起來還要重要的特別因素。

記得 IBM 公司在興盛時期，訓練出了一大批全美國大公司裡面素養最高、能力最強的主管人員。而這些主管人員最後都被 IBM 公司的客戶挖走了，而聘任為了高階主管。

當這些公司日後需要將電腦升級或者是進行重新購置的時候，這些前 IBM 的主管都會指定向 IBM 購買電腦產品或者是相關產品。

而什麼是這些人的敏感點呢？就是這些人對於 IBM 公司的肯定和信賴。IBM 公司最為成功的一點，也就是在員工的身上灌注了對於公司的忠誠度，所以在決定購買電腦的時候，這些前 IBM 的主管都會指定購買 IBM 的產品，這麼一來，其他產品想打進來，真的是比登天還難。

特別是當 IBM 公司的銷售人員在與這些前任 IBM 主管聊天的時候，所抓住的敏感點就是提起這些產品可能沒有其他公司的產品更快或者價錢低，但是它們卻是 IBM 製造的，這一種推銷方法直到今天 IBM 還在使用。所以可以說，離開 IBM 的人越多，那麼市場上使用 IBM 電腦的公司就會越多。

決定購買的最重要因素，可能是銷售人員與客戶之間已經存在著良好的友誼關係，當然也可能是公司在市場上的一些極佳的聲譽，這種敏感點可以說對你的客戶是很有用的，可以讓你更進一步的去了解你的客戶，也可以在你去和其他客戶達成類似目標或者解決類似問題的時候，提高個人的聲望。

博恩．崔西說：「不管敏感點是什麼，假如你想做成生意，它是你要去發掘並且不斷去碰觸的重要因素。」這就是你一定要滿足客戶的特別需求。

不斷的強調，直到對方「銘記在心」為止

「銘刻在心」的技巧，是博恩．崔西根據自己多年的銷售經驗總結出來的，這種技巧指的是在銷售陳述過程中，你重複使用某些單字和短語，從而使潛在客戶的潛意識中形成某種命令，這些命令與你的銷售資訊結合起來，通常會在你們的銷售談話結束後，引發一種購買決定。

比如，當你希望自己的客戶能夠銘刻的資訊是「當他擁有這個產品」。那麼你在銷售陳述的時候，就可以這樣說：「當你擁有這個產品，你永遠不會出於突然出現的某個問題而感到擔心。」如果購買你產品的其中一個好處，就是每次當一個問題出現時，你的產品都能處理好這個問題，那麼這自然而然就給了客戶一個非常有力的銷售資訊。

假設另一個資訊是「今天就購買」。那麼你就可以說一些這樣的話：「如果你今天就選擇購買，那麼我們在這個星期之內肯定會把貨送到，這樣一來你下週就可以開始享用了。」

博恩．崔西曾經指出，一旦人們已經被刺激起來，希望讓自己享受到某個產品或服務所帶來的好處的時候，基本上都是有點迫不及待的，因為他們希望現在就可以使用。而送貨的迫切性和送貨速度，這個時候就成為客戶現在就採取行動的重要購買動機。

還有，如果你想讓客戶銘刻這樣的資訊「現在就開始使用」，你可以這樣講：「這個機器安裝好後，你現在就開始使用，這個新機器和那個老機器相比，之前兩個小時完成的工作，這部機器只需要 20 分鐘就可以完成。」其實，你的目的不是讓潛在客戶聽你的銷售陳述的時候考慮使用這部新機器，

而是要讓他們最後下定決心購買你的機器。

在銷售行業，你可能希望你的潛在客戶銘刻的資訊是「把它買回家」。許多銷售，即使是大額的銷售，也往往會衝動購買。當客戶站在你面前的時候，你做成銷售的可能性是最大的。但是如果他已經走過去了，想著這個產品和其他的可能選擇，你再讓他回來做成銷售的概率就會降低許多。

博恩．崔西建議你倒不如這麼說：「你為什麼不把它買回家呢？」或者是「把它買回家的話，你一到家就可以使用了。」還有就是「最明智的做法就是你現在就把它買回家，立即開始使用。」

你要特別注意，這些技巧絕對不是讓你去操縱潛在客戶，或者說讓你試圖改變潛在客戶做一些與他的利益不一致的事情。其實這些都只是最簡單的、被證明了可以幫助你在產品豐富競爭激烈的市場上，讓潛在客戶留下更好心理印象的方法而已。

潛在客戶他們每天可能會被成百上千的商業資訊包圍著，而這些簡單的技巧只不過是讓你的銷售資訊，能夠引起潛在客戶的更加重視，當然，如果這些技巧你使用得越多越嫻熟，那麼潛在客戶最後從你這裡購買產品或者服務的可能性就越大。

客戶永遠是對的

現如今「客戶永遠是對的」已經被奉為了銷售行業的金科玉律，可是事實真的是這樣嗎？

曾經有一家網路公司對某家公司的中高層主管在服務方面進行了一次問卷調查，而其中有一個問題正好就是問：「你覺得客戶永遠是對的嗎？」這家網路公司提供了三種答案：「是、不一定、否」。結果最後統計發現，認為客戶永遠是對的人不到20%，可見「客戶永遠是對的」這僅僅是商家尊重客戶的一句口號而已，而且這樣一句口號經常會出現在企業的牆壁上，以及員工們的嘴巴裡。但是作為公司的領導者也明白，如果他們只是在嘴上說說，心裡不這樣認為「客戶永遠是對的」，那麼最後你就影響到那些與客戶直接面對的銷售人員，這也就是銷售大師博恩．崔西所說的「理念決定行為，行為決定結果」。

大家也許心知肚明，很多時候客戶往往都是不對的，可是為什麼銷售大師博恩．崔西堅持告訴我們，作為銷售人員是要堅信「客戶永遠是對的」呢？讓我們來看一下他的解答。

在博恩．崔西所著的《秒殺：博恩．崔西的快速成交法》一書中，他告訴了我們為什麼要說「客戶永遠是對的」。

在博恩．崔西眼中，他理解的「客戶永遠是對的」僅僅在於銷售人員與客戶的說話方式上，也就是說，當你向客戶提出負面意見的時候千萬不要說「你錯了」。你完全可以說：「您說得很對，其實在這之前，已經有不少的客戶向我們反映過同樣的問題，而我們最後是這樣進行處理的……」

在博恩．崔西的描述中我們會發現，「客戶永遠都是對的」只不過是一個基調，讓客戶的心理得到滿足，並不是真正說客戶永遠都沒有錯。

因為博恩．崔西認為，如果你不懂巧妙變通，而是直言客戶的錯誤之處，這勢必會引發自己與客戶之間的爭辯，即使最後你讓客戶認同了你的想法，但是客戶斷然是不可能購買你的產品的，所以說，與其進行這無謂的爭辯，倒不如告訴客戶「你是對的」之後，再向客戶解釋清楚他所擔心的問題。

當然，消除客戶疑慮的辦法不單單是承認「客戶永遠是對的」，而一些老客戶的感謝信，在這個時候往往會來一個錦上添花。

博恩．崔西根據自己的銷售經驗建議大家，如果之前你有產品銷售，而且你也跟買過這些產品的客戶有一些交情的話，那麼不妨請對方為你寫一封感謝信，來說明你的產品是多麼的優秀，甚至你可以事先把感謝信的內容寫好，請客戶幫你簽個字即可。

很多人總是單純的認為感謝信沒有什麼用處，無非是表示感謝而已，殊不知感謝信的內容暗藏著很大的玄機。博恩·崔西為我們舉了一個很好的例子，有這樣一封老客戶針對產品「高價位」寫的感謝信，內容大概如下：

親愛的布萊恩：

我第一次看到這個產品的時候覺得它的價位實在是太高了。不過值得慶幸的是，最後我還是聽了你的建議買了下來。當我使用之後，發現這個產品雖然有點貴，但是它也為我帶來了很多的好處，物有所值，真心的謝謝你為我介紹了這麼好的產品。

祝順心！

傑克敬上

如果你是客戶，當你抱怨產品太貴的時候，銷售人員向你拿出類似的感謝信，你會不會也就消除了心頭的疑慮呢？

博恩·崔西希望作為銷售人員的我們應該明白，客戶往往喜歡把我們的話打折扣，而不管客戶如何打折扣，你的主要任務就是說盡產品的好話。

有的時候，兩個人說話總是顯得比較單薄，而這個時候如果出現第三個人對你的產品進行擔保，那麼效果就明顯不一樣了，特別是以感謝信的方式，這樣就更具有說服力了。

當客戶與你對某一事物的認知產生分歧，一些客戶甚至有過於激動的言行，你在處理與客戶產生的矛盾時，應本著包容和難得糊塗的精神，不去較真，甚至是委曲求全。

一些企業學習和延伸了博恩·崔西的推銷思維，設立了「委屈獎」，獎勵那些在與客戶發生矛盾時，能夠從企業的全局和長遠利益出發而「以德報怨」的服務人員。

「委屈獎」的設立在於告訴銷售人員，不管是公司的主管還是員工，都認為這件事情本身是客戶的錯誤，但是為了公司的長遠發展和根本利益，還是要堅信「客戶永遠是對的」。

與客戶建立長期關係

一名銷售人員如果能夠在銷售產品或服務的領域裡，建立並保持長期的銷售人脈，那麼你的銷售業績肯定會得到大幅度提高，而且你也可能成為一名優秀的銷售人員。

你仔細觀察會發現，你在生活中的很大一部分的成功，往往是因為你善於和睦相處，以及有著良好的人際關係。一位心理學家透過自己多年的研究發現，個人生活快樂的原因，85%的人是因為他和別人能夠和睦相處，其實反過來說，就是一個人的煩悶及煩惱，85%的原因是因為他們和別人合不來，不懂得與人和睦相處。

你要懂得，任何人在某些時候總是可以賣出東西的。但是只有那些有些良好人際關係的銷售人員，才能夠隨時隨地把產品或者服務賣給各式各樣的人，而且還可以與這個人進行長期的合作。

而你能夠做到這種銷售的唯一方式，就是更輕鬆的、更經常的把你的產品銷售給你訪談的未來客戶，而且還要透過這些未來客戶的推薦及見證，替你敲開更多客戶的大門。這也就是為什麼所有頂尖的銷售人員，都會建立起並且維持好在商業上的良好人際關係，從而能夠年復一年的把產品賣給他們的客戶。

任何一個人對自己與他人之間的人際關係品質都是非常敏感的。因為人類是感情的動物，而且都會依照內心的感覺去做出決定。我們都會對理論上及實際上的理由謹慎考慮，從而判斷是否該買某項產品或服務，但是當到了最後的分析階段，我們還是會傾向憑藉感覺去購買。因為我們每個人會聽內心的聲音，會依照心情來做事，會依照我們和別人的交情來買東西，所以博恩．崔西也說過，「沒有人際關係，就沒有銷售。」

博恩．崔西指出，你在專業行銷領域中所學到一切有關產品服務及人格方面的知識，都只能達到幫助你與客戶建立良好關係為止。不是也有句話說：「狐狸之所以聰明，是因為牠懂很多事情。刺蝟之所以更聰明，是因為牠只懂得一件大事。」

而頂尖的專業銷售人員所了解的一件大事就是，他的銷售生涯中的每件事都是要仰賴客戶關係的，所以他絕對不會讓任何事情阻礙到他發展和維護與客戶之間的這種關係。

現在，一項購買如果需要花費很多金錢的話，或者說牽涉很多人，持續很長時間，或是因為產品更新或不同，需要未來客戶放棄他以前所擁有的經驗，未來客戶則會考慮是否要把這位銷售人員及其公司的長期關係放進去。

而憑藉優秀銷售人員的經驗，他就會知道自己與客戶之間的關係是一件很重要的事情。我們會非常小心的承認某種關係，尤其在我們生活的重要領域裡，我們對關係的好壞往往所感到很敏感的。

博恩．崔西認為，長期關係的重要感情因素之一就是依賴。在客戶向你購買以前，他和你完全是兩個不相干的獨立個體。客戶不管喜不喜歡你，都可以選擇接受你或者是離開你。但是當一個客戶做了決定並且付錢買下你的產品和服務時，他其實就已經被你給套牢了，這個時候的客戶是完全依賴你的，而你更應該履行當初你在向他推銷產品時所做出的承諾。比如，客戶現在要依賴你盡快交貨，依賴你去安裝與維護產品，而且依賴你所提供的保證。一旦他決定並付款之後，這位客戶就被綁住了。

心理學家分析發現，一般人都不喜歡仰賴別人。特別是客戶，尤其不情願和任何一種供應商建立長期的依賴關係。你所遇到的每位客戶在過去都有因購買產品服務而失望的經驗，所以客戶總是會擔心歷史會重演。

而要想解決這一問題，博恩．崔西的建議是銷售人員首先要與客戶建立起信任。信任是一種慢慢而辛苦建立起來的稀有商品，而它又是非常脆弱的，它能被某一個小事件輕而易舉的動搖甚至摧毀。所以說建立並維護信任，是建立或持續任何一種關係最重要的前提。

現如今，社會發展很快，產品或服務的更新換代速度也非常快，所以對於你的客戶來說，他們判斷你提供的產品或服務的品質的可靠度就變得更加不容易。而你的未來客戶無從評估你提供的產品或服務中看到有他們想要的價值的話，他們就會對你的產品，甚至你的工作，你的公司產生懷疑，阻礙你們的成交。

除此之外，你的公司和客戶之間的接觸，有95%其實是透過你本人實現的。客戶在決定購買的最後分析階段是在決定買你，而他決定購買之時，他相信你會履行在銷售時所做的一切承諾。

客戶往往會把涉及後續所有事情的長期承諾，看成是一項非常重大的內容。而越是大型的採購案，風險就會越大，如果你不能夠把這種風險降低，那麼即使與你關係再好的客戶，也有可能不會購買你的產品或服務。

不要批評你的競爭對手

作為銷售人員一定要正確對待自己的競爭對手，不應該批評競爭對手，甚至是用一些非正當手段來干擾他們的正常運作。這是作為一名銷售人員應該具備的基本素養，也是一名銷售人員自信的表現。

對於銷售人員來說，競爭對手往往是你獲得成功的助推器，他能夠幫助你不斷進步。原因就在於競爭對手每天都會在思考用什麼辦法來戰勝你，而你如果不想被他打敗，就只能不斷的提升自己。

競爭對手在很大程度上可以說是你的一面鏡子，他會毫不留情的指出並且利用你的缺點加以進攻，所以，你的競爭對手越是強大，你自己也會變得越強大，因為他能夠幫助你更清楚的認識自己，改正缺點，完善自我，建立起自信。所以，作為銷售人員一定要正確對待競爭對手。

博恩．崔西說：「不攻擊競爭對手，這已經成為了銷售領域中一條不成文的推銷法則。」惡意中傷，誹謗詆毀自己的競爭對手，這些都會被別人深惡痛絕。

另外，攻擊自己的競爭對手這也是你沒自信的表現。你害怕有人和你競爭，擔心自己比不過別人，所以你才會去攻擊競爭對手。

銷售人員如果一直用這樣的心態來做事，來與客戶溝通，那麼是必定失敗的，而且更為嚴重的，可能會讓客戶留下一種不好的印象，客戶會猜想，你的銷售能力肯定不行，不然你怎麼會攻擊自己的競爭對手呢？

可能有的推銷人員認為客戶根本不會在乎這些，甚至懷疑客戶的判斷能力，如果你真這麼認為那就大錯特錯了。博恩．崔西說過一句話：「永遠不要懷疑和低估了客戶的判斷能力。」

其實，要想贏得競爭對手的方法有很多種，你完全可以運用這些銷售技巧表現自己的優勢，而且這也是極為自信的表現。為此，博恩．崔西建議推銷人員可以參考以下這幾種方法來對待自己的競爭對手。

第一，讚美競爭對手。

作為銷售人員，當客戶首先提起你的競爭對手，甚至是競爭對手的產品時，最為聰明的方法應該是多去讚美你的競爭對手。

很多銷售人員都知道，在推銷的過程中，要想贏得客戶的信任和好感，就一定要善於讚美客戶，但是大部分銷售人員卻往往忘記了讚美自己的競爭對手。關於這一點的重要性，博恩．崔西曾說過這樣的話：「如果你能夠讚美你的競爭對手，那麼你就可以讓客戶完全信任你。」因為客戶的心理往往會這樣想：既然推銷人員能夠真誠的讚美他的競爭對手，那麼他一定是一個懂得尊重和值得信任的人。

可見，對於推銷人員來說，用讚美的話語來稱讚競爭對手更是獲得客戶信任的一種好方法。當客戶選用了你的競爭對手的產品時，而你還能夠稱讚對手，這樣會讓客戶感受你的真誠，內心也會為自己的正確的選擇而感到慶幸。

第二，盡量迴避。

博恩．崔西根據自己的經驗，建議銷售人員在客戶主動提到競爭對手的情況下，你讚美完之後就不要再主動提及你的競爭對手。你應該立即轉變話題：「是的，那種產品是不錯，但是在某些方面卻比不上我們。」銷售人員只有學會迴避競爭對手的某些話題，才不會導致客戶再去考慮其他產品。

當然，這種法則也不一定什麼時候都適用，有的時候盡量迴避的做法也不是最好的策略。因為，你的競爭對手的牌子很有可能已經在你未來的客戶心中占據了很大的位置，你單純使用迴避的辦法是難以驅除它的。

在有的時候，有些客戶並不願意主動談論他們心中所寵愛的另一種產品，因為客戶會擔心銷售人員會指出他們偏愛的問題。

如果你遇到這種情況，你應該保持一種沉默或者是平安無事，甚至設法讓客戶把心中所嚮往的另一種產品講出來，並且談論一下你的看法。

第三，對比試驗。

推銷人員應該全面了解和掌握競爭對手的情況，然後重新制定自己產品的推銷計畫，這樣才不至於在推銷工作中讓自己陷入被動競爭的困境。

如果競爭變得異常激烈，那麼你就必須採用直接對比試驗來確定競爭產品的優劣，這樣就可以讓客戶清楚的對比你們產品的好壞。

第四，吸取競爭對手的優點。

在每個人的身上都有你需要學習的東西，特別是在競爭日益激烈的今天，多向競爭對手學習，不斷完善自己，不斷壯大自己這才是最為關鍵的。而且向競爭對象學習制勝之道，可以大大節省你的學習成本和精力，讓你在成長的道路上少走彎路，少受挫折。

所以說，在推銷過程中，銷售人員一定要做到無論何種情況下，都不要

去批評自己的競爭對手，要對自己有自信，對自己的產品有自信。

不要太快就放棄

博恩．崔西曾經說過：「每一次明顯的推銷嘗試，都會造成溝通上的抵制。」因為每一個人都不喜歡自己成為推銷或者是被干涉的對象，特別是成為一個毫不認識的陌生人的干涉對象。

當客戶看見你向他們走去的時候，客戶不一定會躲起來，但是他們肯定會在你面前製造各種障礙，甚至這道障礙可能源自於他們本身的排斥心理，而你為了能夠推銷成功，就必須剝去這層人造的外殼。

世界壽險首席銷售人員齊藤竹之助說過：「推銷就是初次遭到客戶拒絕之後的堅持不懈。也許，你會像我那樣，在連續幾十次、幾百次的遭到拒絕。然而，就在這幾十次、幾百次的拒絕之後，總有一次，客戶將同意採納你的計畫，為了這僅有一次的機會，銷售人員在做著殊死的努力，銷售人員的意志與信念就顯現於此。」

其實，對於新鮮事物，人們總是會很自然的採用一種抵制、排斥的心理，但是在我們的成長過程中，所獲得的大部分成就，都是透過戰勝抵制和排斥心理而獲得的。

記得早在西元 1820 年，當時修建鐵路也成為了人們強烈反對的事情。人們的理由主要是因為鐵路會使人感到不安的顫抖，甚至當時還說坐火車會讓女人早產，讓乳牛停止產奶，母雞生不下雞蛋。

現在如今鐵路已經遍布到了世界各地，人們也不再反對鐵路的建設，這是因為人們看見了鐵路為人類帶來了極大的便利。即使這樣，人們的內心深處還是沒有改變對新鮮事物的抗拒心理。

對於推銷的產品或者服務來說，遭到客戶的拒絕是很正常的事情。事實上，如果每個客戶都能夠爭先恐後的排隊去買產品或服務的話，那還要推銷人員做什麼呢？甚至連廣告都不用做了。

在博恩．崔西看來，工作中所遭受到的拒絕只不過是一件再平常不過的事情，也正是由於他的這種心態，讓博恩．崔西養成了能夠坦然面對拒絕的氣度和心態。在日常的銷售工作中，博恩．崔西總是會抱著被拒絕的準備心理，懷著征服客戶拒絕的自信，如果你是這樣的銷售人員，那麼你就能夠以極短的時間來完成推銷，哪怕最後你失敗了，你也會冷靜的分析原因，從中找出失敗的方法來。

於是，在下次遇到相同的情況時，他們遭受的拒絕就會越來越少，而成功成交的機率就會越來越高。

推銷的碩果往往是要在持續的精心照顧下才能夠實現的，你千萬不要想一次中標的好事，而應該把自己的僥倖心理轉變成思考如何才能夠打動客戶的內心，如何能讓客戶發現自己的需求，發現你對他的真誠態度。

其實正是因為客戶的拒絕，才讓你有機會開口，了解到客戶拒絕你的原因，然後針對客戶心中的疑慮，一舉進攻。所以，博恩．崔西一直以來都把拒絕當成是一件好事，因為他認為拒絕就是機會，是促使你成功的動力。

從心理學的觀點來看，一般情況下，當客戶拒絕你或者是對你態度不友好的時候，他的心裡也並不舒服。

很多銷售人員之所以沒能夠很好的把產品推銷出去，就是因為他們只想到自己賣出一件產品能夠得到多少錢，可是當你只想到自己能夠賺多少錢的話，那麼你一定會遭到客戶更多的拒絕，內心承受更多的打擊。

博恩．崔西的建議是：我們不單單是把產品推銷給客戶，而是在幫助客戶解決困難和問題，提供一流的服務。永遠都不要問客戶要不要這個產品，而是要問自己的產品能夠為客戶帶來多大的幫助。

所以，銷售人員一定要以積極的心態面對拒絕，這也是決定你推銷事業成功的關鍵所在。

博恩．崔西在拜訪每一位客戶的時候，他都是真心表示深深的感謝。即使客戶不買他的產品，博恩．崔西也會對客戶深深的感激，因為他堅信：相見就是緣分。對於每個認識的客戶，不論他們是否購買自己的產品，都應該珍惜這來之不易的緣分。

銷售人員就是購買動力

「推銷人員就是購買動力」，這是博恩．崔西的銷售思維，它和日本著名推銷家齊藤竹之助的「自我推銷法」很相似，講究的都是無論做什麼事情，都是一種自我展示，更是一種自我推銷，事情的成功與失敗，取決於你向別人進行自我推銷能力的強弱。

對於一名優秀的銷售人員來說，銷售人員最寶貴的特質就在於他們具有卓越的推銷能力。博恩．崔西也一直認為，擁有眾多客戶的銷售人員，與其說是在推銷產品，倒不如說是在推銷自己。

客戶和銷售人員都是人，其實說到底也就是人與人的交往，這就是人際關係。而你要想這種關係成為「不散的宴席」，就需要你與客戶之間建立起一種相互信任的基礎。而為了獲得這樣的信任，像博恩．崔西這般優秀的銷售人員，首先都會用一種自我推銷的方式來展開行銷活動的。

博恩．崔西非常欣賞一位美國著名推銷教育家的「自我推銷」觀點，並且透過自己的銷售經驗告訴人們，懂得推銷自己是每一位成功銷售人員最主要的辦法。

所謂「自我推銷法」，就是把自己真正融入到推銷之中，以求建立起自己與客戶之間融洽的關係為基礎的推銷方法。

而這種方法要求銷售人員必須獲得客戶的信任和喜歡，而獲得這些的前提就是推銷人員一定要真誠，時刻為客戶著想。

你的客戶是無限的，如果你能夠對每一位客戶都做到真誠對待，那麼無論如何，你都不會失去自己的飯碗。

就從推銷行業來看，很多銷售人員都會對客戶說「放心」二字，而說這句話的意思，就意味著無論發生什麼樣的情況，你都要為客戶辦好這件事情。

島村芳雄原本在一家包裝材料廠當店員，後來又改行做麻繩生意。結果就在他做麻繩生意的時候，創造出了商業界非常著名的「原價銷售術」。

島村芳雄的原價銷售術其實非常簡單，他首先用 5 角錢的價錢大量購進了 45 公分的麻繩，然後按照原價把麻繩賣給東京一帶的工廠。結果島村芳雄在做了一年多完全沒有利潤的生意之後，島村芳雄的麻繩異常便宜的消息已經傳遍了整個日本，而之後訂單就好像是雪花一樣鋪天蓋地的來了。

也就是這個時候，島村芳雄開始了真正的行動，他每次在與客戶交談的時候總會說這樣的話：「到現在為止我一毛錢也沒有賺你們的，如果我再這樣為你們服務下去的話，我只好破產了。」當客戶聽完島村芳雄所說的話之後，內心也頗為感動，深深的被島村芳雄的真誠所感動，結果自願把價格提高到一條 5 角 5 分。

而島村芳雄又開始和麻繩廠進行談判，說：「你們賣給我一條 5 角錢，我一直都是原價賣給別人的，所以現在才有這麼多人從我這裡訂貨，可是如果我再這樣下去的話，肯定會破產的。」當麻繩廠看完島村芳雄向客戶開出的收據存根之後也是大吃一驚，因為這樣甘願不賺錢做生意的人，他們還是第一次遇到，於是就毫不猶豫的答應給島村芳雄一條麻繩 4 角 5 分。

這樣一來，如果一天島村芳雄有 1,000 萬條的交貨量，那麼他一天所賺到的差價就是 100 萬日幣。

於是透過這樣的方式，在島村芳雄創業兩年之後，成為了日本非常著名的商人。島村芳雄的成功，就在於他巧妙的運用了勇於讓自己先吃虧的「原價銷售術」，把自己推銷給了客戶。

當然了，類似於「自我推銷法」的基本功是每一名銷售人員都需要學習的。正如博恩．崔西所說：「塑造自我是一種『曲徑通幽』，它要求銷售人員平時就注意自己的人格、道德和知識方面的能力培養。」曾經美國有一位號稱「百貨公司大王」的實業家也說：「那些確信自己能夠為別人服務，而且老老實實努力去工作的人，全世界一定都不會忘記他所做出的貢獻。」

可見，銷售人員提高自己的綜合素養，在推銷的時候先把自己推銷給客戶，你就是讓客戶購買的最大動力。

積極應對不合拍的客戶

有的時候，你可能會遇到這樣的情況：客戶跟你不合拍。在博恩．崔西的工作經歷中，他遇到很多這樣的客戶，當然他也從中學到了很多東西，比如「世界上的客戶很多，但不是所有的客戶都會向你買東西」等等。

有一些客戶，你們可能第一次見面就會有一見如故的感覺;而有些客戶，沒準你一開口說話就發現他不合拍。當你遇到這樣的客戶，不管你怎麼努力，態度再好，你們之間也是難以建立起一種良好的互動關係的。

在銷售過程中，經常會遇到一些情緒非常大的客戶，他們不僅不合你拍，甚至會讓你感到頭疼。而你只有真誠的為客戶的利益著想，才能夠在關鍵時刻及時想出應對的辦法。

當然了，銷售人員遇到不合拍的客戶，甚至這個人對你發火，這些都會經常遇見，你生氣也是可以理解的。可是我們不能因為客戶的情緒，就輕易的去責怪客戶。特別是當你推銷的產品出現問題的時候，對於客戶的責罵，你是不能夠回嘴的，甚至都不能表現出不愉快，不然的話你們的生意就做不成了。

所以，應對不合拍的客戶，我們只能試著去與他們多一些接觸，這是最關鍵的。當然，不合拍的客戶也可以分好幾種，有的是讓你盡快想辦法解決問題；有的是威脅你；還有的就是不分青紅皂白罵你一頓。

博恩．崔西認為如果客戶還能夠罵你，也就是他的不滿還僅僅是停留在罵的階段，那就沒有什麼大不了。如果那一天客戶說：「好，我再也不會和你做生意了。」那麼事情就非常嚴重了，你必須想辦法來應對。

在松下擔任松下電器公司總經理的時候，有一次客戶對松下的職員說了類似這樣的話，結果把這位職員嚇得臉色發青的去向松下報告。

當松下聽完之後覺得事態相當嚴重，可是他並沒有生氣，而是仔細詢問了事情的原因，才明白客戶之所以與職員發生矛盾，就是因為沒有弄清楚松下電器的想法。於是松下對他的職員說：「你現在應該馬上到客戶那裡，把松下的想法重新告訴客戶，讓他明白我們的真正用意，你還可以說這件事情我徵詢過總經理，總經理讓我告訴您……」

結果這位職員立刻就跑到了客戶那裡，非常詳細的把松下公司的想法重新介紹給客戶聽，結果這位客戶非常驚訝的問道：「你們總經理真的是這樣說的？」當職員點頭確認之後，客戶非常高興的說道：「那我明白了，如果事情是這個樣子的話，我就可以重新考慮與你們之間的合作事項了。」

而這位職員也非常高興的回去向松下匯報。就是因為松下成功化解了與客戶之間的矛盾，這家客戶比以前加強了與松下的往來，最後成為了松下最為有力的支持者之一。

其實這個案例就說明了，當你面對不合拍的客戶時，不要放棄自己的努力，要真誠的去突破和改變不合拍的局面，而且真誠是無法偽裝出來的，你要發自內心起的去幫助客戶，為客戶的利益著想。

如果客戶是有著社會正義感的，而且還明事理，那麼他們一些合理要求，你無疑應該做到設法滿足，哪怕偶爾出現的一些無理取鬧，你也要設法找出其中的原因，把問題解決掉。

在銷售工作中，確實存在一些客戶的要求不太合理的現象，以及談話

不投機的現象。但是我們也應該最大限度的去寬容客戶，找到問題發生的原因。

在博恩．崔西做銷售的時候，會遇到很多引發客戶與你不合拍的情況。比如你的教育程度可能跟客戶相差很多，也許你非常善於分析事情，可是你的客戶更喜歡聽一些八卦的東西，或者是不重視過程，只看結果；還有你的態度是嚴謹積極的，而客戶的性格特別隨意，這些都會造成你們之間的不合拍。

當博恩．崔西遇到不合拍的客戶，他總是不讓自己想太多，更不會責怪自己，因為博恩．崔西知道這是常見的事情，不足為奇。

但是聰明的博恩．崔西只要發現這位不合拍的客戶對產品感興趣，就會把他介紹給其他的同事，讓別的同事去和客戶交談，不會因為自己與客戶不合拍，而丟掉這單生意。

雖然看起來這只是一個小小的舉動，但是博恩．崔西的團隊就是靠這個小舉動，成就了偉大的銷售事業。

客戶依賴視覺

當你在與客戶進行銷售洽談的時候，客戶往往會把眼睛的焦點放在銷售人員的臉部。所以，一名優秀的銷售人員，他們的打扮是非常關鍵的。

一般比較規範的做法是：不要讓自己的穿著打扮分散客戶的注意力，以至於他們不能夠很好的專注於你所要向他們傳達的資訊。

你可能曾經聽說過這樣的俗話，「物以類聚，人以群分」。其實，不管是銷售人員，還是客戶，都希望與自己打交道的人能夠與自己相近的方面越多越好。有些人和我們的穿著習慣一致，裝扮方式一致，態度和意見相同等等；而和這些人在一起交流的話，我們就會感到非常的舒服。

所以說，作為銷售人員的你，越是能夠刻意的把自己的裝扮與客戶周圍的人群保持一致，那麼客戶與你在一起就會感覺更自在，就會越少有反對的情緒，從而也就更願意聆聽你的言語，並與你做生意。

銷售人員的最大願望之一，就是在商務環境或者私人環境中能夠感覺自在。而你為增加客戶的舒適度而做的每一件事情，都會大大增加你向客戶賣出其產品的可能性。

博恩．崔西一直以來也是非常注重外表打扮的，而且他認為客戶總是喜歡依賴視覺。幾年前，在一次研討會上，一位年輕的銷售人員走到博恩．崔西的面前，他問博恩．崔西如何才能增加自己的銷售額。

結果博恩．崔西一下子就從他那長長的、蓬亂的頭髮上發現了問題。博恩．崔西詢問了他的業務情況，發現這個人的主要客戶是辦公室裡面的商務人士。其實他的產品不錯，而且價格也很合理，但是他卻不能賣得很好，最後博恩．崔西透過分析發現，造成這種情況的原因，就是他沒有注意好自己的外表。

於是博恩．崔西告訴他，如果他想更成功的把產品銷售給商務人士，他就得剪短自己的頭髮。剛開始的時候，這個人聽完博恩．崔西的話變得有點生氣，因為他認為自己賣不出去產品和自己頭髮的長度應該沒有多大的關係，而且他一直想用一頭長長的、蓬亂的頭髮蓋住衣領，來向客戶展示自己的個性。

但是博恩．崔西對他耐心的解釋說，他想讓自己的頭髮多長都可以，但是這意味著他在用自己的銷售業績做犧牲品。

好在他是一個聽得進別人建議的人，他去剪短了自己的頭髮，儘管只短了一點點。雖然如此，但是最後他的銷售額還是立刻獲得了提升。

之後，他又把自己的頭髮剪得更短了。又一次的，他的銷售業績直線攀升。他最後乾脆剪了個保守的商務髮型，令他自己都感到意外的是，他的銷售額居然直線上漲。

從此之後，他搬出父母的房子，自己買了一間房子，而且還買車了，開始為自己創造美好的生活，他當然非常高興。

但是可惜的是，他開始認為自己的成功僅僅是因為好的產品和自己的獨特個性。他又回到老路開始留長髮，而且越留越長。隨著他的頭髮越來越長，他的銷售再一次停滯下來。

最後，當他的頭髮再一次蓋住衣領的時候，他幾乎花光了自己所有的錢，他不得不搬回父母的家裡。

博恩．崔西最後一次見到他的時候，他仍然留著長髮，身上穿著舊衣服，鞋上破著洞，他總是很艱難的去拜見客戶，而他的銷售也越來越不景氣了。

記住客戶的名字與相貌

在如今的生活當中，我們每一個人對自己的名字總是非常在意的。當我們走在大街上的時候，假如一個我們完全沒有印象的人，卻能夠非常熱情的叫出你的名字，相信你一定會非常開心，因為你覺得自己受到了別人的重視。

我們每個人希望獲得別人的重視，這種理念一直被博恩．崔西運用到了推銷當中。博恩．崔西一直以來都認為：你必須在與客戶溝通前的 5 分鐘就說出他的名字。如果你現在能這樣做，那麼客戶對你的信賴就會大大增加，而且當你喊出他的名字的時候，他也會感覺自己是非常出色的。

記得美國前總統柯林頓在自己上大學的時候就養成了一個習慣，他會把每一個見過人的名字都記下來。他把這些人的名字會做成資料卡，常常打電話給他們或者是寫信給他們，甚至會把自己與他們談話的內容，都記錄下來，並且能夠好好保存下來。

當柯林頓當選阿肯色州州長的時候，他已經擁有了超過一萬張的資料卡了，而這對後來柯林頓當選美國總統發揮了非常重要的作用。

柯林頓之所以能夠成功，很大程度上就是運用了博恩·崔西「記住每一個人的名字」的理論。

事實上，博恩·崔西一直以來都是這樣做的，他能準確無誤的叫出每一位客戶的名字，即使博恩·崔西與他們可能有很長時間沒有見面了，只要客戶踏進博恩·崔西的門檻，他總會非常熱情的立即走上前去打招呼，親切的叫出對方的名字。在別人看來，博恩·崔西和這位第一次見面的客戶就好像是老朋友一樣。

博恩·崔西的這種做法能夠讓每一個客戶都感覺到，自己在博恩·崔西的心目中是有著非常重要的地位的，而且如果我們能夠讓一個人感覺到自己特別優秀的話，那麼他就會答應你提出的所有條件。

當然，要想成為一名頂級的銷售人員，光知道記住客戶的名字還不夠，還需要記住客戶的長相，不然的話就容易出現張冠李戴的笑話。這樣以來不但不會讓客戶喜歡你，反而會適得其反。

博恩·崔西的成功也不是僅僅憑藉記住客戶的名字才獲得成功的。他每次在和客戶交談的時候，總是會認真的看每一位客戶的臉，然後把客戶的長相深深的印在自己的心裡，這樣，才能夠在下一次見面的時候，準確的叫出對方的名字。

所以身為銷售人員，你一定要練就記住客戶名字和面孔的本領。也許你曾經有過這樣的經歷，就是當別人介紹一個新的客戶給我們認識的時候，不過十分鐘，當我們再次想叫這個人的名字時卻發現自己忘記了；而當別人遞名片給我們時，出於禮貌，我們都會看一眼，但過後就會把名片主人的名字忘記得一乾二淨，原因就是因為我們自己根本沒有用心去牢記。

如果你一直是這樣的心態做工作，那麼你就無法成為最優秀的銷售人員了。當有人介紹新的客戶給我們的時候，你應當不斷的、反覆的提及對方

的名字，博恩．崔西認為，對於記住對方的名字來說，這是一個非常不錯的方法。如果你也想讓對方記住你的名字，那麼你就不斷的讓對方提起你的名字吧。

而且優秀的銷售人員還特別注意一些禮儀，當別人再次遞給你名片的時候，千萬不要象徵性的看一眼就完事了。而是應該仔細的看著對方的臉，然後記住他的名字，以及名片上印有的一切資訊。然後當你們再一次見面的時候，你能夠熱情的叫出他的名字，並且關心一下他現在的生活和工作狀況等等，這樣對方就會感到非常的親切，而你與客戶的良好關係就也隨之建立起來了。

同時，如果我們想讓自己更加出色，除了我們記住客戶的名字和相貌外，我們還應該記住與他相關人員的一些情況。比如說對方的家人，比如說他的祕書等等，這將是對我們非常有利的資訊。

博恩．崔西除了會記住自己客戶的名字和相貌外，還會記住客戶身邊人的名字和相貌。每當他去拜訪客戶時，特別是在客戶的公司遇到了客戶的祕書時，他都會準確的叫出對方的名字。他的舉動通常會讓那個祕書受寵若驚，因為在祕書看來自己的地位並不特殊，但是博恩．崔西在心裡卻不這樣認為，客戶的祕書也有可能成為他的客戶，即使是成為不了他的客戶，也會經常提供他一些關於客戶的有價值的資訊。

如果你的天生記憶不好的話，那麼恐怕你要多花費一些功夫在記住客戶姓名和長相上了。

第一，重複不斷的提起一個人姓名，有助於記憶。新認識一個客戶時，要在短時間內，盡可能的多提及對方的名字，讓對方感覺到了自己的重要性，也幫助自己去記憶。

第二，不要太依賴自己的記性，在知道客戶的名字以及一些資訊時，要及時的記在筆記本上，這樣即使時間過多久，就算是忘記了，翻開本子就會記起來。博恩．崔西的好記性就是這樣練就出來的。

第三，要把記住別人的姓名當成是一件重要的事情，我們記不住客戶的名字，往往是因為在我們心裡沒有引起足夠的重視。所以，當我們聽到對方的名字時，要用心仔細聽，一定要牢記。

每一個銷售人員都渴望能夠推銷自己，讓自己獲得成功，而且也渴望能夠得到客戶的好感，那麼就請記住客戶的名字和長相吧！

博恩．崔西說：「記住每一個客戶的名字和相貌，你就會讓自己累積下無形的財富。」

看見大人物你會恐懼嗎？

對於一些剛剛步入銷售行業的銷售人員來說，如果讓他把自己推銷給普通的客戶，他會覺得很輕鬆，因為這是他每天都要做的事情，但如果要讓他把自己推銷給一些大人物，恐怕他就會打退堂鼓了，因為當我們每個人在面對大人物的時候，都會有一種恐懼心理。

作為銷售人員，我們應該試想著把自己推銷給大人物，這樣不僅能夠增強我們在推銷中的勇氣和自信心，同時也能讓我們在工作中獲得更多的進步。

把自己推銷給大人物，當然就要克服自己對大人物的恐懼心理，每一個大人物都是普通人，只是他們的成就使得他們身上有了一層特殊的「色彩」，給予人距離感。

對於從事保險行業的法蘭克來說，他至今還記得自己第一次向大人物推銷的情景。

那次的推銷對象是一家汽車公司的主管休斯先生。經過幾次的預約，當法蘭克站在格調高檔的辦公室中時，還沒開始說話，手就已經開始抖了。「休斯先生……啊……我早想來見您了……那個我是法蘭克……」平時流利的開

場白說了幾次，也沒有表達清楚。

休斯先生似乎看出了他的緊張，客氣的讓他先坐下，然後說：「年輕人，不要緊張，否則你將無法完成你此行的目的。」

休斯先生的話讓法蘭克不再那樣緊張，接下來的談話得以順利的進行。最後，雖然休斯先生沒有立即表示購買，但是也表現出了對產品的極大興趣。

對大人物的恐懼心理，是因為自身的勇氣不足，首先我們要承認這一點，並且去正視它。在今後的推銷工作中，不斷的提醒自己：「我沒有足夠的勇氣面對大人物，但是我會努力去面對。」這樣歷練的次數多了，勇氣也會隨之增加。

如果我們不能正視我們的恐懼心理，那麼就是諱疾忌醫了，我們將永遠無法跨過「恐懼」這道橫溝。

其實當我們真正感到緊張或者是恐懼的時候，我們不妨像法蘭克一樣，讓自己表現出來，讓我們的客戶知道，相信我們的客戶不僅不會因此而怪罪我們，反而會因為我們的真實，而喜歡我們。

之所以這樣說並不是毫無依據的，世界公認最傑出的莎士比亞劇的一位演員作為主要的發言人，在 1937 年紐約帝國劇院舉行的美國戲劇藝術學院的畢業典禮上講話，然而卻不知道因為什麼原因，他竟然緊張得語無倫次。

「對不起各位，我精心準備的發言卻在面對眾多重要來客面前，因為恐懼而不知所云，請求大家的原諒。」他的坦誠，得到了所有人的諒解，並且人們因此而更喜歡他。

這樣的例子其實還有很多，可見大人物並不是我們想像中的那樣難以接近，甚至要比我們所想像得更加通情達理，善解人意。

換一個角度，其實經常拋頭露面的人士在面對眾人時，他也會有少許的恐懼。換言之，一個總是高高在上的人，是無法成為大人物的。

所以，不要因為恐懼就放棄結識大人物的機會。大人物可以成功的原因之一，就在於他們更願意去接觸一些銷售人員，因為銷售人員可以為他們帶去最新的消息，能夠便於他們在第一時間內了解市場的動向。如果你不去試一試，永遠都無法知道自己的銷售能力還可以更上一層樓。

有一個叫傑克的人，他已經離開證券界 8 年了，當初因為長期的工作壓力導致體力透支，經過自己 8 年的調養，他覺得自己可以「重出江湖」了。

而且非常幸運的是，這一年正是股市再次興旺的前期。許多上市公司都在賣力的宣傳自己的業績，由於傑克還沒有進入實際操作，所以有更多的機會參加這些公司舉辦的各種會晤。這其中，不乏有值得投資的公司。

每一次會晤結束後，傑克都會把印象深刻的幾家公司記錄下來，認真的做好總結。經過他的分析，他認為一支很小的地產股肯定會迅速成長，可是當時石油的板塊正處於巔峰時刻。而投資者深陷當時的行情中，腦子一時轉不過彎來，根本忽略了那支小小的地產股。

於是，傑克開始考慮誰會對這檔股票感興趣，最終他把目標鎖定在了美國最大的互助基金麥哲倫基金的基金管理者彼得．朗奇的身上，彼得．朗奇對自己的基金管理是十分成功的，他擁有大量的資金和大量的股票，他的投資高報酬率，是他採取的任何行動都將是最有影響力的，同時也是最大的。

幾經周折，傑克得到了彼得．朗奇的電話。當他撥通了那個電話，做好要費一番口舌才能和彼得．朗奇接上話的準備，沒想到他說到「我找彼得．朗奇先生」時，對方沉穩的回答：「我就是。」突如其來的情況，讓傑克有點慌亂，不過他迅速調整好自己的情緒，以專業的口吻向彼得．朗奇介紹了自己，然後就切入了正題，他告訴彼得．朗奇，他現在有一個彼得．朗奇可能會感興趣的投資機會，然而電話那邊沒有任何回音。

傑克也沒有想過彼得．朗奇會立刻接受他的提議，於是試探的問道：「請問您是否想要繼續聽下去？」「哦，當然，請你繼續說下去。」得到了認可的

傑克以最簡短的話，向彼得．朗奇介紹了那支股票，並且說明了建議買進的原因。彼得．朗奇聽後，只說了句「謝謝，再見！」，然後就掛斷了電話。

結果，果然不出傑克所料，那支地產股上市沒多久，就迅速成長起來。這個結果令傑克欣喜萬分。當他再一次看中一檔股票後，他再一次撥通了彼得．朗奇的電話，這一次，傑克還沒有開始介紹自己，彼得．朗奇就已經叫出他的名字了，並且很高興的告訴他，他上次介紹的股票是一支很了不起的股票，彼得．朗奇希望傑克能夠在他身邊一直幫助他。

這次成功的把自己推銷出去，讓傑克更加相信自己的投資天分。不管是法蘭克，還是傑克，只有接觸過大人物，他們才能發現自己有更多的發揮空間。在推銷的行業中，銷售人員需要的就是更多的勇氣，從而去面對更多更成功的人士。

了解客戶內心的真實想法

每當銷售人員在向客戶介紹自己產品的時候，都很關心自己的介紹效果，他們需要盡可能準確的知道他們的介紹，在客戶那裡引起了什麼反應。如果銷售人員有辦法鑽進客戶的肚子，他們一定不會放過聽聽客戶的心聲，或者他們最大的夢想是擁有讀心之術，對客戶的心理活動一目了然，然後再對此調整自己的銷售策略，以達到自己的目的。

但是，現實是人們的內心世界是無法直接看到，唯一可見的是心理活動在外部肌肉上的表現。所以，要了解一位客戶內心的活動，銷售人員首先必須要了解人類心理活動的外在跡象所代表的含義，

其實，人們之間傳遞某種想法往往是透過三種途徑:語言、語氣和語調、動作。所以，要了解客戶的內心活動，銷售人員只需要能夠辨別出他們所聽到的語言和語氣、語調以及所看到的動作代表的真實含義。因此，評估客戶的過程包括兩個方面：一是銷售人員要感知到客戶不同的語言、語氣和語調

以及動作，二是要探索出這些語言、語氣和語調及動作背後所反映出來的心理活動。

首先，我們要知道自己的客戶並不是單純的小孩，他們很可能會隱藏自己的真實想法。銷售人員需要搞清楚哪些是客戶假裝出來的想法，哪些是他們真實的想法。為了不被那些狡猾的銷售人員的花言巧語所矇騙，客戶有時候會自我保護的釋放一些「煙霧彈」來迷惑對方。特別是那些專業的客戶，他們在面對銷售人員的時候，已經養成隱藏或掩飾自己的真實想法的習慣。那些經驗不足的銷售人員就在評估客戶的時候，會被這些煙霧彈所欺騙。而那些老練的銷售人員也會注意到這一特點。因此，他們會更密切的關注與客戶心理活動有關的所有外部跡象。然後，透過相互矛盾的地方來排除哪些跡象是真實的，哪些是虛假的。

凡是他們有意識的使用的一些語言、語氣和語調以及動作，都可以認為是偽裝的。但是，我們人類的行為還受著潛意識的支配，而這些由潛意識所支配的事情，正是銷售人員可以依賴的客戶真實心理活動的反映。因此，對那些反映客戶潛意識心理活動的外部跡象，銷售人員應該給予更多的關注。銷售人員會發現：有時候，客戶越是竭力掩飾自己內心的真實想法，我們就越容易看清他們的真實想法。

你可以現在就假設一下，自己要去拜訪一位客戶，這位客戶的態度並不讓人樂觀，他對你面無表情，言語冷淡。你很可能認為他缺乏熱情，對你不是很歡迎。其實你先別急著下結論，要知道他的那些使你感到反感的語言、語氣和語調，以及動作都是他自己可以控制的，因此，這些都可能是他假裝出來的。這個時候，你可以觀察一下周圍環境，看看他辦公室的下屬們有什麼反映，是否表示出一定的不滿。如果是這樣，你就可以斷定客戶的聲色俱厲只不過是想嚇唬你。要仔細的觀察客戶的表情，如果是裝得一直陰沉著臉，這中間會偶爾放鬆一下，然後又再次繃緊。如果客戶真是裝出來的，銷

售人員就沒必要耗費時間和精力來平息客戶的怒火了，因為他根本就沒在生氣。你可以直接向他提出一個可以引起他的興趣的話題。在吸引了他的興趣之後，他就會自然的卸下他的偽裝，對你不再設防。

總之，銷售人員應該首先對客戶的言語和動作做出仔細的辨別，才能對客戶的性格做出判斷，銷售人員只需要了解客戶一般的思維習慣，才能夠判斷他是一個什麼類型的人，至於客戶當時想什麼，對銷售人員來說並不重要。

那些不該說的話

有時候處理某件事情，需要我們直接表達出自己的看法，這樣不僅給人爽快的印象，而且可以有效的節省時間。但是，並非所有的事情都適用這條原則。

在美國攝影界有一位非常知名的商業攝影師叫卡尼。很多攝影師在為別人拍照片的時候，都會告訴被拍的人「笑一笑」。但卡尼不同，他從來不會對被拍攝的人說「笑一笑」，而是換一種方式讓被拍者做出各種表情。

卡尼覺得不用「笑一笑」這樣的說法而使對方笑出來，會讓自己的工作更富於創造性。在他的攝影作品中，被拍者臉上總是掛滿笑容，而且那笑容是發自內心的。正是這種不一樣的情感表達，成就了他的事業。

儘管攝影和銷售是不同性質的工作，但是道理是一樣的。你始終要讓客戶保持一種愉悅的心情，才可能在當天完成訂單。

那麼如何才能讓客戶保持愉悅呢？你要時刻注意看看自己是否正在使用一些會冒犯對方的語言？還要注意你的話能不能獲得對方的信任？你的話會不會毀掉對方對你的信任？另外，絕不能讓你的話傳達出這樣一種含義：「我來這裡就是為了拿到你的訂單。」

一個高明的銷售人員，不僅要懂得用高超的語言技巧與客戶周旋，最主要的是要讓客戶覺得你是一個誠實的人。如果你給人一種不誠實的印象，那麼你的銷售多半會以失敗告終。因此，在銷售過程中，一定要注意自己的銷售用語。

博恩．崔西為我們總結出一系列的禁用語，下面我們看一下這些語詞當中，暗藏著怎樣的玄機。

「我說的就是這個意思」——還有比這個更不老實的話嗎？趕緊反省反省自己吧。

「您今天好嗎？」——典型的沒話找話的一句話。當人們在電話裡聽到這句話時，腦子裡會立刻產生一個念頭，這個人找我準沒好事。

「跟您說實話」——為什麼一定要強調這一句，難道別的話都是假的嗎？聽起來就像不老實。我相信，所有的銷售課程都會建議你把這句話從你的詞典中刪掉。

「跟您說句最最實在的吧」——比「跟您說實話」還要糟糕的一句話，它會消耗掉客戶對你的所有信任。

「老實說」——朋友間說出這樣的一句話，你會感覺很平常。但是，當你面對客戶的時候，給對方的感覺就是：後面跟著很多謊言。

「您今天能下訂單嗎？」——這樣的問話真夠愚蠢的了。很容易引起人的反感，一句話就暴露了你的終極目標，讓對方掏錢。趕緊拋棄這句令人生氣和厭惡的問話吧。

「我能為您做點什麼？」——恐怕這是全世界銷售員最常用的一個口頭禪。你能不能用另一句有創意的話來代替它，從客戶角度出發，這才是你最應該表達的意思。

「你懂了嗎？」——當你說出這句話的時候，你可能覺得自己是對客戶負責，想讓他完全了解你對產品的介紹，但客戶不這麼想，他會覺得你在把他當一個傻子。千萬別再畫蛇添足，靜待客戶的反應吧，然後再想相應

的策略。

在拋棄錯誤的銷售用語的同時，博恩·崔西還告誡銷售人員應注意遠離以下兩種思維方式：

第一，不要跟別人標榜自己。

客戶都長了眼睛，他們會從你的言談舉止中判斷你的為人，無須你多言。如果你覺得實在有必要以某種方式來證明自己，那麼，你只需要闡述事實，不要加上任何評論性的詞語，不要自己給自己定性。客戶會理解你的用心良苦，他們明白應該與什麼樣的人保持什麼樣的關係，而你是個什麼樣的人，他們也會有基本的判斷，因此，永遠不要用「人品好」這樣的詞來形容自己。

第二，不要貶低競爭對手。

你永遠不要這麼做，要知道貶低別人並不能抬高自己。你這樣只能向客戶傳達兩種資訊：一是你沒自信；二是你的人品有問題。適當的讚美一下對手，會讓人留下很好的印象：你是一個心胸寬廣的人，客戶更願意與這樣的人做生意。如果實在找不到對方的好處，那麼索性什麼也不要說，只要讓客戶看到你的實力就好了。惡毒的對待你的競爭對手，只會成事不足、敗事有餘。

如果你真正理解了上面的一些原則，現在你所面臨的挑戰是重新設計你自己，以達到幫助和滿足客戶的目的。你的表達方式和行動，也許就決定了客戶的態度，拒絕還是肯定，也許就在一瞬間。如果你不想被競爭對手所取代，趕緊行動起來，用你新穎的表達方式來爭取訂單。

你該如何去爭取呢？你必須為此付出努力。向你的前輩學習，和同事或其他銷售人員進行談論，想盡一切辦法讓自己表現得卓然不同。眾人拾柴火焰高，大家聚在一起總會有靈感冒出，把大家想到的都寫下來，並且在銷售中去實踐，一定會收到令你滿意的結果。

第四章　疑慮代表興趣，拒絕未必失敗：突破客戶心防的 N 個攻心術

客戶的 6 個真正疑慮

在每做成一筆生意之前，多多少少銷售人員都會遇到客戶的抱怨，以及對產品的疑慮。有些銷售人員對此感到很厭煩，其實這種疑慮往往代表了客戶的「興趣」。

有一句俗話說得好：「嫌貨才是買貨人。」客戶的疑慮就好像是路標，告訴銷售人員一步步的向成功的銷售目標邁進。

假如客戶對你的產品什麼問題都沒有，那麼就說明客戶對你的產品沒有興趣，當然也不會購買你的產品了。

在很多情況下，比起那些失敗的交易，成功的交易往往會遭到人們更多的質疑和疑慮。換句話說，客戶的疑慮越多，往往暗示著你成交的機會越大。

在對付客戶疑慮的問題上，商場上有一個「成交的 6 大疑慮」原則，也就是說，無論你銷售的是什麼產品、什麼服務，客戶的真正疑慮往往不會超過 6 個。哪怕在你工作的一週之後，可能會聽到很多客戶提出的成百，甚至上千種疑慮，但是你完全可以把這些疑慮進行分類匯總，算下來也不會超過 6 個。

博恩．崔西在訓練自己員工的時候，就常常會讓員工做一些填空題：「我

可以把產品賣給任何可能購買的客戶，只要他不說⋯⋯」

其實，你完全可以把在銷售過程中聽到和看到的問題記錄下來，做成一張表，之後再把不滿通通都寫出來，並且按照重要性跟出現的頻率排列順序，找到哪些是你最常聽見的問題，哪些是造成你銷售失敗的原因等等。

對付客戶疑慮的另一個方法，就是把它當成客戶提出的一個問題，認為客戶可能是需要更多的資訊才能做出最後決定，所以才會提問。博恩．崔西認為，只要客戶心中出現疑慮，就會下意識的拒絕購買你的產品。

比如，如果客戶說：「太貴了！」你就可以回答說：「您為什麼覺得這個價格貴呢？」你就可以等客戶把問題回答之後再做回覆。

如果客戶說:「因為你比別人家的貴，我去別人家可以買到比這便宜的。」那麼你就完全可以回答說：「嗯，可能會出現這樣的情況，但是您有沒有想過，別人家為什麼會用更低的價格來賣這款產品呢？」

除了以上兩種方法之後，博恩．崔西還介紹了另一種方法，就是把客戶的問題當成是在請求你給他一個理由，好讓他消除心中的這份疑慮。如果客戶上來就說：「我沒有錢，買不起。」那麼你就可以把客戶的話理解為：「你告訴我，這款產品有什麼地方值得我出這麼多錢去購買？」

如果他的回答是：「我可能要和某人商量一下。」那作為銷售人員，你就可以把他的話解讀成：「請你給我足夠的產品資訊，讓我不需要再和第三個人討論，就可以自己做出決定。」

一般來說，客戶並不喜歡和你爭論產品的好壞，他們有的時候會擔心你不高興，所以就不會說出他們內心的真實想法。

但是身為一名銷售人員，就應該鼓勵客戶多提出疑問，特別是當他們批評你產品的時候，你更應該以一種微笑的態度來應對。

博恩．崔西一直以來都不害怕客戶的批評，更不害怕疑問。因為他明白，客戶的批評和疑問往往是銷售人員走向成功的墊腳石。像博恩．崔西這樣的銷售人員，他們就懂得如何快速並且有效的化解客戶的疑慮。

當然，在客戶提出疑慮的時候，你一定要全神貫注的聽，千萬不要先主觀的認為客戶想要講什麼。在很多情況下，客戶的疑慮在剛開始的時候會跟你之前聽過的大多數客戶的疑慮差不多，但是在談話的結果，每一位客戶都會帶給你不同的個性化的資訊。

所以，當客戶開始抱怨，甚至是批評你產品或者服務的時候，你就要好好訓練自己的傾聽技巧，偶爾說一些「您的意思是？」這樣的話語，讓客戶明白你是在專心聽他講話。

而且你必須要學會分辨客戶到底是「不想買」還是「不能買」。「不想買」也就是客戶可能因為某種原因還沒有解決，只要解決了這些問題，他就會購買你的產品。

「不能買」就是說客戶遇到的問題是他本身無法改變的，實際情況不允許。例如，你向一家公司推銷一款軟體產品，可是這家公司現在資金出現了問題，馬上就有倒閉的危險，那麼他是絕對不會購買你的產品的。

但是，在銷售過程中，如果你聽到客戶告訴你他「不能買」的時候，他心裡也會認為自己現在真不能買這種東西，可是實際的情況卻不是如此，他下意識只是「不想買」罷了。

讓客戶明白問題是有辦法解決的

客戶往往會有一大堆的問題，他可能有的問題還沒有問出來，但是你必須要回答。這些問題可能會潛伏在客戶的腦子裡，影響他對你和你的產品的感覺和回應。如果你不能夠回答客戶的這些問題，那麼這將是對銷售成功的致命打擊。

每個銷售人員在最開始的時候都必須回答的第一個問題是：「我為什麼要聽你講？」如果這個問題在與潛在客戶的第一次會談中都沒有弄明白，那麼

銷售過程就會戛然而止，潛在客戶也再也沒有興趣去和你說話了。

第二個問題是引起客戶對你的介紹的好奇心，那就是「那是什麼？」。如果你在第一次的銷售會談中沒有引起客戶對你的產品或服務的興趣和好奇心，那麼自然而然，客戶也不會浪費時間和你見面了。

在銷售行業中有一個專業俗語叫「三年會議」，而且可能很多銷售人員都遇見過「三年會議」這種情況。也就是說，如果在第一次銷售會談中沒有把這前兩個問題說清楚，那麼銷售人員就不得不回頭來再去找這些潛在客戶，可是有的時候銷售人員可能找了三年的時間，卻總是被告知潛在客戶一直「正在開會」。

這種情況之所以會發生，原因就在於客戶很忙，所以當你打電話的時候，他就讓祕書告訴你他在開會，這樣他就不需要很不禮貌的告訴你，他對你的產品或服務根本不感興趣。

所以你要珍惜每一次銷售的機會，可能你錯過了第一次的機會，那麼這個最佳的機會就再也不會回來了。也就是說，如果你不能夠回答讓客戶滿意的關鍵問題，你是很難再得到第二次機會的。

在銷售談話中必須回答的第三個問題就是：「它對我來說有什麼用處？」很多客戶選擇購買是基於他們自己的理由，而不是基於你的理由。當客戶和你打交道的時候，他們總是關心購買你的產品或服務能夠讓他們得到什麼好處。所以，你所說和所做的每件事都必須能回答這個問題，否則客戶就會失去興趣。

第四個問題就是客戶沒有問出來，但是你可以猜得到的問題，那就是當客戶聽完了你前面三個問題的答案一定在想：「那又怎麼樣？」

假設你的公司在這一行業裡面已經做了50年，可是客戶還是會問「那又怎麼樣？」即使你說你的產品被許多大公司使用，客戶還是會說：「那又怎麼樣？」其實對「那又怎麼樣」的回答和「那對我來說有什麼用處」的答案是一樣的。你給出的每個事實或每個資訊，都必須與潛在客戶的某種利益連在一起才可以。

假設你和潛在客戶之間的桌子上有一盞聚光燈。每當你談到潛在客戶及你的產品或服務對潛在客戶有什麼用處時，燈光就會照在潛在客戶身上。這個時候潛在客戶就成為了你談論的中心，他自然會感到非常高興。當他及他的問題都處在注意的中心時，他很開放，也願意接收一些新的東西。

但是當你開始談論自己，談論你的產品、你的公司，聚光燈一下子就閃向了你。你成為明星，這時是最重要的人，而這個時候潛在客戶就不是了。一般情況下，他很快就會失去興趣，他會感到厭煩和沒有耐心。他想知道你還打算再待多久，他也會心不在焉，開始考慮其他問題，盤算著你一走他要做的事情。

當你問一個開放式的問題，或者當你告訴潛在客戶這個對他來說有什麼用處時，聚光燈等於又重新照向了潛在客戶，而他又成為了你們談話的中心了。所以你要做的事情就是保持銷售的聚光燈一直照在潛在客戶身上。

潛在客戶想問的第五個問題可能是：「這些東西是誰說的？」潛在客戶之前肯定有過類似的經歷，每個客戶都有可能曾經被銷售人員誤導過，不管你多麼誠實、有經驗、可靠、值得信賴，在潛在客戶看來，銷售人員所說的每件事都是值得懷疑的。他們覺得你會把最好的說法給你自己的產品或服務，肯定會吹牛，使得你的產品或服務看上去比實際要好得多。

所以，他們對你總是保持非常謹慎，甚至是懷疑的態度。他們也許在過去受到過無數次這樣的傷害，所以對於再次受到傷害就非常小心了。不管你對你的產品或服務說什麼，他們只有一個問題，就是：「你說的到底有多少是真的？」

因此你在回答了這個「這對我來說有什麼用處」的問題後，潛在客戶就會想知道「誰說的」。那麼博恩．崔西建議，銷售人員除了自己之外，最好再找一個客觀公正的第三方，對你產品或服務的說法和你一樣，而如果希望從潛在客戶那裡獲得一個好機會，那麼在你走出客戶大門之前，必須回答好這個問題。如果只是你自己宣稱你的產品或服務的這些好處，那麼在你和潛在客戶之間就一定會豎起一堵看不見的阻礙銷售的牆。

其實，我們人類有一種群集本能，也就是說，當我們在人多的時候往往會感到安全些。當潛在客戶知道有許多人已經購買了這個產品或服務，而且還非常滿意的時候，他們自然會更確信這個產品或服務不錯。

直接請客戶下訂單

作為銷售人員能夠準確判斷自己的能力和客戶的能力，這對於銷售人員與客戶進行談判是否成功，有著至關重要的作用。其實我們每個人的能力往往會比我們自己想到的要大許多，而客戶的能力可能並沒有表面看起來那麼強大。

當你在與客戶進行談判的時候，要想讓客戶重視你們的這次談判，那麼你必須掌握住能夠讓客戶感興趣的某些東西，或者是你手中有某些能夠拒絕客戶想要東西的權力。也就是當客戶想要的時候，你卻不給他，這樣才能夠進一步激發他的購買欲望。

博恩．崔西把這樣的方法稱之為「直接請客戶下單法」。但是他也特別強調，銷售人員只有不斷的站在客戶的角度來審時度勢，才能夠讓自己保持住在談判中的有利地位。

其實，銷售人員在客戶進行談判的時候，三個關鍵點是：「能力」「準備」「時機」。而在這三個關鍵點當中，能力常常是最重要，也是最具有說服力的。

博恩．崔西認為要想請客戶直接下單，那麼一定要具備 10 種不同的能力。當你具備了這十種能力之後，你既可以單獨使用某一種能力，也可以綜合使用幾種能力，來影響和說服你的客戶。

第一種能力，博恩．崔西稱其為「不為所動」。也就是說如果在談判的時間，一方比另一方更希望獲得談判的成功，那麼最後希望獲得成功的這一方，往往會先失利於顯得不怎麼關心談判結果的這方。所以銷售人員有的時候應該保持一點無所謂的態度。

第二種能力就是「製造稀缺」。如果你告訴或者是暗示自己的客戶，你所推銷的產品現在已經供不應求了，很多人搶著購買，那麼你在與他談判的時候，優勢必會轉向你這邊。

博恩．崔西說：「在銷售領域，告知客戶某個特定的東西極為流行，而且庫存極少，這是一種非常常見的促銷方式。」

第三種能力就是「權威」。如果你現在擁有一個非常顯赫的頭銜，那麼僅僅就是你這個頭銜，就會給客戶產生極大的影響。

在羅伯特．林格所寫的《威懾制勝》一書中談到了這樣一個故事：他曾經和兩位律師，還有一位房地產代理商，參加一場房地產的談判。結果這三個人和他自己一出現在談判現場，那麼氣勢就讓他們能提出更多的要求，更優惠的價格，甚至是更有利於自己的條件。可見一個強大的形象對於你和你的客戶的影響是多麼的大。

第四種就是「勇毅」。一名出色的銷售人員應該勇於承擔風險，能夠勇於和客戶達成協議，或者是選擇一走了之。博恩．崔西認為，如果你在與客戶談判的時候能夠勇敢的表達自己的觀點，那麼你所表現出來的勇氣已經讓你的形象高大了很多倍。

第五種能力是「投入精神」。如果你能夠成功的完成談判，即使遇到再大的困難，你也能夠與客戶達成協議的話，那麼你所表現出來的力量就會贏得客戶的好感。

第六種能力是要有「專業知識」。專業知識為什麼能夠為你帶來極大的成

功，就在於當客戶詢問你產品問題的時候，如果你能夠對答如流，那麼客戶不僅更加信任你，也會更加信任你的產品，從而堅定不移的購買你的產品。

所以，不管在什麼情況下，你都應該提前進行更多的準備，你只有做了足夠的準備，才能在向客戶介紹產品時顯得更加專業。

第七種能力是「要了解客戶的需求」。當你在與客戶進行談判的時候，可以透過搜集客戶的資訊來建構自己的強勢地位。博恩．崔西認為一名銷售人員了解客戶的時間越多，搜集到的資訊越全面，那麼他在談判過程中所擁有的強勢地位就越牢固。

第八種能力就是所謂的「心領神會」，博恩．崔西把其叫做「神入」。我們人類在自身的言行中其實就帶有著強烈的感情色彩。而在談判的過程中，如果你能夠與客戶之間有一種心領神會般的默契的話，那麼你們之間便會有一種無法表達的親近感，瞬間拉近了你與客戶之間的情感距離。

在談判中，銷售人員還可以利用第九種能力就是「獎懲的能力」。如果客戶發現與你合作能夠為他帶來好處，而不與你合作的話也許會替自己帶來麻煩，那麼客戶往往會表現出希望與你合作的態度。

第十種能力就是「投資能力」。不管是時間投資，還是金錢投資，如果你能夠向客戶表達你在他身上花費了很大的精力，那麼，你等於在談判中贏得了優勢。

在博恩．崔西購買他房子的時候，他曾經和房主坐下來進行談判，並且告訴房主，他和他的妻子已經看過了不下一百間房子了，可是這一間房子是他們決定出價購買的第一間房子。

當博恩．崔西這麼一說，在房主的心中就會覺得博恩．崔西是以一種非常嚴肅認真的態度來對待的，所以房主也會重視起來，與博恩．崔西進行認真的談判，最後的結果讓雙方都非常滿意。

博恩．崔西說：「銷售人員要懂得在每一次談判的過程中去影響客戶，你對他的影響越多，你所獲得的優勢也越多，而你談判的效果就會越好。」

你也可以用「假設成交法」

在《銷售從被拒絕開始》一書中寫道：「假設成交法是指銷售人員先假設客戶一定會購買的成交方法。」因為當銷售人員有了客戶會購買的假設之後，銷售人員在向客戶介紹產品的時候，就會考慮得更加全面，特別是會考慮客戶購買該產品以後會獲得什麼樣的價值。

例如當你在推銷網路實名產品的時候，你應該首先選好一個「地域＋行業」的詞，然後你就可以找幾家相關的企業和單位去進行推銷。如「美容保健」的關鍵字，你就可以選擇當地幾家名氣比較大的美容美髮店，把關鍵字賣給他們，而且你的推銷話語很簡單：「您這是當地最有名的美容美髮店，你買了這個關鍵字，在網路上當別人輸入的時候，就可以找到我們的美容美髮店了。您總不希望別人在網路上輸入後，跳出來的是您的同行或者不太有名氣的小美容美髮店吧？」

其實，這樣的激將法和利用客戶的比較心理，都能夠發揮一定的作用。而假設成交法就是讓客戶進入一種已經購買的情景，從而激發起客戶的購買欲望。博恩．崔西提醒銷售人員，在運用假設成交法的時候，千萬不能夠強迫客戶，不然的話會惹惱客戶，反而適得其反。

當然，你只要適當運用了這種方法，就會讓客戶對產品越來越感興趣。你可以在與客戶介紹產品的時候，特別介紹產品有哪些好處，並且每當介紹完一種好處之後，緊跟著設計一個假設的成交問句。比如：「假如您要買的話會……？」

舉個例子來說，當你向客戶介紹你推銷的產品不僅可以除垢，還能夠防垢之後，你可以問這位客戶：「先生，假如你購買了我們的產品，那麼您覺得這款產品的防垢和除垢功能是否重要呢？」

「假如您要買我們的產品，那麼請問您，我剛才說的特色是否重要？」或

者你還可以利用選擇性的問題，比如在為客戶介紹了產品既有除垢又有防垢的特色後，可以問問客戶市面上的其他只有一種功能的產品，和這款除垢、防垢一體的產品相比，他會購買哪個？甚至你可以把不購買這款產品，可能會導致爐管因為水垢導致的受熱面溫度過高，或者被腐蝕，以致爐管破裂的事故告訴客戶。

博恩．崔西一直以來都非常推崇假設成交法。那麼它的效果到底有多明顯呢？當你介紹完產品的一個特點之後，你就可以跟客戶說，假如你購買了這款產品會如何？其實人的心理都是這樣的，當你說跟客戶說：你說不要紅色的時候，他可能正好想到的是要買紅色。那麼當你跟他說假如你要買的時候，他肯定就會想到我要買。

所以博恩．崔西告訴銷售人員，在每介紹完一個產品的時候，一定要問一個假設成交的問句，相信你提出問題之後，客戶都會做出回答的。

就拿上面的除垢、防垢產品來說，因為現在市面上存在只具有一種功能的單除垢、單防垢的產品，還存在既能除垢又能防垢的產品。當你問客戶，產品既能除垢又可以防垢重不重要的時候，就等於問了客戶一個封閉式的問題，通常客戶會說出兩種答案：「重要」或者「不重要」。

在實際推銷的過程中，當客戶說「還好」，那就表示不重要；如果客戶回答「當然好了」，那就表示非常重要了。

你只有在介紹完產品一個特色之後，才能開始問客戶「假如您購買我們的產品您就不需要再添加別的東西了，您認為這樣的一次性投入划算嗎？」客戶肯定會認為是重要的。那麼你就可以繼續問客戶：「假如您購買了我們的產品，您會覺得既能夠除垢，又能夠防垢重要，還是一次性投入重要呢？」因為前面客戶都已經說了重要，所以在這裡他通常會說「當然都重要了」。

而這個時候，你還可以繼續說：「先生，您現在明白了這兩樣對於您的重要性了吧，不過我還是想請教您一下，是除垢又防垢重要一點呢？還是一次性投入重要一點呢？」客戶可能會說除垢又防垢重要些，而這個時候你就等於了解了客戶的價值觀了。

博恩．崔西把了解客戶的價值觀認為是極其重要的事情，所以會選擇透過假設成交法，而這就需要銷售人員去提問，透過客戶的回應來了解客戶的價值觀。

建立長期關係的重要性

在競爭激烈的行業當中，特別是行銷行業，所有的主要競爭者都具有相當的實力，而那些最後獲得成功的銷售人員，往往是透過與客戶之間建立起來的良好長期合作關係一決勝負的。博恩．崔西說過：「誰與客戶關係好，誰就能夠贏得客戶的忠誠度。」

在現實中，客戶往往會記得所有的購買經驗，但是銷售人員卻不一定會記得。每當客戶有購買需求的時候，他們總是會以之前的購買經驗和滿意度，作為是否再繼續購買你產品的重要標準。

所以博恩．崔西認為銷售人員要想與客戶維持長久的良好關係，就必須要有高品質的服務和產品，特別是能夠長期滿足客戶的需求。

在幾年之前，加拿大的日產汽車決定要把眼光專注於提高客戶的滿意度上，而且決定實施一項長期提升與客戶關係的行銷計畫，於是就在公司中新成立了「客戶服務部」，並且加強企業內部人員的相關培訓。

公司甚至還指派了一位客戶服務部的經理來領導整個部門，比如企劃各種活動，保持購買日產汽車的客戶對日產汽車以及全國經銷商所提供的服務的滿意度等等，並且在該部門成立之初，公司總裁富山英輔就要求部門制定出一款讓客戶能夠長期滿意的服務計畫，他親自監督計畫的執行情況。

當時公司總裁富山英輔說：「採用這一新的行銷方針的重要原因之一，就在於現在大家的產品品質都差不多，要想在眾多的品牌中脫穎而出，日產就

必須加強與客戶之間的關係，要讓客戶不斷感到滿意。」

其實，無論產品的品質多麼好，在現今過度擁擠的市場上，任何公司也不敢光靠產品品質生存。

於是日產公司用日語的「負責任的尊、美、暢」，來表達他們對全球性產品的策略。而富山英輔解釋提出這一口號的用意在於：是要將所有出產車輛「對社會負責，並讓開車成為一種樂趣」。

這一口號的提出不僅僅是公司內部的產品哲學，更代表著加拿大日產汽車所提供的服務原則，以及與一些重要客戶保持長期關係的方法。

結果日產公司的這一計畫涵蓋了整個車輛的服務上，比如說延長汽車的保修時間，意外情況援助等等。他們為了客戶的關係，讓客戶能夠繼續使用日產汽車，甚至主動與客戶溝通，追蹤維修紀錄和客戶的購買紀錄。

而且他們每隔一段時間就會向客戶寄發問卷進行調查，剛開始的時候比較頻繁，最後改成一年至少一次，這樣他們就能夠了解到客戶對自己的服務是否滿意。雖然每次只有60%的客戶會把問卷調查回饋給他們，但是他們仍然會非常重視，對於一些投訴更是嚴肅對待。

公司總裁富山英輔告訴我們，這些問卷調查的目的不僅僅是對客戶進行研究，還在於了解一些客戶對經銷商的服務是否滿意，從而讓他們能夠更好的改進行銷手段。這樣一來，他們就能夠做到滿足個別客戶的需求，並且根據每一個客戶不同的購買原則，運用相應的方法來提高客戶對日產汽車的信任度。

就是這樣，日產公司根據客戶的回饋資料，輕而易舉的就找到了對經銷商服務不滿意的客戶，並且日產公司會在一定的時間內把處理結果告知客戶，如果客戶不滿意，他們會重新處理，直到讓客戶滿意為止，如此，日產就建立起了與客戶的長期關係。

偉大的行銷員喬．吉拉德也十分重視成交以後的服務，在他看來「優良的服務就是優良的行銷」。他說：「要想與那些優秀的行銷人員競爭，就應該多關心你的客戶，讓客戶感到你這裡有賓至如歸的感覺。你應該建立一種信心，讓他永遠不能忘掉你的名字，你也不應該忘記客戶的名字。你應該確信，他會再次光臨，而且還會介紹他的同事或朋友來。能使這一切發生變化的方法只有一個，就是你必須為客戶提供優質服務。」

喬·吉拉德也認為真正的推銷工作是從產品售出之後開始的，他指出：「我做的有些事情，很多經銷商都不做，那就是我認為推銷工作是在產品售出之後開始的，而不是在此之前。客戶還沒有出我的門，我的兒子就已經寫好了一份表示感謝的賀卡了。」

喬·吉拉德自從經營汽車銷售 11 年以來，賣出的新轎車和卡車比任何人都多，可是當人們問他為什麼如此成功的時候，他只是說：「因為我每月都要送出 13,000 張以上的賀卡。」

而 IBM 的前董事長小湯瑪斯·沃森在總結 IBM 成功的經驗時，也非常有感觸的說道：「我堅信任何企業為了生存並獲得成功，必須樹立起一整套正確的信念，作為我們一切行動的方針和前提。一個企業在不斷變化的市場中會遇到挑戰，但是唯一信念是可以永遠不變的。」

友誼是銷售的前提、基礎

我們每一個人都會對那些能夠關心自己、幫助自己的人產生好感，甚至是在經過了長時間的互動之後還會產生信任和依賴。所以，銷售人員如果能夠經常關心和幫助自己的客戶，那麼顯而易見的會讓客戶內心產生一種滿足感和成就感，而當客戶內心得到滿足之後，也會被你的真誠所打動，這樣他也就會真心誠意的幫助你。如果你身邊都是這樣的客戶，那麼對你事業的發展勢必會產生不可估量的作用。

銷售大師博恩·崔西對於每一位客戶都是非常熱情的，而且那些與博恩．崔西打過交道的客戶也都非常欣賞他，知道博恩．崔西是真正關心他們，以及他們家人的朋友，所以非常願意與博恩．崔西進行來往。

博恩．崔西認為友誼是銷售的前提和基礎，而友誼的第一要件就是時間。他說：「你要在未來客戶身上投資時間，為他設想，才能夠建立商業上的友誼，你和未來客戶相處的時候，絕不要著急趕時間。你要向人表明，你願意花足夠的時間幫助他做成一項正確的購買決定，你絕對不要沒有耐心。」

其實，銷售人員在與客戶建立友誼時，態度是至關重要的。你要保持一種非常悠閒而隨和的態度，並且時刻都在為你的客戶著想，哪怕你這一天可能有很多事情要做，非常忙碌，但是也要假裝表現出自己已經把所有精力和時間都放在了眼前客戶的身上，這樣才能夠與客戶建立起良好的關係。

有一段時間，博恩．崔西把家搬到了聖地牙哥，當時博恩．崔西帶著自己的家人在當地花費了整整一個星期的時間看房子。他們拜訪了好幾位房屋的經銷商，而且博恩．崔西一開始就非常真誠的告訴他們，自己在一年之內是不會買房子的，只是現在想對房屋的市場情況多做一些了解。結果大部分經銷商聽完博恩．崔西這話之後，就匆匆告訴了他一些房屋的資訊，並告訴博恩．崔西要買房的時候再來聯絡他們。

可是有一位女士卻非常例外，這位女士名叫瓊安，當她知道博恩．崔西近期不會買房子之後，並沒有選擇匆匆離開，而是花費了很長時間陪博恩．崔西一家人看了附近的很多房子。在看房的三天時間裡，瓊安心裡完全忘記博恩．崔西一年之內不會買房子的事情，而是把博恩．崔西看成一個有錢的、隨時都會買下一間房子的客戶對待。

瓊安的熱情讓博恩．崔西一家非常感動，在瓊安的幫助下，博恩．崔西一家人已經非常了解了今後自己所要居住的環境。

就這樣過了十四個月，當博恩．崔西以真正客戶的身分回到聖地牙哥的時候，他毫不猶豫的就打通了瓊安的電話，這次見面，博恩．崔西一直在瓊安的帶領下去看房子，而且博恩．崔西也非常相信瓊安，就這樣很容易的就找到了一間中意的房子買了下來。

瓊安因為博恩．崔西購房得到了二萬美元的佣金。為此，博恩．崔西還做過一個計算，瓊安女士在過去十四個月的時間裡，投資在博恩．崔西一家人身上的每個小時都可以得到超過兩百美元的報酬，這真是一筆不錯的收入。

而且讓博恩．崔西感到非常欣慰的是，瓊安是一個優秀的銷售人員，因為她願意把時間投資在像博恩．崔西這樣的未來客戶身上，所以這讓博恩．崔西最後對瓊安的情感信任程度，已經達到了不願意再去找別人買房子的地步。

這段經歷對博恩．崔西本人從事銷售工作啟發很大。他發現，做買賣有的時候其實就是交朋友。任何一個銷售人員，都要讓客戶時刻感受到你是在用心與他進行交流，這樣他才會感覺到你是在認真對待他，對待你的事業。這樣一來，你在客戶眼中就是一個充滿責任感的人，一個具備敬業精神的人，而這樣的人往往是很容易得到客戶認可的。所以，用心與客戶建立友誼，真心為客戶著想，這是走向優秀銷售人員必須遵守的原則。

克服結束交易的障礙

銷售人員不能做成銷售的一個重要原因，就是消極的負面期望。當銷售人員對潛在客戶做出消極的預先主觀判斷時，這種障礙就會發生。

因為銷售人員認為潛在客戶根本不打算購買，現在只是在浪費他的時間。他對潛在客戶關於價格的問題，或者關於他產品能否實現他宣稱的這些功能的問題反應過於激烈，銷售人員已經失去了信心，在銷售陳述中也就沒有了精力和信心。隨著銷售會談的結束，他放棄了這個潛在客戶，腦海裡面只想著這個銷售拜訪結束後他要做的事情。

博恩．崔西認為銷售人員避免掉進這種思想陷阱的方法，就是永遠假定潛在客戶正準備購買你的產品或者服務。

作為銷售人員，你一定不要被潛在客戶的問題、抱怨，甚至是反對意見所嚇到，一定要讓自己時刻都保持愉快的心情，高高興興的把焦點放在他和他的處境上面，和他談論他的情況以及他遇到的問題。

對於銷售這門行業，曾經有人稱為是「熱情的傳遞」。當你對你產品的熱情傳遞到潛在客戶心裡的時候，銷售才會發生。

而熱情就好像電流一樣，你對你產品的信念和熱情越強烈，你傳遞給潛在客戶的能量就越多，而當潛在客戶對你產品的熱情和你一樣高漲的時候，你的銷售自然就做成了。

博恩．崔西曾經認識一個非常出色的銷售人員，在他剛開始進入銷售行業沒多長時間就發生了意外，在一次車禍中，他的雙眼失明了。但是他並沒有覺得自己很可憐，他更沒有放棄。從醫院出來後他繼續工作。他讓祕書為他打電話。他知道儘管他看不見，他還是可以和客戶交談和互動，他每天還是一如既往的安排銷售拜訪。

當他去拜訪潛在客戶的時候，祕書是會和他一起去的，幫他引路。祕書把他帶到潛在客戶跟前，安排他坐下。由於他看不見，他就總是假定潛在客戶都很願意見他，都渴望購買他的產品。於是他會表現得非常激動、熱情、而且更堅定的介紹自己的產品。

如果潛在客戶提出問題或者是一些反對意見，他就會假定這些反對意見或者問題都是對他產品的關心，他每次都會積極的回答這些問題，然後繼續要訂單。

後來祕書向他匯報，很多情況下客戶並不是很感興趣，他們的身體語言和面部表情都表現了他們對產品漠不關心，他們看手錶，眼睛望向別處，玩手指，甚至發郵件。但是這個銷售人員看不到這些，所以他只是繼續銷售的談話，好像潛在客戶對他說的每個字都很有興趣一樣。最終，他的熱情和自信把這些潛在客戶征服了，他們購買了他的產品。

而結束交易的第二個障礙就是銷售人員缺乏真誠。一旦銷售人員更多考慮銷售和抽成的問題，而不去考慮潛在客戶，這種障礙就會發生。

其實我們每個人都不傻，潛在客戶往往一眼就能夠看出你是否缺乏真誠。一旦你只要站在自己的角度考慮問題，潛在客戶立刻就能感覺到，那麼他們就會立即把你推開，對你的產品和服務陳述也會立即失去興趣。

當你和潛在客戶不在同一水準的時候，銷售的第三個障礙就發生了。也許因為某些原因，你看起來不是特別想溝通；也許是因為你和潛在客戶的生活背景不同、教育水準不同、興趣愛好不同等等，你們的溝通可能不那麼順暢。

如果你和一個合格的潛在客戶在一起，但是你卻不能和他溝通，那麼就不要強迫自己做成這樁銷售，相反，你要足夠成熟，不要破壞了這個合格的潛在客戶。而你應該把這個潛在客戶介紹給你公司裡面其他更合拍的銷售人員。你可以說：「你的問題很獨特，我想我公司能夠幫助你。我想讓我公司這個方面的專家和你討論一下，看看我們是否真的幫助你實現你的目標。」等等。

而當你這麼說的時候，潛在客戶往往會有一種受到奉承的感覺，你們的關係也會得到挽救。你會驚訝的發現，用這種方式能夠挽救很多銷售訂單，而且如果你公司的每個人都採用這種互惠互利的方法，會比強迫自己面對一個不情願的潛在客戶能做成更多銷售。

結束交易的第四個障礙是你和潛在客戶之間的性格不合。銷售的一個基本原則是你不可能把東西賣給一個你不喜歡的人，潛在客戶也不可能從一個他不喜歡的人那裡買東西。除非他真正覺得你是他的朋友，你是在幫助他，否則他是不會購買的。

如果這些條件不存在的話，那麼銷售就不會發生，不管這個潛在客戶是多麼的合格，也不管你的產品是多麼的適合他。

如果由於某些原因你不是特別喜歡這個潛在客戶，你要相信這種情況很容易發生，因為在生活中，你會遇到許多相處不來的人，在銷售中你也會遇到許多你不是很喜歡的人。

博恩．崔西曾經合作的一家公司在實行一項新的政策之後，第一個月銷售額就提高了 30%。這個新政策就是在他們要放棄某個潛在客戶之前，讓兩個銷售人員去拜訪這個潛在客戶。但是結果很令人吃驚，很多潛在客戶都拒絕了這個銷售人員，卻向另一個銷售人員敞開了大門。

可見，在實際工作中，如果他看起來是個非常不錯的潛在客戶，那麼你就應該盡一切努力，讓你公司的其他銷售人員來幫助這個潛在客戶。

幾乎對任何人都有效的「逆向成交法」

逆向成交法是銷售技巧中使用最多的一種方法，博恩．崔西甚至把逆向成交法定義為「幾乎對任何有人都有效的『逆向成交法』」。

最早運用了心理學這項真正行銷策略的人是比爾。他在推銷行業做了三個月的時間之後，第一次運用了逆向成交法。比爾做的是推銷高級廚具，在當時，高級廚具的市場並不好，而比爾必須想盡辦法盡可能去爭取一切客戶，但是不管比爾如何努力，交貨的時間總是會延遲一個月，多的話是三個月。

當大量的需求得不到滿足的時候，具有一些銷售經驗的銷售人員就自然能夠做得非常順利，但是當時比爾才開始起步，涉足銷售行業時間不長，他做得是非常艱辛。

有一天，比爾去拜訪一家客戶，當他敲開這家人的門準備向他們推銷產品。這家房子的主人安迪先生是一位高速公路的員警，而前來幫比爾開門的是安迪先生的太太。當安迪的太太打開門讓比爾進屋之後，她告訴比爾，她的先生和鄰居布威先生都在後院，而她和布威太太則想看一下比爾廚具。當安迪太太和布威太太看完之後，比爾建議能夠邀請安迪先生和布威先生來看看，而且還保證安迪先生和布威先生肯定會對他的廚具感興趣。於是最後兩位太太就把他們叫了出來。

博恩．崔西說過，在任何情況下，要想說服男人去認真觀看產品的展示都是一件困難的事情。

比爾帶著萬分的熱情在兩位先生面前展示著他的廚具，可是令比爾生氣的是，不管他如何努力的介紹自己的產品，這兩個人都沒有對比爾的廚具表現出半點興趣，一副深怕比爾會讓他們掏腰包買下這套廚具的樣子。

在這個時候，比爾發現他的推銷行動並沒有收到明顯的效果，於是決定使用「逆向成交法」。

比爾立刻整理好廚具，打包準備撤離，並且在要離開兩對夫妻的時候說道：「對不起，我很感謝你們能夠給我展示這次產品的機會，原本我打算今天就能夠把產品提供給您，可是實在不好意思，現在沒有貨了，只能等以後的機會了。」

當比爾說完這句話，這兩位先生立刻對比爾的廚具產生了興趣，他們兩個人同時站起來走向比爾，並詢問比爾什麼時候才能夠有貨。比爾非常負責任的告訴他們，他現在也無法確定具體的日期，如果有貨的話一定會告訴他們。可是這兩位先生還是擔心比爾會忘記這件事情，於是最後比爾只能建議他們先預付一些訂金，這樣就能夠保證貨物萬無一失了。最後兩個人都非常高興的把訂金交給了比爾。

人的天性就是對於自己越得不到的東西，他們就越想得到。而比爾正好就是利用了人性的這一弱點，輕而易舉的做成了兩筆生意。

其實，逆向成交法則是一招很巧妙的推銷技巧，幾乎可以用在任何場

合，用在任何人身上。博恩．崔西的一位朋友正是在聽完他的演講之後，開始使用逆向成交法則，結果博恩．崔西這位朋友的年收入增加了兩倍多。

在推銷的時候，當客戶提出一個疑慮，特別是那種銷售人員比較常見，比如「我們現在買不起」等等的時候，博恩．崔西都會說：「就是因為這樣，你才更應該買。」這樣的回答會引起客戶的好奇心，他肯定會忍不住問你:「你這是什麼意思？」而在這個時候，你就可以想出一個好的答案。

博恩．崔西之前的一個客戶在電視臺上班，博恩．崔西他們的銷售團隊就是靠著逆向成交法讓他們的業績整整上升了兩倍。博恩．崔西的推銷方式就是去敲客戶的門，然後問對方：「請問你們需要付費頻道嗎？」通常情況對方會馬上回答：「不需要，我們付不起。」

而博恩．崔西的同事就會說道：「如果是這樣，您更應該趕快安裝我們的付費頻道，就是因為您付不起。」

本來對方都打算要關門了，可是聽到他的這句話就會又探出頭來問道：「你什麼意思呢？」

由於這戶之前也沒有開通過付費頻道，所以他認為自己付不起。而博恩．崔西的同事卻幫助他分析以後有沒有安裝付費電視的必要，答案是肯定的。而這時候，博恩．崔西的同事又會向他介紹現在的付費電視優惠活動，一般情況下，當銷售人員向客戶介紹完這些超值的優惠活動之後，客戶都會點頭同意購買。

博恩．崔西在總結逆向成交法時，認為其中有兩點是非常重要的。第一點，逆向成交法是極具有說服力的一種銷售方式；第二點，銷售人員在使用逆向成交法的時候要做到絕對誠實，並且要把這種誠實的態度堅持下去。

如果你說的都是假話，那麼你的謊言很快就會被客戶揭穿，他們就不會對你產生任何的信賴，更為嚴重的是，你的個人形象肯定會因此而受到破壞，你的銷售事業也必然會一敗塗地。

遠離難纏的客戶

銷售人員公認的銷售中最糟糕的事情，就是和那些難以打交道的客戶進行溝通了。作為專業的銷售人員，你可能已經習慣了每天長時間的展開艱苦的銷售活動，而每天你的情緒也有可能會是起起落落和不斷的希望或失望，你應該想到這樣的結果，並且承擔這一切。

你有的時候會獲得一些訂單，但是在有的時候又會丟掉一些訂單。也許有的時候，你會在晚上拖著疲憊的身軀回到家，但是在別的時候，你也許又開始積極樂觀、精力充沛的去戰鬥了。這一切都是在你還沒有和那些極具難打交道的客戶在一起的情況下。

銷售中讓銷售人員感到壓力最大的事情，就在於和那些不夠積極的、不開心的人相處。只要當你和這些客戶打交道的時候，哪怕只是交談了很少的時間，可能你也會感到非常的勞累、生氣，甚至是沮喪。

而你所要做的就是和博恩．崔西一樣，在開發潛在客戶的早期階段，要像偵探一樣，把這類人辨識出來，讓自己不要在他們身上浪費時間。

這種難打交道的潛在客戶有幾個特徵，而且博恩．崔西也說過，如果一個潛在客戶擁有的特徵越多，那麼他的購買可能性就越小，也就是說，銷售人員越不值得在他身上花時間。

如果你發現，只有一兩個特徵的潛在客戶，那麼你就要好好進行努力了，他們是最有可能轉換成為真實客戶的，但是如果一個潛在客戶有了這些特徵中的三個或三個以上，你再和他打交道，基本上就是在浪費時間了。

這種難打交道的潛在客戶的第一個特徵，就是他可能是一個心態非常消極的人。這對於你來說，可能是一個非常可怕的障礙，因為任何產品或服務的購買目的就是能夠客戶希望、樂觀和信心的一種具體行動表示。而且客戶購買任何產品或服務，總是期望將來處境會由於這個產品或服務變得更好。

購買行為往往需要一種積極的心理態度。如果一個人對生活不是積極

的，那麼他就不大可能去購買什麼東西，至少從你這裡是不大可能的。

除了消極之外，這些難打交道的潛在客戶，通常會對你和你的產品保持一種批判態度。他們也許在過去有過類似的、非常糟糕的經歷，或者是當他們一與銷售人員在一起，就會用懷疑和充滿敵意的眼光來對待銷售人員。

不管是什麼樣的情況，你作為銷售人員都應該清楚，你僅僅是一名銷售人員，你既不是精神治療師，更不是人生的引導顧問，你並不能夠分析或者理解他們之所以這樣的深層次的潛意識動機，而你只要明白，你自己越早結束和一個不開心的客戶的交流，你就會變得開心，也會擁有越多的時間。

難打交道的潛在客戶，第二個特徵就是你很難向他們展示出你的產品或服務的價值。你向他們講清楚成本和利益之間的這種關係是非常困難的，他們怎麼也不明白使用你產品或服務後，他們的處境會變得更好。

而且，他們一開始就向你抱怨，或者是和你爭論你的產品價格過高的問題，他們通常把你的產品價格和競爭對手進行比較，特別是和那些產品品質低劣得多的競爭對手進行比較。而一般情況下，他們這樣做顯然會把你激怒，讓你的士氣受到損害。所以遇到這類潛在客戶時，你只需要禮貌的微笑，盡可能快的繼續你的下一個客戶。

他們的第三個特徵是即使你和他做成了一樁銷售，也不可能是大買賣。這樣的銷售即使你最後成功了，但是因為你的銷售額很小，所以你所賺到的佣金根本不足以彌補你付出的代價。

第四個特徵是你可能再也沒有機會做追蹤銷售。一旦他們從你這裡購買了什麼東西，他們可能會好幾個月，甚至是好幾年都不再是你客戶群裡的人。你們之間沒有任何的客戶關係需要去建立，當然也就不會為你帶來任何的額外銷售了。

第五個特徵是這類客戶的使用證明和推薦信幾乎沒有什麼價值。即使他們購買了你的產品或服務，但是這個事實對別的潛在客戶來說沒什麼了不起的。他們也許並不出名或者不被別人所尊重，他們也許都不知道還有哪些人會用到你的產品或服務，更壞的情況可能是他們知道了也不會告訴你。

難打交道潛在客戶的最後一個特徵，就是他的位置離你的辦公地點可能很遠。你不得不出差去他那裡，這樣一來你就會花大量的時間在路途上，而這些時間你本來是可以去拜訪你周圍的更多潛在客戶。

你能夠掌握的就是自己的時間，而你選擇拜訪那些難打交道的潛在客戶是非常不利於你銷售業績成長的，當然也不是利用時間的最佳方式，對於他們，你投入的時間和精力的報酬率一定不是最佳的。

最後，你的疲憊不堪，終於換來了一樁銷售，但是你卻沒有任何滿足感和成就感，只是發現自己終於可以不用再跟他打交道了。

適當給客戶一點「威脅」

在銷售過程中，當客戶表現出對產品或者服務的興趣時，銷售人員應該適當的對客戶製造一些威脅感、緊迫感，以便盡快達成交易。不過，這個時候的銷售人員的態度一定要真誠，措辭也要盡可能的準確，千萬不要讓客戶有一種被你拉下陷阱的感覺。

博恩．崔西特別強調「你一定要記住，你的任務就是將事實真相闡述給客戶」。而具體製造威脅感的方法有如下幾種：

第一，在漲價之前購買。

在銷售活動中，經常會遇見漲價的情況，而這個時候你就應該懂得利用這一點去刺激客戶做出購買的決定。比如，你可以對客戶說：「我們本來打算在本月底提高這款產品的價格，所以我建議您今天買下來，不然的話……」當然，你在說這些話之前，一定要確信月底公司會宣布這款產品漲價。如果不然的話，你可能損失的不僅僅是這個客戶，因為那種信口雌黃的做法是非常愚蠢的，是鼠目寸光，它一定會為你帶來很多的麻煩。

第二，競價出售。

你不妨想像一下拍賣會的場景，當很多競拍者在拍賣會上激烈競價的時候，賣方肯定會以最高價出售產品的有利氛圍便出現了。而競拍者之所以會被迫做出快速購買的決定，就是因為別的競拍者對自己造成了一種威脅感，如果你能夠像博恩．崔西一樣，把這種方式應用到銷售中，那麼你一定會簽下很多的訂單。

第三，限時報價。

這是一種最為常見的銷售產品的方式。例如，你可以告訴客戶「某款產品的報價只是在某段規定的時間內有效，如果你錯過這樣的機會，那麼以後很有可能再也不會出現這麼低的價錢了。」這樣就能夠促使客戶感到被「威脅」，而加緊購買。

第四，「分秒必爭」的交易辦法。

博恩．崔西說：「銷售人員的工作就是去說服客戶必須要抓緊時間。」也就是客戶行動得越慢，越是猶豫，損失的利益就越多。就好像你現在是一名非常出色的軟體銷售人員，你就可以按照博恩．崔西的想法，對客戶這樣說：「您現在如果不更換新的軟體系統，那麼原來系統的低效率就會減少你獲得的利益。」這樣一來，客戶怎麼可能不著急呢？

第五，假設一個競爭對手。

當銷售人員能夠確定客戶有購買意向，但是他還不著急購買的時候，為客戶虛構一個競爭者，不失為一個好辦法。如果你能夠運用得當，那麼一定會為你帶來神奇的效果，讓客戶迅速購買。

博恩．崔西有一次與一位客戶進行了長時間的談判，但是卻依舊沒有完成他既定的銷售計畫。為此，博恩．崔西顯得有些著急。

可是博恩．崔西冷靜一想，就對接待他的祕書說道：「我要見見約翰。」而接待的祕書則說約翰現在正在工作，沒有時間接待他。可是博恩．崔西卻從門縫裡看見約翰正在悠閒的坐在辦公桌的後面。於是博恩．崔西就故意大聲說話，好讓約翰能夠聽到，「我一定要見約翰，我有非常重要的事情要告訴他。」

結果就這樣，博恩．崔西進入了約翰的辦公室，他一見到約翰就說道：「約翰，我剛才向您公司的負責人推銷了我的產品。可是他們卻拒絕了，我的這款產品已經被幾個和您性質相似的公司購買了，因為這款產品在原有產品的基礎上，可以大大提高工作效率。」

當約翰聽到這裡，問博恩．崔西：「那您的這款產品價錢如何？」

博恩．崔西發現約翰已經有購買欲望了，就打鐵趁熱，說道：「和原來的那款相比，這款價錢只比它略微高了一點，可以說是物美價廉，而且現在這款產品已經供不應求了，我們合作了很長時間，所以我才特意上門建議您更換新的產品，您若錯過這次機會，就真的太可惜了。」

最後約翰簽下了這一訂單。

第六，激發客戶的購買欲望。

有的銷售人員認為，只要客戶說了「不需要」，就沒有必要再去勸說其購買了。如果你真的這麼想，那麼就大錯特錯了。很多銷售人員都有這樣的經歷，本來客戶不打算買東西，卻能夠在銷售人員的一再勸說之下購買很多產品或服務。而在博恩．崔西的銷售思維中，始終把洞察客戶內心的想法看成是極其重要的。當你了解了客戶的內心，你就能夠隨時改變自己的說話方式，適當的給他一點威脅，讓他購買你的產品。

穩中求勝，讓客戶敞開心扉

在銷售過程中，一些銷售人員總是喜歡表現得過於急切，希望自己能夠早日簽到訂單，其實這是不實際的。做過銷售的人都知道，銷售工作是一項非常艱苦而且需要極大耐心的工作，對於那些急於求成的銷售人員來說，他們可能永遠都無法成功。

銷售人員需要與客戶建立起一種感情，而這種感情的建立是需要耐心的，俗話說：「人情深，好辦事。」而那些急於求成的銷售人員總是把自己的時間看成是寶貴的，一天到晚就想著自己還有多少客戶沒有見，可是卻沒有考慮到如果見了再多的客戶，最後簽不了一個訂單，那麼這其實就是在浪費時間。

之所以有的銷售人員會有這樣的心理，說到底就是他們為了貪圖便宜，是一種投機心理。這就好像我們為了貪小便宜買了很多價格雖然低，但是品質卻不怎麼樣的商品，結果到頭來，每件產品都不能夠使用，這樣等於我們浪費了大量的錢財。

其實我們好好算一筆帳，這麼做還不如一開始就選擇一個品質有保證、價格較高的產品。而銷售人員也應該明白這樣的道理，自己每天花費大量的時間與很多客戶溝通沒有效果，倒不如在有限的時間內爭取與一位客戶達成協議。

銷售大師博恩．崔西告訴我們，如果你想失去一個訂單，那麼最簡單、最有效的辦法，就是你在與客戶談判的時候表現出急切。

所以說，博恩．崔西建議作為銷售人員，在與客戶談判簽單的過程中一定要掌握好以下幾點。

第一，不要緊張。

一名優秀的銷售人員要有良好的心態，在與客戶交談時的慌張、性急都有可能讓到手的鴨子又飛了，所以你一定要沉住氣，不能緊張。

第二，與客戶溝通要有耐心。

很多銷售人員吃了閉門羹之後就失去了耐心，或者是客戶的態度不好也讓很多銷售人員選擇退卻。而銷售大師博恩．崔西則建議銷售人員在與客戶初次接觸的時候，可以採用迂迴戰術，把聊天的話題扯得越遠越好，這樣就方便與客戶建立關係。這當然只是在普通的聊天中，而到了最後談判的關鍵時刻，你千萬不要再浪費自己的一言一語，應該把自己的每一句話都針對到客戶身上，全力營造一種氣氛，迫使對方決定購買你的產品。

第三，不犯樂極生悲的錯誤。

如果當你把單子簽完之後，太過於得意很容易引起客戶的疑惑，沒準最後又會是空歡喜一場。而一個聰明的銷售人員在最後成交的關鍵時刻，總是會再一次努力鼓舞客戶，進一步增加客戶的購買欲望。

第四，對於價錢不要輕易降低。

其實有經驗的銷售人員都明白，到了最後時刻，減價不減價已經不重要了，這個時候客戶只是心存僥倖心理，他不會因為價錢的這個問題而改變自己的主意。

而且還有一點作為銷售人員也應該注意，就是當自己和客戶達成協議之後，千萬不要想著急於擺脫客戶，而是應該和客戶寒暄幾句之後，再選擇從容離開。

博恩．崔西非常看重按部就班，其實這種思維是有一定道理的，雖然銷售人員可以透過一些溝通來達成交易的時機，但是透過交易的全過程來分析，這種模式還是比較少見的。

在現實中有的銷售人員就是因為急於求成，沒有耐心，結果弄得自己的銷售業績也不好。甚至一些沒有經驗的銷售人員一上來就問客戶：「我們的產品非常好，你買不買？」你想想這樣的方式怎麼可能會交易成功呢？

這些不明白穩中求勝道理的銷售人員往往是自己沒有耐心，而原因是多方面的，從銷售人員自身來說，他們習慣於主動放棄。這些銷售人員認為，銷售在大多數情況下要被拒絕，反正想買的人自然會買，不想買的人你怎麼說都不會買，所以他們在介紹自己產品的時候沒有耐心。

而銷售大師博恩．崔西則提醒我們，大多數客戶都是有產品需求的，客

戶的這種需求是需要銷售人員進行引導的，而引導的最好方式就是銷售人員對於自己產品的詳細介紹。

所以說急於求成只會讓銷售失敗，而穩中求勝，才能夠讓客戶敞開心扉。

找到客戶的興趣所在

當我們與別人來往的時候，特別是談話時，投其所好，尋找到對方感興趣的話題是非常重要的，因為也只有這樣，對方才願意和你互動下去。

而對於銷售人員來說，在與客戶談話的時候能夠找到共同感興趣的話題更重要。

在推銷的過程中，談論客戶感興趣的話題，這是順利接近客戶，與客戶進行溝通最有效的手段。所以，作為一名銷售人員，一定要具有善於引導客戶說出他們自己喜歡談論的話題，而前提就是要先了解客戶對什麼感興趣。

如果你要溝通的客戶是個人的話，那麼你就有必要事先搜集一些與他有關的資訊，比如他的出生地，家庭成員，所受過的教育等等。例如你將於一位已經有孩子的母親溝通，那麼你不妨跟她談談她的孩子，這樣就會讓她產生一種親切感。即使你說的話不多，但是你的談話也是成功的。

當然，如果你的客戶是一個集團，比如是公司，那麼你首先就要對公司的經營情況、客戶族群，以及公司的特色進行了解。只要你自己多留意，那麼你將會發現很多可以搜集到的資訊，這些資訊你可以記錄下來，靈活運用到你的銷售工作中去，那麼你就可以輕鬆的接近客戶。

但是在實際生活中，每個人的興趣是不一樣的。如果你想與客戶進行良好的溝通，就一定要顧及到對方的興趣愛好，不要自己想說什麼就說什麼。如果你說的話題一旦與客戶的想法產生了衝突，那麼就會為你自己建立起一道溝通的屏障。

有的銷售員在拜訪客戶的時候，他還沒有說幾句話，就被客戶拒絕了，原因就在於他們只是在談論他們自己認為高興或者有趣的事情，根本沒有考慮客戶的感受。

在博恩．崔西的銷售經歷中遇到過這樣的銷售員，他們在進行推銷的時候，總是認為必須把產品的所有細節都對客戶說清楚。這樣的想法是好的，可是實際上，客戶對這些產品的細節並不是太感興趣，自然就會對你的介紹感到厭煩，以致最後讓你失去成交的機會。

博恩．崔西一直認為，銷售人員在與客戶進行溝通的過程中，沒有必要過多的去展示你所了解的產品；當然了，在客戶做出最後購買的決定之前，銷售人員也沒有必要讓客戶成為這方面的專家，不需要對產品的細節進行太多的介紹。

想讓未來客戶購買你的產品，並不是要讓客戶覺得你知識廣博，無所不知，可能正是由於你的長篇大論，到頭來反而會讓客戶覺得乏味、煩躁，那麼你等於是白費口舌，什麼也得不到。這樣費力不討好的事情，作為一名專業的銷售人員是斷然不會去做的。

所以，銷售人員必須因人而異，對自己的未來客戶進行盡可能全面的了解，並且進行正確的評估，正確的判斷和掌握好自己到底應該對客戶介紹多少產品資訊是最為合適的，然後再介紹的話，就把重點轉移到客戶感興趣的話題上。

「你與客戶的話題越親近越好」，這是博恩．崔西認為接近客戶、促成銷售成功的最為有效的祕訣。所以，要想成為一名優秀的推銷人員，一定要設法找到與客戶之間的共同話題，讓客戶喜歡與你進行溝通，從而把你的銷售行動順利進行下去。

創造讓客戶無法拒絕的強大氣勢

在很多時候，你完全可以應用一些技巧讓客戶對你的銷售無法拒絕，你一定要把客戶擔心的問題事先就想出來，然後在客戶提出問題之前先自己提出來，之後再進行一一的解答，這樣你就會讓客戶覺得，你的的確確的是在為他著想。

博恩．崔西說：「推銷人員不必面對異議的最好辦法，就是讓客戶無法拒絕。」在推銷的過程中，一些精明的銷售人員總是善於使用一些特別的辦法去對待客戶的拒絕，或者是讓客戶說不出拒絕的話，從而最後達成成交的目的。

博恩．崔西還指出，作為一名銷售人員，最好能夠在第一時間就處理好銷售過程中客戶所產生的異議，這樣有助於加快銷售人員的銷售進程，而這也才是對推銷工作最有利的局面。

而需要銷售人員在第一時間完成的工作，主要有以下這些：

第一，不打無準備之戰，建立強大的氣勢。

銷售人員應該做到對客戶可能提出的各種拒絕理由事先做到心中有數，而且能夠找到相應的對策，可以說這是戰勝客戶異議的一個基本原則。如果你之前沒有進行充分的準備，那麼你也許會不知所措，無法給客戶一個滿意的答案讓客戶滿意。為此，你在平時就應該多注意客戶所提出的異議進行收集，並且制定出一些標準的回答方法，然後根據實際情況再靈活應用，這樣在一定程度上會為自己的銷售工作帶來很大的幫助。

第二，懂得回答客戶問題的技巧。

博恩．崔西透過自己多年來對眾多銷售人員的研究發現，那些能夠進行成功銷售的銷售人員，在客戶提出異議的時候，不僅能夠給出一個比較圓滿的答覆，而且還能夠選擇一個恰當的時機進行答覆。所以說，當遇到客戶堅決拒絕你的情況，只是那些不懂得選擇時機的銷售人員自己造成的。

當然，如果你發現客戶有了購買意向，但是卻因為其他原因還在拒絕的時候，你可以採用一些體面的方法，給他們一種強大的氣勢，讓他們無法拒絕你，這樣既可以促成交易，又可以讓客戶不至於感覺自己是被你強迫的。

補償法，也就是利用產品的其他利益對客戶進行補償。每一個產品都是由多方面的要素構成的，而這些要素構成了產品多方面的功能。如果客戶在價格上不肯讓步的話，那麼你就可以在售後服務上面給予客戶更多的優惠，從而來打消客戶對於價格上的異議。

比如說，當客戶說：「這個皮衣的顏色、款式我的確很喜歡，可是我覺得皮質不是很好。」而這時推銷人員可以回答說：「您的眼力真厲害，這個皮料的確不是最好的，可是如果選擇更好的皮料，那麼價格恐怕要比現在高出一半。」

補償法在銷售行業中運用非常廣泛，而且效果也不錯。

另外一種是詢問法。在推銷過程中，優秀的推銷人員是不會放棄詢問這個非常好的「武器」的。當你向客戶詢問為什麼的時候，客戶往往會做出以下的反應：第一是他必須回答自己提出的反對意見，說出他們的內心想法；第二是他必須再一次檢查自己所提出的反對意見是否恰當。

而在這個時候，你如果能夠聽到客戶真實的反對原因，那麼你就能夠掌握住客戶的反對重點，也能夠有較長的時間思考如何去處理客戶的反對意見。

通常情況下，詢問法在處理客戶異議的時候，往往有兩個作用：

第一，透過詢問，可以掌握住客戶真正的異議點。在多數情況下，如果你在沒有掌握好，確認好客戶反對意見的重點，而直接回答了客戶的反對意見，那麼可能會引起更多的異議，讓你的銷售進行變得更加困難。

第二，銷售人員透過詢問，可以直接化解客戶的異議。有的時候，推銷人員也能夠透過掌握客戶心中真正的異議，對客戶提出反問技巧，來化解客

戶心中的疑慮。

還有一種太極法。太極法是一種巧妙的將異議變成賣點的方法。在客戶提出異議的地方，推銷人員可以巧妙的把它轉化成產品的賣點，把客戶的反對意見變成其購買產品的理由。

例如客戶可能會認為你的產品的價錢太高了，那麼你就可以針對客戶的這一異議對客戶強調，導致價格過高的原因，就是因為我們的產品都是透過正規的進貨管道，能夠確保產品的品質和售後服務，而其他的產品未必能夠保證這一點。

很多時候，這樣的答覆就會讓客戶感到內心舒服，非常滿意。而太極法的最大目的就是讓銷售人員能夠藉著處理客戶異議的機會，迅速陳述產品能夠帶給客戶的利益，從而引起客戶的注意，達成最後的交易。

總之，博恩．崔西說，推銷人員在處理客戶異議的時候，一定要做到先發制人，以防為主，充分準備，萬無一失，這樣最終才能夠讓你的強大氣勢，讓客戶無法拒絕，從而達成你的銷售目的。

正視客戶的投訴

很多銷售人員對於客戶投訴非常恐懼，客戶投訴其實就是客戶對你的產品或是服務表示不滿的現象。這件事情可能是所有銷售人員都不願意遇到的事情，但是博恩．崔西卻說，被客戶投訴不見得是一件壞事，關鍵在於銷售人員如何去處理客戶的投訴。

銷售人員經常會遇到客戶的投訴，一旦處理不當，就會引起客戶的更加不滿和糾紛。其實，銷售人員應該用積極的態度去面對客戶的投訴，因為客戶的投訴是最好的銷售資訊，銷售人員不但沒有理由逃避，而且應該抱著一種感激之情去處理客戶的投訴，這將決定了客戶對銷售人員的滿意程度以及信譽、今後的合作以及公司的口碑等多方面的好壞程度。因此，我們在處理客戶投訴的時候，你可以遵循以下幾個原則：

第一，依照公司的制度。

你做銷售工作要以公司的制度為基準，不能夠為了讓客戶滿意，就不管公司的制度。

第二，最快的處理速度。

處理好客戶的投訴不僅僅是客服人員的事情，銷售人員也應該做出及時的反應，爭取在最短的時間內使問題得到解決。

第三，登記存檔。

對客戶做出的投訴，以及處理過程和最後的結果，都要做成詳細的記錄，留作以後進行參考。

當客戶對你進行投訴的時候，大多數情況下，他們的情緒往往是非常激動的。因此，在處理客戶投訴的時候，銷售人員應該認真傾聽，表現出對客戶的尊重，這樣才有利於使他們的情緒平靜下來，如果銷售人員表現出不認真的樣子，那麼客戶就會認為你是不重視他的意見，只會讓他的情緒變得更加氣憤。

在處理投訴的過程中，銷售人員一定要注意不要與客戶發生正面的衝突，這樣不僅會讓事情更加糟糕，也會使公司的形象大打折扣；正確的做法是理應讓客戶先發洩他們不滿的情緒，等他們冷靜下來之後，銷售人員再採取相應的做法。通常情況下，客戶的情緒不會一直處於高亢的狀態，只要銷售人員能夠按照步驟，做好引導工作，就能夠順利的處理客戶的投訴。

在客戶抱怨的同時，銷售人員不要認為自己是有理的一方，從而和客戶發生爭論，要以誠心誠意的態度對待客戶的投訴。如果有必要，需要銷售人員用筆記錄下客戶抱怨的主要內容，並且要真誠的向客戶道歉。

如果客戶情緒激動，為了表示我們的重視，可以請出我們的主管、經理等人來解決問題；也可以轉換一下地點，也能有效的平復客戶的情緒。盡量

不要在別的客戶面前，會對別的客戶造成影響；或者換個時間再談，請求客戶給你一些時間處理，尤其是當客戶提出的是一個難題時，這個方法比較實用，可以有足夠的時間來想辦法解決。

有時候，客戶的投訴並不是十分的合理，這就需要銷售人員了解了客戶投訴的內容之後，對整件事情的始末進行詢問，看客戶的投訴是否合理。如果客戶的投訴缺乏合理性，銷售人員要以婉轉的態度告訴客戶，消除誤會。

如果客戶的投訴成立，就需要銷售人員分析投訴的原因了。一般情況下，能夠引發客戶投訴的原因有兩種：一是推銷人員態度不誠實，導致推銷內容與實際內容不符，或是因為沒有履行約定而引起的投訴，這樣的原因很容易使自己的公司在形象上蒙受損害；二是由於產品自身的缺陷和設備不良引起的，這雖然不是銷售人員的責任，但是處理這類問題卻是銷售人員的責任。

在了解了客戶的投訴之後，要迅速提出一種或者集中公平的解決方案。如果能讓客戶感覺到自己的投訴得到了重視，並會得到補償後，他們就不會提出無理的要求。

對投訴的解決方案應在第一時間讓客戶知道，並且要承諾解決方案一定會實現，同時採取追蹤行動。這樣可以有效的消除客戶的不滿，還能進一步獲取客戶的好感。

銷售人員要及時進行總結，吸取經驗教訓，進一步提高客戶服務和水準，降低投訴率。給客戶一個好印象，勝過一千個理由，就算是因為客戶自身的疏忽大意造成的錯誤，銷售人員也要率先表示歉意，只要銷售人員能夠把客戶的滿意和信任作為自己的出發點，就能夠正確處理投訴，化不滿為滿意。

成交階段促成訂單法

假如一位精明的服裝銷售人員看到一位客戶很欣賞一套西裝時，他自然的把它取下來，邀請客戶去試一下，讓客戶對著鏡子「自我欣賞」一陣子之後，他又熱情的拿出另外兩套西裝給客戶去試穿。

銷售人員站在一旁，他並沒有期望客戶開口說：「我很喜歡這套西裝，我買下了。」銷售人員只是微笑著點頭，並不示意客戶脫下試穿的衣服，而是很隨意的把客戶脫下的舊衣服裝進袋子。銷售人員設想著一定會成交的，因為客戶的行為意味著默許。當銷售人員忙碌了半天，他想客戶這時候通常不會說：「對不起，我不想買這套衣服，我只想四處看看！」

然而，在實際銷售工作中，真的會有客戶不顧及你的面子問題，很不客氣的說：「對不起，我只是想四處看看！」即使這樣你也不能表現出一點不情願。

銷售人員經過前面的精心準備以及過五關斬六將的心理戰，終於要達到自己的目的，讓客戶如自己所願的在訂單的虛線處寫下親筆簽名，並且掏出他們的辛苦錢了。但是如果恰好當這位客人正好有一個表哥之類的親戚是您的同行，並準備就此事與他通話的時候，又或者是當他們要先貨比三家、繼續觀望才能做出決定的時候，您看似到手的訂單就很有可能像煮熟的鴨子一樣不翼而飛。

每一位銷售人員都十分清楚這一點：沒有賣出貨之前，您做得再多也不值一提，不到成交那一刻，就等於您什麼也沒有做，而成交就是指買賣變為既成事實那一刻。

在銷售流程中，「成交階段」的工作一般被認為是最為困難的工作。銷售人員獲得客戶的訂單本應該是輕而易舉、順理成章的事情。

如果銷售人員已經做好了吸引客戶的興趣、激起客戶的購買欲望、有效的消除了客戶的異議的工作，客戶也已經確信自己需要銷售人員的商品，他們也帶來了足夠的支付資金。但是，結果並不都盡如人意。很多人往往會認為銷售人員在銷售流程的最後階段沒有能力讓客戶填寫訂單。

當然，如果在整個銷售流程前面各個階段的工作當中，銷售人員都表現優秀，那麼到了最後階段，客戶一定會簽單購買。但是，如果在你努力剷除了他們所有的購買障礙之後，他們仍然不同意簽訂單，那很大的可能是出現了新的障礙，否則就一定是銷售人員在最後階段的服務中出現了問題。

銷售人員需要認清一個問題，那就是「促使客戶做出決定並簽署訂單」階段的工作不是孤立的，它的成敗與銷售流程中前面的各個階段如準備階段、調查研究階段、客戶評估階段、接近客戶階段、吸引客戶注意和激發客戶興趣階段、激發客戶購買欲望階段、消除異議階段的工作的成敗關聯起來考慮。

如果在前面每個階段的銷售工作有些細微的失誤，那麼，這些失誤所帶來的不良影響就會越積越多，到了成交階段就會對銷售人員非常不利。而如果在成交階段到來之前，銷售人員已經出色的完成了前面各個階段的工作，那麼他們就能促使客戶做出贊同購買銷售人員商品的決定，再促使客戶按照這個有利的決定開始行動，簽下訂單。

客戶決定購買是一件情緒化的事情，那麼同樣的道理，客戶決定撤銷訂單也很可能是一個微小的念頭在起作用。這就要求我們的銷售人員將一份緊張，一份謹小慎微保持到最後。

第一，堅定客戶的購買意願。

推銷的最後階段就是要加強和鞏固自己的推銷成果，繼續堅定客戶的購買意願。如果客戶準備掏錢的一刹那還是猶豫了，發出了輕微的遲疑的信號，善於察言觀色的銷售人員一定要第一時間發現，並且第一時間用語言和行動影響客戶。銷售人員可以聲音洪亮的提醒客戶，剛才使他心動想要購買的原因，並且用堅定的口氣使其堅信這是理所當然，無須懷疑的。在消費者內心的天平上加重想要購買一邊的砝碼。

第二，繼續排除異議。

客戶的猶豫不是無緣無故的，他們一定是在最後時刻，想到了與自己購買衝動相反的理由。比如，懷疑產品的品質或者是發現微小的瑕疵等等，這時銷售人員要主動為其解釋疑惑。

第三，沒有任何的喜形於色。

很多銷售人員經過艱苦的誘導和談判，眼看著走向勝利不免會喜形於色。這種無心之舉，很容易讓客戶感到反感。因為掏錢的是客戶，客戶很可能會抱著會吃虧上當的成見，認為銷售人員的過度興奮裡面會有什麼陰謀詭計。多疑和敏感的客戶很可能會因為感覺不好而臨時取消訂單。還有的銷售人員前面過於恭敬和客氣，到最後階段由於過於勞累而表現得比較冷淡，也會讓客戶留下不良印象，而使客戶情緒上不滿意，取消成交。

因此，銷售人員要禮貌如前，甚至可以超過前一階段。聰明的銷售人員還會在此刻贈送一些額外的小禮物或者小服務、小方便，以使客戶的興奮感能持續到簽署訂單之後。

權衡階段促使客戶決定法

進入銷售的權衡階段，銷售人員最需要注意的是什麼呢？

我們可以舉個簡單的例子。當你去小商店買東西的時候，兩個店員說話心不在焉，眼神閃閃躲躲，拿出東西來畏畏縮縮，你一定擔心他賣的是假貨，而想馬上溜之大吉！

銷售人員完全沒有必要在銷售工作的成交階段缺乏信心。我們應該以完全自信的心理和精神狀態，來完成最終的權衡階段的工作，如果我們確信自己在成交階段之前的銷售流程中都沒有出現任何的差錯。

非凡的勇氣和膽量是一個銷售人員從事銷售行業的必要素養，並且我們在工作當中要能夠獲得並不斷增強自己的勇氣和膽量。因為在銷售工作的成交階段，仍然需要這種特質來發揮它的作用。在權衡階段，開始促使客戶做出決定的時候，銷售人員應該帶著滿懷信心的真正的勇氣，去贏得客戶的訂單。

所以，銷售人員一定要對自己在權衡階段的角色充滿信心，要用自信從容的神情舉止來告訴客戶：你確信自己的判斷，確信展示給客戶的衡量結果。這樣，客戶就不會對你產生懷疑，從而也必將做出一個令你滿意的決定。

很多銷售人員都說，「我很有勇氣和自信，為什麼還是讓訂單消失了呢？我感覺到我應該做點什麼，可是我不知道該如何去做。」可見，在自信和勇氣之下，技巧也是同樣的重要。

有經驗的銷售人員，本能的知道在談到那些反對購買的意見時，要壓低聲音，同時還要透過一定的表情舉止來暗示它們並不重要。而在提到那些贊成購買的意見時，則要聲音洪亮，同時配合有力的動作來表示強調。

權衡過程是你的客戶完全在其頭腦中進行的，他使用的工具不是有形的材料，而是無形的想法。客戶所權衡的是頭腦中對於商品的想像，是一種感知的精神上和情感上對商品的印象，而不是商品實際的樣子。這一點決定了在促使客戶做出決定的過程中，銷售人員可以運用兩種巧妙的銷售方法。

第一種方法是最大限度的展現有利於客戶購買商品的意見，來盡可能的突出客戶贊成購買。除了突出客戶贊成購買商品的意見之外，我們還可以利用這兩種方法，在對比中弱化反對購買商品的意見，從而使它們顯得無足輕重。

在銷售業有共識的「擺放金字塔」原理，也就是說埃及的金字塔給我們一種非常沉穩的感覺，因為它們的底部寬廣而堅實，而且顯然沒有倒塌的危險。但是，假如我們將金字塔顛倒過來，雖然它們的實際重量並沒有什麼變化，可是因為缺乏平衡感和穩定感，所以它們會顯得比原來輕了許多。這就給了我們一個提示，當我們在客戶贊成購買商品的意見和反對購買商品的意見時，就可以利用這一原理。

當客戶感到贊成購買商品的意見在數量上更占優勢的時候，客戶就會不知不覺的認為這一端在重量上也占優勢。

你可以利用這個方法向客戶說明贊成購買商品的意見在數量上要遠遠多於反對購買商品的意見。在數量上，你既不能減少客戶所提出的異議，也不能增加自己所說的贊成購買商品的意見。

可是，你可以盡可能的將一個贊成購買的意見從不同的角度進行描述，從而讓客戶覺得它們在數量上似乎比以前更多了。

要時刻記住，我們的推銷行為作用的是有感覺的人。同樣的道理，銷售人員還要盡可能的把不同的異議合併在一起，這樣雖然異議在實際數量上並沒有變化，但在客戶的感覺上卻已經「變少了」。

此外，在進行權衡時，不僅要讓兩種意見形成鮮明對比，因此，銷售人員要努力讓那些反對購買商品的意見顯得非常暗淡，相反，要設法使贊成購買商品的意見顯得很鮮亮。

當客戶把兩種意見對比之後，他們將更容易的做出令銷售人員滿意的決定，因為雙重對比的力度當然要比一重對比的力度大。

儘管，銷售人員運用了很多技巧，但是在整個權衡過程中，銷售人員在表面上，或者說在客戶的感覺上要做到公正無私。如果客戶覺得他的權衡有失公平，那麼，他的所有努力可能都會白費。

銷售活動就是這樣一個充滿變數的活動。有時候，你信心滿滿，但是客戶可能會做出一個令銷售人員感到失望的決定，無論你的工作做得多麼好，你也不可能每一次都得到客戶的訂單。

即使那些最為優秀的銷售人員也不能夠保證自己出擊就有收穫，他們僅僅是努力將失敗的機率降到最低而已。

所以，無論客戶最終購買了你的商品還是拒絕了你的請求，只要你運用了正確的方法促使客戶做出了他們的決定，那麼你就已經完全高效的完成了成交階段第一步的工作。

第五章　讓客戶點頭說「YES」：N 個成交技巧提高成功機率

能用問的事情，千萬不要說明

提問對於銷售是否能夠成功是非常關鍵的，一些有技巧的提問與銷售過程中的每一個環節都息息相關的。

博恩．崔西說，在銷售過程中，往往開發潛在客戶的早期和得到客戶之後，以及採取行動承諾的後期，提問是非常重要的；而在銷售的產品介紹階段，對於明確回答客戶的疑問，和清楚的向客戶展示你的產品或者服務是多麼的節約成本，能夠滿足客戶需求是很關鍵的。可以說，銷售人員要想幫助客戶解決問題，那麼首先就要懂得提問，不可以進行說明。

在銷售談話過程中，主動提問的人一般就會處於主導地位。而優秀的銷售人員總是會自信並且有意識的主動提問，絕對不會跟隨銷售過程。

當然，在提問的時候，你提問的品質，以及你的一種良好邏輯順序的提問能力，這些都是在向潛在客戶展示你的專業性，讓客戶發現你對於自己下一步要做什麼非常清楚。

問題往往能夠吸引客戶的注意力，問題好像自己長了手，它會牢牢抓住潛在客戶，並且把潛在客戶拉向你。

由於每個人在回答問題的時候都需要時間，這樣你就等於抓住了潛在客戶全部的注意力。一個人不大可能在回答一個邏輯清楚且表述明確的問題的

同時還想著別的事情。特別是隨著問題的深入，潛在客戶就會越來越多的參與到與你的銷售交談中來。

如果你能夠像優秀銷售人員那樣，在提出的問題的同時有良好邏輯，有一定順序安排，你就能夠引導潛在客戶得出一個必然的結論：你的產品或服務正是他所需要的。

銷售過程中，單純的說話並不是銷售。據統計，一個人的說話速度平均是每分鐘 125 到 150 個字，但是一個人思考的速度平均是每分鐘 500 到 600 個字。也就是說當你講話的時候，潛在客戶可以一邊聽你講話，一邊想著其他的事情。而你說得越多，潛在客戶就會有越多的時間來想著如何應對你。

但是在你提問並且等待客戶回答問題的時候，潛在客戶的所有注意力都會在你這裡，因為他不可能在回答問題的時候還想著其他事情。

銷售人員在向客戶介紹自己的產品或服務是很容易的，甚至有的時候只需要重複銷售資料上的文字就可以，這也是大部分銷售人員都喜歡把時間花在向客戶介紹產品的原因。但是要把銷售陳述圍繞著一系列字斟句酌的問題來組織語言，就需要相當的預見性、良好的計畫性和一定的想像力。

博恩．崔西給銷售人員一條基本原則：如果你能提問，就永遠不要開口說。如果你必須回答一個問題或者做出一個陳述，你也要記住大部分人的注意力是有限的，他最多能接受的通常就是一次 3 句話。如果超出了這個水準，他的眼睛就開始變得呆滯，你說的話他已經聽不進去了。

在實際工作中，許多採購主管最大的抱怨就是銷售人員總是說得太多了。他們更希望銷售人員能夠認真的聽他們說；他們購買得最多的是那些問很好的問題，然後留神聽答案的銷售人員的產品或服務；他們最尊重的銷售人員，是那些用自己的產品或服務尋找一切可能的方法幫助他們把工作做得更好的銷售人員。

銷售當中還有一個重要原則就是要建立起傾聽的信任。當客戶在回答問題的時候，你也就得到了傾聽的機會。你聽得越多，潛在客戶就會越喜歡你、越信任你，對你說的東西越感到興趣，而當你要求客戶認真考慮是否購買自己產品的時候，客戶也會非常嚴肅認真的考慮你的產品或服務。

班．費爾德曼是紐約人壽保險公司最具傳奇色彩的保險銷售員，他作為世界上最偉大的銷售人員被載入《金氏世界紀錄》中。在班．費爾德曼最光輝的時候，他運用後來被稱為「費爾德曼方法」的銷售技巧，銷售了1億美元的人壽保險。

班．費爾德曼在介紹他成功的銷售方式時說，他的方法就是基於兩個活動：第一個是他問「關於客戶滲透的問題」。這是字斟句酌的、組織有序的問題，這樣的問題一下就能抓住潛在客戶的注意力和好奇心，即使是那些一開始對你最不信任的潛在客戶。

記得有一次，一個潛在客戶告訴班．費爾德曼，他對人壽保險不感興趣，雖然他非常有錢，但是根本不需要這種保險。班．費爾德曼停了一下，問道：「我能問你一個問題嗎？你的遺孀能夠穿得和你的夫人現在一樣光鮮嗎？」

潛在客戶聽完之後立即反問：「你是什麼意思？」班．費爾德曼於是解釋說：「根據經驗和統計資料，由於國家的房地產稅和遺產稅，如果你不幸發生什麼意外的話，你的遺孀可能是根本得不到一分錢的，而且在頭三年的時候裡，她只能依靠親戚接濟生活。你希望她這樣嗎？」

當班．費爾德曼說完這些話，他就獲得了潛在客戶全部的注意力。於是班．費爾德曼接著又問一些問題。

而班．費爾德曼的第二個活動就是「找到方法」，也就是說，運用財務分析的工具，去解決客戶滲透中發現的問題，並且抓住客戶的注意力。

其實，許多優秀的銷售人員都在他們的日常銷售活動中，使用這個兩步銷售方法。

一旦有客戶問你問題，就相當於你們的銷售談話被客戶控制了。這個時候，你要微笑、放鬆，也找到恰當時機問他一個問題，而不是回答他的問題。當你用一個問題回答了對方的問題時，你就會慢慢的把銷售談話的主動權控制到自己手裡。

使用第三方證明，建立絕對信賴

使用證明文件，能獲得別人的信任。早在商朝，當時的推銷商們就已經發現了用第三方的證明具有非常強大的說服力。

在今天，隨著科學技術的不斷發展，越來越多的企業都開始使用宣傳手冊、獲獎證書、影音資料，甚至是客戶的推薦信等等，來作為第三方客戶可以參考的資料。

在博恩 · 崔西推銷自己產品的時候，他總是會讓已經購買了他產品的客戶幫他寫一封推薦信，而以後又會用這封推薦信來作為下一位客戶的參考依據。

在美國有一家私人大企業，在其下有一個專門從事汽車零配件生產和銷售業務的分公司。而喬傑 · 哈利就是這家公司裡面一位資深的銷售顧問。

結果幾天之前，喬傑 · 哈利聽說有一家著名的汽車生產商要採購大量的汽車配件，而這件事又是由另一家公司的瑪瑞勒負責的，於是喬傑 · 哈利就找到瑪瑞勒進行面談。

可是兩個人見面之後，瑪瑞勒非常抱歉的對喬傑 · 哈利說道：「實在不好意思，本來我們是約好了今天，可是，我剛剛接到總公司的通知，要我下午四點去開會，我們恐怕只有不到一個小時的時間了。」

喬傑 · 哈利：「哦。這樣啊，可見貴公司在美國的發展是多麼的迅速和緊迫。」

瑪瑞勒：「是啊，我現在正在負責採購一批關鍵部位的零部件，一定要品質非常可靠才行。」

喬傑．哈利：「這是當然了，我知道你們公司一直都是以品質優良而著稱的，我能不能問您一下，這麼多的零部件，不可能都在國內購買吧？」

瑪瑞勒：「嗯，你說得沒錯，我們剛開始先要從國內試點一部分。如果國內的產品品質不行的話，我們還是要使用國外的。看來你對這一行還非常了解啊。」

喬傑．哈利：「是啊，我在這一行業已經做了好幾年了，也和很多其他的知名汽車生產商打過交道，熟悉了500大企業的採購模式和一般性的策略。」

瑪瑞勒：「看樣了你是一個行家，你們都為那些知名的汽車生產商提供過什麼樣的零件？」

喬傑．哈利：「各種配件都有，我們幾乎和各大汽車生產商都打過交道，特別是一些知名品牌企業，他們對於配件的品質要求，可以說幾乎達到了吹毛求疵的地步，幸好我們的經驗豐富，產品也經得起考驗。」

瑪瑞勒：「能不能對我具體講講？」

喬傑．哈利：「我們向某個汽車知名生產商展示產品的時候，他們當時已經找了五家作為備選的供應商，用了三個星期的時間分別考察了這五家供應商，最後，連我們自己都沒有想到，他們居然會把一年的合約全部給了我們。」

瑪瑞勒：「那最後他們為什麼選擇你們呢？」

喬傑．哈利：「因為在這五家供應商中，我們是唯一採用德國進口材料的，這樣使用週期就會拉長；而且我們還是唯一採用日本進口加工機床的，確保了加工工藝以及流程的嚴密。並且，我們負責加工的工人都是在國外深造過的，他們對我們的售後服務也是相當滿意，就是這四點，這家公司最後選擇了我們。」

經過這樣一番談話，瑪瑞勒對喬傑．哈利的談話表現出了極大的興趣，正準備和喬傑．哈利進一步詳細交談的時候，喬傑．哈利提醒他說，開會的時間到了，於是兩人約好明天進行細談。

其實，我們透過這個案例不難看出，喬傑．哈利是一位非常出色的推銷人員，因為他非常熟練的引用了用第三方進行證明的銷售技巧。

在剛開始的時候，喬傑．哈利就接受到了兩大壓力，第一是瑪瑞勒的這家公司是一個歷史悠久的大公司；第二就是瑪瑞勒沒有給喬傑．哈利太多的時間。

可是喬傑．哈利卻沒有按照瑪瑞勒的思路走，而是反過來進行提問。在交談的過程中，喬傑．哈利非常聰明的運用客戶的滿意來證明自己產品的優秀，很快就打動了瑪瑞勒的信任和好感。

博恩．崔西說：「當你在成交的時候運用『第三方證明』，你最好是用比較有權威的某個人或者是知名企業，這樣才能夠更好的贏得客戶的信任。」

可見，你要想獲得好的業績，就要在適當的時候用一下第三方的證明，讓客戶對你建立起絕對的信任。

重視反對意見

在推銷的過程中，銷售人員會遇到客戶的反對意見，有的銷售人員認為客戶不看好自己的產品，那就算了，不去管了。其實這種做法是很愚蠢的，這些提出反對意見的客戶可以看成是你的潛在客戶，而且博恩．崔西也認為，能夠對你的產品提出異議的客戶，說明他們還是關注你的產品的，如果你掌握一定的銷售技巧，就可以消除他心中的異議，達成共識。

博恩．崔西在自己的推銷過程中，每次遇到客戶的反對意見，都會非常的重視，然後他再想辦法來消除客戶的異議，從而讓本來對他產品有異議的客戶，變成他的長期客戶。

博恩．崔西所使用的方法無非以下這麼幾種：

第一，換位思考，站在客戶的角度想問題。

曾經有一位保險公司的推銷人員在電話約定的時間對王先生進行了拜訪。當她一進門就開門見山的說明自己的來意：「王先生，我這次是特地來請您和您的家人投保人壽保險的。」

沒有想到王先生一句話就把她給頂了回來：「什麼保險，都是騙人的。」可是沒有想到這位保險銷售人員並沒有生氣，而是微笑著問道：「哦，我這還是第一次聽說，您能具體跟我說說是怎麼回事嗎？」

王先生繼續說道：「如果我和我的妻子投保了 3,000 元，現在 3,000 元可以買一臺電腦了，但是等到 20 年之後再把 3,000 元領回來，大概連黑白電視機都買不到了。」

銷售人員十分好奇的問道：「那是為什麼呢？」

王先生很快就回答說：「這不是很明顯啊，一旦通貨膨脹，物價上漲，貨幣就會貶值，錢就不值錢了。」

銷售人員問：「那根據您的經驗，您覺得 20 年之後一定會通貨膨脹嗎？」

王先生回答說：「我不敢完全肯定，但是根據這幾年來的情況來看，可能性是很大的。」

銷售人員透過與王先生這樣的對話，基本上弄清楚了王先生心中的顧慮，由於是她首先維護王先生的立場，說道：「您的見解有一定的道理。如果物價真的急劇上漲 20 年，那 3,000 元恐怕也就能買幾根大蔥了。」

王先生聽到這裡自然是十分高興，可是接下來這位精明的銷售人員開始向王先生解釋這幾年物價不穩定的原因。這些話王先生聽了也不只一遍，但是今天再聽這些話卻覺得很親切，說來也是奇怪，經過這位保險銷售人員這麼一說，王先生就面帶笑容了，當然，她也完成了保險的推銷任務。

這位保險銷售人員的成功祕訣是什麼呢？就在於她能夠站在客戶的立場

上去考慮問題，做到了設身處地，投其所好，從而找到對方感興趣的事情和要求，之後再進行引導和曉之以理的說服，最終達到了自己的目的。

博恩．崔西也說，如果銷售人員不與客戶的步調達成一致，那麼是很難達成交易的。就好比案例中的保險銷售員，如果沒有與王先生保持一致，而是對王先生的「保險是騙人的勾當」的觀點進行一番爭辯，那麼最後再讓王先生購買保險肯定是不可能的。

第二，懂得為客戶尋找一些藉口和理由。

有的銷售人員在進行產品的推銷過程中，往往會採取一種讓客戶面子上過不去的方式來讓客戶購買產品。這種方式從短期來看，是可以增加銷售人員的利益，但是如果長期下去，絕對不是一個好的推銷方式。

博恩．崔西一直強調「客戶永遠是對的」，這種意識就是要求銷售人員應該時刻為客戶著想，為未來的客戶著想，甚至在某些時候能夠把客戶的錯誤自己承擔起來，為客戶找藉口和理由。

有的銷售人員覺得為客戶找藉口和理由，自己很委屈，其實這是一種將心比心的做法，最後一定會贏得客戶的尊重。

你想想，客戶說出「不」肯定是有他的原因的。如果銷售人員無法讓客戶主動說出他不購買你的產品的原因，那麼最好的辦法就是為客戶找藉口，讓客戶不要失去了面子。

給客戶適當的壓力是可以的，但是如果你不斷的向客戶施壓，那麼就會把自己放到與客戶敵對的位置上，這樣就更不利於交談的展開了。

當某一個客戶說出「不」的時候，他肯定是覺得產品不合他的心意。可是客戶的這種想法很少會直接表現出來，而是用沒有帶錢，或者是其他的理由來拒絕你。如果遇到這種情況你該怎麼辦呢？難道是和客戶一起回家拿錢嗎？這當然是不行的。

博恩．崔西建議，如果遇見這樣的情況，就不妨友好的與客戶告別，也只有你做到尊重、理解客戶，客戶才會反過來尊重你，青睞於你。

保留反對意見結束交易

在推銷的過程中，可能你會遇到這樣的情況，那就是你的潛在客戶不願意繼續往前了，也就是說不想和你再繼續談下去，甚至還不願意告訴你是什麼原因的時候，你就可以問他：「看起來還有些問題讓你猶豫不決，你能告訴我到底是什麼問題嗎？」

博恩．崔西特別提醒銷售人員，在這個時候一定要特別注意，就是當你問了這個問題後，一定要保持沉默。在專業的銷售領域，你唯一能夠使用的壓力工具就是在問了一個關鍵問題之後保持沉默，這樣的話，潛在客戶往往會透過最終回答你的問題來打破這種沉默。

不管潛在客戶向你回答的是什麼，哪怕是反對意見，你都要認可並且讚美他的問題。「那真是個好問題，我非常高興你能提出這個問題來。除此之外，還有別的原因讓你現在猶豫不決，遲遲不能做出購買的決定嗎？」

同樣，在你問完潛在客戶之後，還是要保持沉默。一般來說，第一個反對意見就好像是煙霧彈，而真正的反對意見往往是在你撥開這片煙霧之後的。如果潛在客戶這個時候又給了你一個反對意見，並且你認可這個反對意見的話，那麼你還應該繼續追問。

「除了這個之外，還有別的嗎？」直到潛在客戶最後說：「沒有了，剛才那個就是我最擔心的了。」

一般情況，潛在客戶在給你最主要的反對意見之前總是會給你一堆非常小的，看起來無關緊要的反對意見。他們似乎知道如果你引出了他們最主要的反對意見並且能夠成功回答的話，他們就沒有理由不購買了，所以他們通常會一直保留著這個最主要的反對意見不告訴你，他們就是害怕自己在告訴你之後，你勸說他們，讓他們做出購買決定。

而這個時候，你應該繼續問：「嗯，好的。如果我們能把你的這個反對意見處理好，使你百分之百滿意的話，你是否會買呢？」

繼續保持沉默，直到潛在客戶說：「是的。如果你能讓我把這個擔心消除的話，我看沒有別的原因不讓我買了。」

而你可以接著問：「你認為，我們應該怎麼做，你才能完全滿意呢？」

你要注意，潛在客戶對這個最後問題的回答就是結束交易的條件，也是你達成銷售必須跨越的最後一個障礙。一旦潛在客戶告訴了你怎樣才能讓他感到滿意，那麼你現在要做的事情就是盡力去實現這些讓他滿意的條件，直到最後達成銷售。

博恩．崔西根據自己多年的銷售經驗，告訴銷售人員在這個時候潛在客戶往往會說一些諸如這樣的話：「在我做出最終決定之前，我可能需要和使用過你產品的兩三個客戶溝通一下。」

而你可以這樣回應：「為了不浪費你的時間，我們現在就會去滿足你的要求。我們現在按照我們之前討論的先把訂單寫好，當然簽單的前提條件是你和兩三個其他使用者進行溝通並感到滿意。」

這個時候，你沒有必要出門去收集這兩三個人的電話、姓名再回到潛在客戶的辦公室。恰恰相反，你應該直接就讓潛在客戶簽單，雖然這個訂單需要在接下來的幾天時間內，向他提供推薦人的溝通作為確認條件。

博恩．崔西說過：「永遠要嘗試當場搞定這次銷售，即使有其他條件的限制。這種方式，會比日後再來機會更大。」

所以，聰明的銷售人員總是把讓客戶簽單看成最為重要的，其他的限制條件可以在簽單之後再去解決。

「門把手」結束交易法

在實際的銷售過程中，你可能會遇到客戶遲遲不肯做出決定的情況，這種情況是非常讓人頭疼的，而且這樣的客戶永遠都會存在。這種客戶都一個共同的特點，就是不管你如何介紹你的產品，他們就是不肯給你一個明確的答案，總是會說「我再考慮考慮」之類的話。

你想想，你已經在對方身上投入了大量的時間和精力，如果放棄的話那就太可惜了，但是客戶又遲遲不肯表明態度，結果你什麼好處都沒有得到，那麼你應該怎麼辦呢？

博恩．崔西建議不如來一個「不要拉倒成交法」，也可以說成「孤注一擲成交法」或者是「一決生死成交法」。這種方法可以幫助銷售人員重新找回談判的主動權，能夠讓這僵持不下的局面做出一個了結。

博恩．崔西把這一方法做了具體的步驟分析：首先，當你在拿出合約之後，依照你之前和客戶討論好的內容進行填寫，然後就可以打電話給你的客戶，說有要緊的事情找他，因為你之前已經和他接觸過很多次了，所以這一次他也不太會拒絕你。

而當你們碰面之後，雙方坐下來，你這個時候應該用誠懇的目光看著客戶的眼睛，並且對他說：「你好，我回去想了很長的時間，我覺得今天我們應該做出一個決定，不管你是喜歡我們的產品，還是不喜歡我們的產品。你覺得好嗎？」

「這份合約我已經按照之前我們討論好的內容都填好了，如果你同意的話就簽上你的名字，這樣我們就能夠馬上為你安裝產品了。」這個時候你就可以把合約遞給他，並且用手指一下需要他簽名的地方，之後你再把筆遞給他，就可以靜靜等候他做出決定了。

根據博恩．崔西多年來對銷售行為的研究，這個時候往往大多數客戶都會去看你的合約，之後就會出現這樣的舉動：先看看你，再看看合約，再看看你，之後簽下他的大名。可是還會有一部分客戶剛開始是看看你，再看看合約，最後拿起筆又放下，決定不購買你的產品。不管你遇到的是哪一種情

況，你都可以放下心頭上的重擔，從而專心的去開發新的客戶。

博恩．崔西說過：「除非你起身要走，否則你永遠也不知道對方的價格底線和終極條款。」在博恩．崔西居住在墨西哥的時候，他常常會在市場或者市集上面用自己用過的舊東西去換新的東西，或者買一些東西。結果博恩．崔西發現，有的時候他可以跟商販已經討價還價了很長時間，可是最後就是不知道賣主到底還能夠降多少錢。而你表示不買了，準備走開的時候，這個時候他就會告訴你。

曾經有一次，博恩．崔西頭也不回的走過了整整的一條街區之後，那位店主才跑過來，追上他，並且答應把東西按照原先博恩．崔西說的價格賣給他。

現在有一些非常出色的談判人員就很善於用「起身離開」的技巧。不管他們是進行普通的談判，還是與外商談判，他們往往會先離開談判會議室，離開談判的地點，因為他們就是透過這樣的方式來強化自己在談判中的地位，這樣也會給對方造成一種強勢的感覺。

在與客戶談判的時候，特別是大客戶，一個最為常見的策略就是：你可以假裝生氣，而起身離開，甚至是怒氣沖沖的奪門而出，並且堅定的告訴客戶這樣的價格是不可能的。然後，客戶就會想辦法與你緩解矛盾，從而尋求重新談判的機會。而客戶這個時候對你的態度就會更加的友善和親切，你們之間溝通起來也會比剛開始順暢很多。

博恩．崔西認為另外還有一種談判技巧也非常有效，那就是所謂的「好人／壞人」策略。其實這一策略也就是我們所說的「扮白臉／扮黑臉」。

舉例來說，假如要進行一場警方調查，就會有兩個審問者出場，其中的一個人會表現得很厲害，非常苛刻和強硬;而另一個人則會表現得非常友善，善於溝通。一個人強硬的要求罪犯交代其所犯的罪行，而另一個人則用非常和藹的態度來安撫罪犯，從中打著圓場。

當然，銷售人員在與客戶進行談判的時候，一定要讓你的同伴知道你要使用這樣的策略，並且知道你會在什麼情況下使用。這樣一來，當你們在某個恰當的時機停止與對方談判，以「不行拉倒」的心態離開之後，就會讓客戶困惑不已，進而讓客戶方寸大亂。

當價格阻礙成交時

當你在與客戶交談的時候，價格成為你們交易的障礙，你應該怎麼辦呢？博恩．崔西總結自己這麼多年的銷售經驗，提出了完美議價的幾種方法。

第一，以「小」藏「大」談價格。

在可能的情況下，銷售人員應該用較小的計價單位進行報價，也就是將報價的基本單位縮至最小，這樣就隱藏了價格的「昂貴」感，而客戶也會更容易接受。

在日本首都東京，經常能聽到這樣的不動產銷售宣傳語：「出售從東京車站乘直達公車，只需要 75 分鐘就能到家的公寓。」

可是如果把 75 分鐘時間改成 1 小時 5 分鐘，那麼買房子的人肯定會大幅度減少，因為人們會覺得房子離市中心太遠了。在消費者的心中，以分鐘為單位計算時間自然就會感到很短，可是如果以小時計算時間就會讓他們感到很長。

而房地產的銷售人員正是利用了客戶的這種心理，變換了一下時間的單位。當然還有一點，就是添加了「直達」、「只需要」等強調的字眼，讓人們更感覺這棟公寓離東京並不太遠了。

例如還有一位客戶看中了一塊圖案特別、質地精良的地毯，於是詢問銷售人員價格。「每平方公尺 24.8 元！」銷售人員回答。「怎麼這麼貴？」客戶聽完之後開始搖頭了。可是過了一陣子，又來了一位客戶詢問這塊地毯的價格，而另一位銷售人員則是微笑著問道：「你可以告訴我一下你房間的面積嗎？」「大約 10 平方公尺左右。」

於是銷售人員略加思索之後說道：「讓你的房間鋪上地毯只需要 1 角錢。」客戶聽完之後簡直不敢相信自己的耳朵，一臉都是驚訝的表情。銷售人員繼續說：「你想想，你的房間是 10 平方公尺，而地毯每平方公尺是 24.8 元，一塊地毯可以鋪五年，每年是 365 天，這麼算下來可不是一天的花費才 1 角錢啊。」

最後，這位客戶非常痛快的就買下了這塊地毯。

其實，這種把產品的價格分攤到使用時間或者是使用數量上的做法，就會讓價格顯得微不足道，更容易讓客戶接受。

如果我們從心理學的角度來看，會發現人們對較小的事物更容易做出決定。按照博恩．崔西的理解，當一個人面對一個較小決定的時候，他往往更容易做出肯定反應。而這種所謂的價格細分法，就是建立在這一思維基礎之上的，從而讓客戶的心中會產生一種錯覺，在客戶內心最容易接受的時候完成簽單。

第二，巧妙拒絕客戶不合理的要求。

在銷售過程中，討價還價是客戶的低價格追求與銷售高價格追求的一種矛盾抗爭的過程，當你面對客戶一些不合理的要求時，你一定要勇於說「不」，但是你要注意如何說出這個「不」，使其既不會損害公司的利益，又不會讓客戶沒有面子，甚至最後還能夠達成你們之間的交易。

第三，限制特定條件拒絕客戶。

銷售人員可以透過許可權受到限制等理由婉轉拒絕客戶。具體來說，也就是指當自己缺乏滿足對方需要的某些必要條件，金錢、技術、權力等等，你只要說：「對不起，這個已經超出了我的權力範圍，所以請見諒。」

銷售人員需要利用自己有限的能力來對客戶進行暗示，告訴他不要提一些可望而不可及的要求，從而能夠讓客戶妥協。

同時，在你的言語之中，你應該表現出積極的態度，這樣才能夠做到既不傷害對方，又維持一種良好的銷售氣氛。

第四，先談價值，後談價錢。

銷售人員在與客戶進行銷售洽談的時候，要謹記一條原則：一定要避免過早的提出價格問題。

不管你的產品價格是多麼合理，只要客戶選擇購買你的產品，那麼他就一定會付出相應的經濟代價。也正是由於這樣的原因，你起碼應該先讓客戶對你的產品價值有了一定的了解之後，再和他討論價格的問題。

如果你一上來就和客戶討論價錢的問題，那麼很有可能會因此而打消客戶的購買欲望。博恩．崔西有一句名言：「價格是打動不了客戶的。」只有當客戶充分認識了產品的價值之後，才能夠激發起他們強烈的購買欲望，而客戶對於產品的購買欲望越大，他們對價格的問題就會思考得越少，所以，博恩．崔西建議銷售人員在與客戶商談的時候一定要先談價值，後談價格。

「這價錢也太貴了」

作為銷售人員，我們應該明白，其實客戶喜歡挑剔價格，這件事本身並不重要，而重要的是客戶為什麼喜歡挑剔價格，這背後的真正原因是什麼。所以，當客戶挑剔你產品的價格，你不要想著與客戶爭辯，而是一定要去發掘並找出客戶挑剔價格的真正原因。

你可以透過提問的方式來找到自己的答案，你也可以這麼問你的客戶：「您為什麼說我的產品貴呢？」有的時候，客戶可能並沒有什麼理由，這只不過是一種習慣性的思維，一種下意識而已。為此，當客戶挑剔你產品太貴的時候，你不要有什麼激烈行為，只要禮貌並且好奇的問他：「您為什麼這麼說呢？」這樣就可以了。

可能你的客戶現在並不想購買，所以他就會對你的產品價格有意見。博恩．崔西曾經遇到過一些客戶，他們總是喜歡排斥產品的價格，而原因就在於他們真的就沒有興趣購買你的產品，換句話說，也就是對你的產品一點興趣都沒有。

假如你的產品價格是 500 美元，而你最後同意以 5 美元賣給他，他肯定還是會抱怨產品太貴，可能他現在根本沒錢，可能他對你的產品根本就沒有興趣，所以不管你的產品或者服務有多麼吸引人，他可能都不會考慮這份額外的開銷。

如果你真的遇到這種情況的客戶，那麼你就應該直接問他們：「您認為什麼時候您會想購買我的產品呢？」或者是「在什麼樣的條件下，您才會認真思考這項產品的建議呢？」

有的時候，在客戶抱怨你產品的價格太貴的同時，你可以問他：「你為什麼會有這樣的感覺呢？」根據博恩．崔西的行銷經驗，一般當你提出這樣的問題之後，大多數客戶都會很坦然的告訴你為什麼他們會這麼認為。自然而然，當你接著問他們為什麼覺得你產品的價格過高的時候，他們也會告訴你原因的。

客戶告訴你的理由可能有的很勉強，有的很實在，但是不管怎麼說，這些都是你一直在苦苦追逐的理由，而不是你所看到的客戶挑剔價格的表面因素。

有的時候，你的未來客戶會故意讓你開出一個較低的價錢，因為很多客戶，特別是很多企業人士都喜歡把「折磨」銷售人員當成是一種樂趣，或者可以說，由於他們的行業習慣，就喜歡一開始就要銷售人員開出較低的價格。

大多數人是不喜歡把所有事情搬到桌面上來辦的。假如他們覺得跟你討價還價之後，可以從你這裡得到比較好的價錢，那麼他們絕對還是會與你繼續討價還價的。只要在客戶心裡，他們覺得你產品的價格壓得還不夠低，他們是很難下單購買的。所以，你一定要設法找出客戶挑剔價錢，與你討價還價的小伎倆，然後你就可以將計就計，從而完成你的單子。

博恩．崔西在這裡順便要提一句，銷售人員絕對不要在客戶向你非常清楚的表明他要購買你的產品或者服務之前，就提出減價或者折扣的優惠，萬萬不可以用減價或者折扣的方式來刺激客戶的購買欲望，用博恩．崔西的話來說，「這個時候使用減價技巧還為之尚早。」

因為減價、折扣就好像是你在最為關鍵的時刻可以用來推倒未來客戶心理防線的一把利劍，假如你這把利劍揮舞得太早，那麼到了銷售的最後階段，你就沒有什麼別的招數了，最後只能眼巴巴的丟失掉這筆生意。

而銷售的基本原則就是，購買欲望會降低價格的敏感度，客戶想要這個產品，他對價格就不會太在意了。而當你能夠讓客戶看到他用了這款產品之後所獲得的極大好處之後，勢必會提升客戶的購買欲望，而這個時候他就會決定向你購買，你在價格上就不會與客戶進行糾纏，因為價格細微變化是無法阻擋客戶高漲的購買欲望的。

證明你的產品並不貴

產品是否太貴的問題，是很多客戶在與銷售人員溝通時，首先應該面對的問題。當你與客戶第一次見面，而且開始討論產品和價錢的時候，客戶都有自我判斷，不會聽你的一面之詞。從客戶的立場來看，你的價格可能就太高了，甚至你都沒有機會再去談論產品的價值問題，因為客戶會緊緊抓住價格太高這個問題不放。

博恩．崔西做個這樣一個試驗，他找到一大一小兩個氣球，在這兩個氣球中間有一根細管子連接。第一個氣球是大氣球，在上面寫上「價格」二字；而第二個氣球是小氣球，上面寫上「價值」二字。當你在與客戶見面的時候，

不管你談論哪一個氣球，而那個氣球就會膨脹起來。

如果你打算一開始就談論價格，那麼價格氣球就會因為把空氣從價值氣球中抽過來而出現膨脹現象；反之，假如你先談的是價值，那麼價值氣球就會因為價格氣球的縮小而脹大。

所以，當你非常詳細的向客戶說明了你的產品有哪些好處之後，特別是你能夠非常正確的認知到客戶需求和內心想法時，而且你也強調了自己產品能夠為他帶來什麼樣的好處，那麼到了銷售的末尾你會發現，其實客戶心中的價值氣球永遠都會比價格氣球要大一些，這樣就是很多客戶基於你產品的利益而非價格去購買的原因。

在銷售過程中，有的客戶比較挑剔，如果你遇到的客戶仍然在挑剔價格太貴，那麼這就明確的告訴你還沒有完全化解客戶「這個產品對我有什麼好處？」的心理疑惑。實際上，只有當你能夠讓客戶了解你的產品，而且使用你的產品得到一些特別的好處時，產品才有可能被客戶購買。

博恩．崔西的朋友艾倫．辛伯格說過：「一個最纖弱瘦小的客戶，只要他用手指著產品並且說『太貴了，』這就足以讓一個高大魁梧的銷售人員瞬間崩潰。」

其實銷售人員經常會因為客戶的一些話語而心情沮喪，因為價格是白紙黑字的東西，銷售人員很多時候沒有辦法改變價格，所以這個時間就會感到非常無助。

博恩．崔西教給銷售人員幾種辦法，讓你用來消除客戶嫌你產品太貴的疑慮。最為簡單的辦法就是當你遇到客戶說「太貴了」，你只要簡單的問客戶：「你覺得它貴了多少？」當然你首先要知道這個金額數字。

博恩．崔西的經驗是，當未來客戶把你的產品或者服務和競爭者進行比價時，你已經不需要花費精力去解釋客戶這麼比較是否合理，你只需要把你和競爭者之間的價格差合理化就可以了。

例如現在你有一件產品價格是 1,000 美元，而競爭者的價格可能只要 800 美元，那麼你要談的重點就是這 200 美元，而不是解釋你的產品為什麼是 1,000 美元。

首先你應該告訴客戶，與競爭者的產品相比，他使用你的產品得到的額外價值遠遠超過了 200 美元。

再次，你一定要貶低這 200 美元的差價的意義，而且還要讓客戶覺得，對於這件產品的整個價值來說，這 200 美元的差價實在是不足為奇。

其實，客戶嫌你的產品價格太貴，往往是因為你還沒有把產品足夠的資訊介紹清楚。如果客戶已經充分了解到了產品可以為自己帶來哪些好處，那麼自然就會明白產品功效超過了自己購買的價格。

所以，一名優秀的銷售人員是絕對不會和客戶爭執產品價錢貴與不貴的，更不會說自己的產品價格「很合理」「很公道」這類的話，而是不管客戶怎麼嫌你的產品貴，都先會表現出完全認同他的觀點，接下來再說：「先生，我們的產品絕對不算便宜，但是之所以這麼貴是有原因的，您請看……」等等。

博恩．崔西在自己剛進入銷售行業的時候做過電話銷售人員，他從電話行銷中學習到一點，那就是全世界的買家都喜歡問：「多少錢？」

當時博恩．崔西還是一位菜鳥級的銷售人員，所以他為了讓客戶繼續聽他說話，只好先把產品的價格告訴給客戶，結果當博恩．崔西一講完產品價格，對方馬上就會回答：「對不起，沒興趣。」完了把電話掛掉。

時間一長，博恩．崔西發現如果在介紹產品之前先報價格一定會失去客戶。後來他發明了一個應對價格問題的技巧：

如果對方問：「多少錢？」

博恩．崔西就會假裝很高興的回答：「您問得好，如果這個產品不適合您，您不用花一分錢。」

結果客戶就感到非常意外，會繼續問道：「啊？您是什麼意思？」

接著博恩．崔西會繼續說道：「您想想，如果我介紹給您這個產品，不是最適合您的，您一定不會購買的，對不對？」

這樣客戶自然而然就會問是什麼產品了，而你也有機會把產品的功效向他進行詳細的介紹。如果可以的話你還可以與客戶約定時間，親自上門，這樣成功的機率就會更大。

客戶往往喜歡聽從「內行」的話

在銷售活動中，銷售人員需要透過建立自己一定的信譽水準，來獲得拜訪潛在客戶的機會。

但是博恩．崔西說過：「要想做成銷售，需要的不僅僅是信譽，而是極大的信譽。」也就是要讓客戶在聽完你的陳述後，認為你是一個非常值得信任的人，因為你要讓一個客戶冒著風險從你這裡購買產品，你需要獲得客戶對你的高度信任。

而一直以來，博恩．崔西認為要想建立起極大的信任，最有用的辦法就是在銷售活動中學會使用證明。一般情況下，當客戶對你抱有懷疑態度的時候，你的一個好的使用證明就完全打消掉客戶對你的疑慮，而這對你達成銷售也就足夠了。

當然，最有用的使用證明往往就是來自於跟潛在客戶熟悉或類似的客戶。人們在得知和他們相像的人已經購買了這個產品或服務，並且很滿足後，內心勢必會受到很大影響。

假設當你去拜訪一家公司，銷售自己某種產品的時候，這家公司的總經理可能剛開始對你的產品並不感興趣，而這個時候如果你說：「哦，市中心你的那個主要競爭對手剛從我這裡買了兩臺去。」

當你說完這句話，可能本來對你產品不感興趣的潛在客戶的態度就會來一個 180 度的大轉彎，說：「那好吧，我看看，不錯的話那我也買！」因為人們一旦發現自己認識，特別是尊重的人購買了某項產品或服務，他們通常也會做出購買決定。這個時候，他已經沒有必要知道更多的資訊了，因為如果一個和他一樣的人說這個東西不錯，那麼這個東西對他來說也應該是好的。

在銷售過程中，一般有三類使用證明可以幫助你：推薦信、客戶名單和使用照片。

推薦信對於客戶購買決定的影響是非常龐大的。假如你手上有一封著名公司或著名組織機構的高層人員幫你產品寫的推薦信，信中寫出他們認為你產品或服務的品質和價值，這樣肯定會替你帶來極大的信任，激發客戶的購買欲望。

如果在你所推銷的產品這個行業裡面，你有足夠的推薦信，那麼基本上可以說這個行業裡面的許多公司都會從你這裡購買東西，而你對類似客戶做成的銷售越多，接下來再向其他客戶推銷產品就更容易了。

許多優秀的銷售人員在剛開始的時候，都是在某個行業裡只對一家公司做成了一樁買賣，然而他們就會要求這家公司幫自己寫一封推薦信，並且把這封推薦信作為銷售的標竿，在同行業裡做成了許多買賣。

當然，博恩．崔西建議你在展示關於自己產品的證明文件時，應該先把證明文件「打扮」一番。你應該用資料夾把你的使用證明裝好，那些重要的語句可以用鮮豔的螢光筆進行強調，以便當潛在客戶翻閱的時候，一眼就可以看到你強調的部分。

第二類使用證明就是客戶名單。如果你的產品或服務銷售給了大量的公司，你就可以列一份 50 個或 100 個，甚至是 500 個使用過你產品的公司名單。而且你的客戶名單中都是有著嚴格採購程序的不錯的公司，如果他們經過綜合考慮後，都決定從你這裡購買，那麼潛在客戶會認為他這樣做也一定是安全的、不錯的。

客戶看完之後，往往會這樣想：既然已經有成百上千的客戶都認真評價過你的產品，而且最後還是在激烈的市場競爭中選擇了你的產品，那麼你的產品應該不會錯。所以，潛在客戶也會毫不猶豫的選擇你的產品。

第三類的使用證明是照片，特別是對你的產品感到滿意的客戶在收貨或者使用你產品或服務時的照片。

博恩．崔西的一個朋友是做房地產銷售的。有一天，她銷售了一幢房子之後，客戶滿意的把「已售」牌子放在「出售」牌子前面，而博恩．崔西的這個朋友把這個場景拍了下來。她把這張照片放大，放在她的文件裡面。當她的潛在客戶看到這個照片時，潛在客戶立即就問她這個照片的事情，因為潛在客戶想知道關於這張照片的所有細節。

包括這個房子在哪裡？它的要價是多少錢？用了多長時間銷售出去的？銷售價格是多少？原來的住戶要搬到哪裡去？這個時候，博恩．崔西的這位朋友與客戶談話的焦點，全部都聚焦於這個滿意客戶的這張照片上。

也就是從那天之後，博恩．崔西的朋友總是會帶一部專業相機，拍了好幾張滿意客戶站在他們房子「已售」招牌前的照片。她把這些照片放大，放在銷售陳述資料裡面。很快，她的客戶名單和她的收入都像坐火箭一樣快速成長。

其實，每個試過這種方法的銷售人員也都有著同樣的經歷，透過證明文件，自己的銷售業績可以說是飛速成長，原因就在於這些證明文件讓潛在客戶打消了對產品和對銷售人員的任何疑慮。

可見，使用各種證明在銷售行業中是很重要的，它可以為銷售人員節約大量的時間和金錢，而且使用證明是銷售人員在激烈市場競爭中獲得極大信任，從而贏得客戶的關鍵。

預留感情資本，細水才會常流

在客戶的人際關係建立中，很多銷售人員經常犯一個很嚴重的錯誤：在推銷的過程中，一心想著去開發更多的客戶，卻往往忽視自己如何來維護這些人脈。也就是說很多銷售人員在推銷自己產品的時候忘記了與客戶培養良好的感情，而這也非常容易導致客戶關係網的不穩定。

在現今激烈的市場競爭中，人際關係變得越來越重要，關係是需要經常走動的，而客戶更需要銷售人員經常聯絡，這樣才能與客戶維持一個良好的關係。銷售人員如果不把一些新鮮的情感因素添加到自己的人脈資源裡，就會導致人脈的枯竭，而這樣下去的後果是非常嚴重的，會讓你失去很多本來屬於你的客戶。

博恩．崔西認為，銷售人員要想與客戶之間建立起一種長期的、良好的關係，就一定做到不斷的、而且是主動的與客戶進行聯絡，這樣的方式有很多種：比如電話、書信、親自拜訪、網路上溝通等等。只有當我們加強與客戶的聯絡，才能夠不斷加深自己與客戶之間的情感，對他們表現出我們的關心，讓客戶真正感覺到你是在關心他們。

如果你一旦與客戶建立起來這種良好的合作關係，那麼即使客戶在以後沒有購買你的產品，他也會向周圍的朋友推薦你的，等於是為你建立起了一個良好的信譽。

任何優秀的銷售人員都是善於維護自己的人脈的，他們能夠不斷的開發新客戶，鞏固老客戶。

博恩．崔西就是一個非常善於維護自己人脈的銷售員。博恩．崔西為了和自己的客戶建立起穩固的關係，他會定期與客戶見面，而且每個月都會寄給客戶一張賀卡。當然，賀卡的顏色、樣式也是不同的，博恩．崔西每次都能夠帶給客戶不同的問候。

作為博恩．崔西的客戶，他們一年四季都能夠收到來自博恩．崔西的問候和祝福，所以客戶們覺得自己備受博恩．崔西的尊重，為此客戶也會在過節的時候想起關心他們的博恩．崔西。

博恩．崔西正是透過常常聯絡客戶的方法，才讓自己擁有了大量的人脈資源，也讓許多想購買產品的客戶一下子就想到了博恩．崔西。

如果我們每一位銷售人員都能夠像博恩．崔西這樣用心的去工作，用心的去對待客戶，廣泛建立並認真維護好自己的人脈，那麼銷售業績肯定會不斷提高，最後也能成為和博恩．崔西一樣的偉大銷售人員。

關於如何維護人脈，鞏固客戶之間的關係，博恩．崔西為我們提出了以下幾點參考意見。

第一，經常聯絡感情。

作為銷售人員，如果你不經常與客戶見面，那麼往往就會讓客戶淡忘了你的印象。所以你在工作之外的時間或者是順便路過客戶所在地的時候，應該去拜訪一下客戶，請他吃一頓飯，這樣做都可以加深自己在客戶頭腦中的印象。

如果因為某些原因你與客戶不能見面，那麼你也可以利用網路或者是寄送賀卡的方式來表達自己的問候，這樣往往能夠告訴客戶，自己時刻都在想著他。而且博恩．崔西建議銷售人員一定要記住客戶的一些特殊日子，比如生日、結婚紀念日等等，如果你能夠在客戶的這些特殊日子發給他一個電子郵件，或者打一個電話，這都會讓客戶明白你的用心良苦。

第二，盡可能提高客戶的滿意度。

美國一位著名的行銷大師說過：「別擔心你的客戶不被注意，如果你不去注意你的客戶，你的競爭對手一定會去注意。」在一定程度上，銷售人員的成功就等於是讓客戶滿意。

為此在銷售的過程中，銷售人員一定要不斷提高客戶的滿意度，讓你的競爭對手沒有可乘之機，這樣就減少了競爭中存在的風險，同時也穩固了你與客戶的關係。

博恩・崔西把建立客戶滿意度看成是一件並不容易的事情，因為它真正需要的是銷售人員全心全意、堅持不懈的為客戶進行服務。

第三，對待同一位客戶態度要始終如一。

作為銷售人員，千萬不能在與客戶簽完訂單之後就對客戶置之不理。博恩・崔西做銷售以來，不管是客戶順利，還是客戶失意時，始終與他們保持著密切的聯絡。你只有像博恩・崔西這麼去做，才能夠在客戶當中得到大家的認可，才能夠永遠抓得住客戶的心，讓客戶與你長期合作、持久合作。

不可小看的力量

我們之前說過博恩・崔西在做銷售工作的時候會借助很多工具，而其中有一個重要工具就是電話，電話對銷售人員的作用不可小看。

現今，電話已經成為銷售的媒介與手段，而且從最近新興起的電話銷售員工作，就可以看出電話在銷售中的位置。

利用電話進行銷售有很多優點，比如電話能夠節省時間，而且經濟實惠，限制比較少。假如在同樣的時間內，電話推銷比面對面接觸到客戶要節省更多的事情；同時，電話拜訪也消除了當面拜訪客戶時可能會產生的尷尬。

打電話這件事情看起來非常簡單，但是銷售人員想要做好卻並不容易，因為客戶可能會隨時掛斷你的電話，那對於你來說無疑是一種極大的打擊。所以，當我們使用電話進行銷售之前，一定要先做好一份計畫，然後按照這一計畫去進行，並且在打電話的過程中，你要保持熱心。

博恩・崔西還提出了銷售人員在透過電話銷售時要注意的一些問題，例如：打電話給客戶本人。我們應該根據不同客戶的不同習慣，選擇不同的時間打電話。在客戶沒有告訴你什麼時候可以打電話給他們的情況下，你可以根據他們的習慣自己進行掌握；如果客戶有所要求，那麼你就要嚴格按照他

們的指示進行。

而且你還要說明白打電話的原因。在電話打通之後，你要在最短的時間裡把自己打電話的目的說出來。

在實際工作中，有的銷售人員為了表示禮貌，會與客戶進行寒暄，這樣就等於是在浪費時間，也會讓客戶認為銷售人員沒有什麼重要的事情，說不定會找個藉口掛斷電話。所以，銷售人員在簡單的問候之後，就應直接說出自己的姓名、公司名稱，以及你打電話的目的。

這樣才能確保自己的電話打得有價值。一定要在電話中有所收穫，至少要知道在客戶的周圍，還有哪些人有消費需求，他們的姓名、電話、地址等等。

當然，也不要忘了再一次向客戶宣傳和介紹自己的產品，這樣做可以加深客戶對你的印象，在向他人介紹起來的時候，就不會說不出產品的任何優點。

透過電話你們達成初步協定之後，最好能讓客戶在電話中就答應我們願意幫助我們介紹客戶，並要在電話中承諾，自己會付給他們一些佣金。

如果沒有成功，你一定要弄清楚原因。如果客戶不願意幫我們介紹潛在客戶，那麼就說明他對你還有不滿意的地方，假如你不能處理好這個問題，說不定這個客戶下次也不會再找你購買東西了。

利用好電話這個工具，能為我們找到更多的客戶。因此，銷售人員要掌握以上的原則，更加有技巧的使用電話，才能夠讓銷售人員的電話價值更好。

與客戶先交朋友，後交談

博恩·崔西認為只有與未來客戶建立良好的關係，才能讓銷售變得輕鬆。而大多數銷售人員通常在這一環節上，不知道如何去做。

其實，建立關係首先是從切入正題開始的，千萬不要一說話就是「您今天好嗎？」開頭，應該在電話中直接表述你打電話的目的，並說出你的名字、你的公司名稱以及你能如何幫助你的潛在客戶。如果潛在客戶已經知道了你打電話的目的，而他並沒有掛斷電話。接下來，你可以開始著手與對方建立關係，並敲定約見的相關事宜。

在與客戶的談話過程中要保持一種輕鬆、幽默的氛圍，讓雙方都保持一個良好的心情。有時候，一個 10 秒鐘的小笑話，比 10 分鐘的推銷更有助於拉近彼此之間的關係。

不要試圖做一個喋喋不休的介紹者，應該善於傾聽，透過傾聽掌握重要的資訊。潛在客戶的心情、個性以及他的家鄉等，這樣的資訊是最基本的，它有可能是一個絕佳的共同話題。

博恩．崔西每次打電話的時候，都會非常留意對方的口音，以便確定他是什麼地方的人。而如果你先前恰好到過那個地方，或者你們是同鄉，那就等於找到了一個絕佳的共同話題。

透過三言兩語，了解潛在客戶的心情。如果對方在回答你的問題時，簡短而又生硬，那麼，盡快結束談話。你只須說：「我想您一定很忙，我看我們還是選一個更合適的時間，到時我再打給您吧。」或者換另一種表達方式，結束談話。

在安排與潛在客戶約見的時候，一定要考慮潛在客戶的個人興趣。如果你的潛在客戶是一個集郵迷，你這樣約見：「我希望為您介紹一下我們公司的產品。我們不妨面談 10 分鐘，前 5 分鐘用於談談產品，後 5 分鐘我們聊聊今年的熱門郵票。」

人有一個共同的特點，就是喜歡談論自己。對於銷售人員來說，這是一個機會，銷售人員可以藉此機會找到與他們的交匯點，建立良好的關係，以此達到銷售成果。

贏得銷售的關鍵在於先贏得潛在客戶。要建立起商業友誼，最關鍵的是找到與潛在客戶的共同愛好。誰都不想從銷售人員哪裡購買產品，但是他們喜歡從朋友那裡購買。

在與潛在客戶建立關係的過程中，應該具有足夠的敏銳力和洞察力，去發現生意之外一些事情。

對於約見地點的選擇，可以選在潛在客戶的辦公場所進行，這是最容易建立關係的地點。銷售人員應該善於分辨那些有利於其建立關係的線索：圖片、雜誌、照片、書籍以及書桌上物品等等，這些都可以透露出潛在客戶的個人喜好或業餘追求。相關榮譽證書和照片的問題是一個很好的涉入點，相信你的潛在客戶會很願意與你分享他的成就或愛好。

充滿智慧的談話總會讓人神往，針對潛在客戶的興趣點提出開放式問題，會很好的引起他們的話題。盡量選擇自己了解的話題，不過還要考慮潛在客戶是否感興趣。談話的語言要幽默，幽默能夠加強關係，會促成積極的產品展示。

盡量不要選擇自己的辦公場所當作約見地點，因為在那裡很難找到與潛在客戶的共同點，因為你無法透過觀察潛在客戶周圍的環境找到線索。因此，要保持敏銳的洞察力，注意觀察潛在客戶的著裝、車輛、名片等等，以便從中找到線索，確定他的性格特點。

在開放式的交談中，聊聊他們週末做了什麼，喜歡什麼電影或電視節目。要注意不要涉及政治和個人隱私，也不要不停的談論自己的問題。

銷售人員要讓潛在客戶感受到自己的真誠，虛偽的態度逃不過人的眼睛，只能令人生厭。只有真誠的對待他們，才能獲得同等的對待。最後需要注意的是時間問題。地域不同，與潛在客戶建立關係所需的時間就不同。

要最終實現銷售使命，要在產品展示之前先與潛在客戶建立關係。而這其中的關鍵就是讓潛在客戶談論自己，因為你可以藉此機會找到與他們的共同點，並建立關係，以提高銷售的成功率。

消除客戶異議的 7 種方法

銷售人員在處理客戶異議的方法有很多，每一種都有優點，也有不足。銷售人員在處理客戶異議時，要具體問題具體分析，根據不同的情況選擇和結合使用下面的方法。下面 7 種方法，是處理客戶異議的好方法，值得學習和掌握。

第一，轉化處理法。

是利用客戶的反對意見自身來進行處理。客戶的反對意見是有雙重屬性的，它既是交易的障礙，同時又是一次交易機會。銷售人員要是能利用其積極因素去抵消其消極因素，未嘗不是一件好事。這種方法是直接利用客戶的反對意見轉化為肯定意見，但應用這種技巧時一定要講究禮儀，而不能傷害客戶的感情。此法一般不適用於與成交有關的或敏感性的反對意見。

第二，以優補劣法。

又叫補償法。如果客戶的反對意見的確切中了產品或公司所提供的服務出現的缺陷，那麼你千萬不可以迴避或直接否定。明智的方法是肯定相關缺點，然後淡化處理，利用產品的優點來補償甚至抵消這些缺點。這樣有利於使客戶的心理達到一定程度的平衡，有利於使客戶做出購買決策。

當推銷的產品品質確實存在問題，而客戶恰恰提出:「這東西品質不好。」銷售人員可以從容的告訴他：「這種產品的品質的確有問題，所以我們才削價處理。不但價格優惠很多，而且公司還確保這種產品的品質不會影響您的使用效果。」

這樣一來，既打消了客戶的疑慮，又以價格優勢激勵客戶購買。這種方法側重於心理上對客戶的補償，以便使客戶獲得心理平衡感。

第三，反駁法。

反駁法是指銷售人員根據事實直接否定客戶異議的處理方法。理論上講，這種方法應該盡量避免。直接反駁對方容易使氣氛僵化而不友好，使客戶產生敵對心理，不利於客戶接納銷售人員的意見。但如果客戶的反對意見是產生於對產品的誤解，而你手頭上的資料可以幫助你說明問題時，你不妨直言不諱。但要注意態度一定要友好而溫和，最好是引經據典，這樣才有說服力，同時又可以讓客戶感到你的信心，從而增強客戶對產品的信心。反駁法也有不足之處，這種方法容易增加客戶的心理壓力，弄不好會傷害客戶的自尊心和自信心，不利於推銷成交。

第四，委婉處理法。

銷售人員在沒有考慮好如何答覆客戶的反對意見時，不妨先用委婉的語氣把對方的反對意見重複一遍，或用自己的話複述一遍，這樣就可以削弱對方的氣勢。有時轉換一種說法會使問題容易回答得多。但只能減弱而不能改變客戶的看法，否則客戶會認為你歪曲他的意見而產生不滿。

銷售人員可以在複述之後問一下：「你認為這種說法確切嗎？」然後，再繼續下文，以求得客戶的認可。

比如客戶抱怨：「價格比去年高多了，怎麼漲幅這麼高。」

銷售人員可以這樣說：「是啊，價格比起前一年確實高了一些。」然後再等客戶的下文。

第五，合併意見法。

合併意見法是將客戶的幾種意見匯總成一個意見，或者把客戶的反對意見集中在一個時間討論。總之，是要發揮削弱反對意見對客戶所產生的影響。

但是，要注意不要在一個反對意見上糾纏不清，因為人們的思維有連帶性，往往會由一個意見派生出許多反對意見。擺脫的辦法是在回答了客戶的反對意見後馬上把話題轉移開。

第六，轉折處理法。

轉折處理法是推銷工作的常用方法，即銷售人員根據有關事實和理由來間接否定客戶的意見。應用這種方法首先要承認客戶的看法有一定道理，也就是向客戶做出一定讓步，然後再講出自己的看法。此法一旦使用不當，可能會使客戶提出更多的意見。在使用過程中要盡量少的使用「但是」一詞，而實際交談中卻包含著「但是」的意見，這樣效果會更好。

只要靈活掌握這種方法，就會保持良好的洽談氣氛，為自己的談話留有餘地。例如，客戶提出銷售人員的服裝顏色過時了，銷售人員不妨這樣回答：「小姐，您的記憶力的確很好，這種顏色幾年前已經流行過了。我想您是知道的，服裝的潮流是輪換的，如今又有了這種顏色回潮的跡象。」這樣就輕鬆的反駁了客戶的意見。

第七，冷處理法。

對於客戶一些不影響成交的反對意見，銷售人員最好不要反駁，採用不理睬的方法是最佳的。千萬不能客戶一有反對意見，就反駁或以其他方法處理，那樣就會對客戶造成你總在挑他毛病的印象。當客戶抱怨你的公司或同行時，對於這類無關成交的問題，都不予理睬，轉而談你要說的問題。

例如，客戶說：「啊，你原來是某某公司的銷售人員，你們公司周圍的環境可真差，交通也不方便呀！」

儘管事實未必如此，也不要爭辯。你可以說：「先生，請您看看產品……」

在實際推銷過程中，80%的反對意見都應該冷處理。但這種方法也存在不足，不理睬客戶的反對意見，會引起某些客戶的注意，使客戶產生反感。而且有些反對意見與客戶購買關係重大，銷售人員把握不準，不予理睬，有礙成交，甚至失去推銷機會。因此，利用這種方法時必須謹慎。

團體銷售法

與一對一的銷售相比，團體銷售更能展現一個銷售人員的專業功力。要想獲得團體銷售的成功，不僅要擅長於銷售，更要擅長於察言觀色，還要特別擅長於活躍團體的氣氛。

在團體銷售中，有一個很有趣的現象，你可能說服了六個人中的五個人但仍沒做成生意。更讓人絕望的是：有可能你說服了 100 人中的 99 人，但最後仍然沒做成生意。

團體銷售有一個特點，就是在銷售過程中你必須取悅於每個人。這實在是一件困難的事情，但是不論多麼困難，我們都要努力做到。

博恩．崔西的一位朋友是銷售專家，他曾成功的向上千人做過團體推銷，每個團體的規模是 10 到 500 人不等。博恩．崔西曾說過，如果你能在團體推銷中獲得成功，那麼你就會發現，一對一推銷是如此輕鬆。

就團體推銷問題，博恩．崔西總結出一些指導原則，這些原則都是被實踐證明過的，確實有效。

但是你首先要認清團體銷售的概念，只要超過兩人的銷售就可以稱為團體銷售，因此即使你是在向兩三位決策者做介紹，也適用這些原則。

第一，注重儀表。一個銷售人員儀表要出眾，但不能過於搶眼。如果你穿著奇裝異服去見客戶，會使客戶分神。你應該讓客戶把注意力集中在你說什麼，而不是你穿什麼上。

第二，提前到達。進行團體銷售的時候，一定要把自己介紹給每一個人。在自我介紹的過程中，盡可能多的了解對方的個性，並記住那些顯得最熱情的人。

第三，叫出每個人的名字。這是很多銷售人員的制勝法寶。被別人記住名字是一件很有面子的事，尤其是在同事、朋友面前，因此，人們喜歡聽到別人叫自己的名字。如果你記住每個人的名字，就很容易讓團體的意見向有利於你的方向傾斜。當然做到這點並不容易，或許你有必要去參加一個記憶力訓練課程。

第四，資訊準備。在進行團體推銷之前，應事先了解一些關於這個團體的資訊。對與他們的歷史、目標、成就等等，最好能夠一一列數。盡量使用「我們」這樣的語詞，讓他們覺得你不是外人，那對你會有很大的好處。

第五，關注團隊的核心人物。在關注團隊每一個人的同時，還要特別關注團隊之中的一兩個人，當然這一兩個人不是普通人物，而是能夠影響到整個團隊的領導人物。你應該向他們展示自己，獲得認可。

第六，關注團隊的問題人物。如果發現團隊中的某一個人存在著對產品的疑問或其他問題，應該直接、及時的與他們進行交流，隨時化解他們的疑問。俗話說：「一顆梨子爛，爛掉一籃子」，只有切實的解決出現的問題，才不至於全盤皆輸。

第七，將反對意見扼殺在搖籃裡。為防止反對意見的出現，應該及早向團隊提出問題，發現反對意見的苗頭，並把它扼殺在搖籃裡。其實，只要用心你就會發現，所有的客戶之間有共通性，他們所問的大多數問題都是相似的。既然你已經知道他們會問什麼，索性提前把答案準備好吧！

第八，讓客戶參與互動活動。客戶只有參與到互動中來，才會有做主人的感覺。客戶感覺好了，訂單自然就來了。

第九，首先讓支持你的客戶發言。人們做事都有一種先入為主的傾向，鑑於此，應該讓支持你的客戶儘早發言。在最初的接觸中，你應該準確的判斷出，哪些客戶的意見是傾向於你的，一定要記住他們，他們是你的「王牌」。適當的時候將他們請出來，比你自己親自上陣的效果要好得多。

第十，分發優質的介紹資料。介紹資料代表著公司的形象，它在客戶心中的可信度遠遠超過你口頭描述的。因此，我們必須保證派發的介紹資料明確、簡潔、易讀、印刷優質，這有助於你做成買賣。需要注意的一點是，一

定要保證這些資料品質一流。

第十一，設法活躍團體的氣氛。幽默能夠化解很多問題，它的作用非同尋常。你不一定要刻意的去講一些幽默故事，只要言語中流露出風趣就足夠了。風趣的談吐能創造出良好的談話氣氛，只要團體客戶中的每一個人都跟著你一起笑了，就說明他們的心情不錯，在這樣的情況下是很容易買東西的。瞧，你的目的很容易達到了。

一個團體銷售高手與我們分享了他的經驗：要征服一個團體只有一個辦法，那就是把他們作為一個整體來征服。也許道理很簡單，但是確實是最有效的、也是最直接的銷售辦法，至於真正的成功，就看你的水準了。

高效的客戶評估

在評估客戶的時候，不知不覺喪失自己的目標是很多銷售人員常犯的錯誤，就是所謂「為評估而評估」。我們評估客戶和其他銷售環節工作，一樣都是為了要盡可能的提高銷售人員實際銷售工作的效率。

要實現這個目標，需要做到兩點：一是要避免錯誤以及由其帶來的危害；二是要不斷增強正確方法的功效和由此產生的優勢。

所以，當你與客戶會面的時候，一定要張大雙眼，不放過一切可以揭示客戶性格的細節，同時也要充分關注構成會面背景的各種要素。客戶公司辦公室裡的職員、客戶的下屬、客戶的商業夥伴，他們的衣著打扮、舉止言論等等，所有這一切都可能僅僅是一種表象。但是，如果你仔細的研究和分析他們的語氣和語調，很可能就會得到非常有價值的資訊。

心理學認為，人們都透過語言、語氣和語調及動作這三種方式來展現自己的內心世界。因此，銷售人員也要透過這三種方式來對客戶做出評估。一般認為，在這三種方式當中，語言可靠性最差，語氣和語調可靠性較強，動作則是最為重要和可靠的。

客戶的語言、語氣和語調及動作，作為一種徵兆反映著他們的心理活動。我們首先需要觀察到這些徵兆，然後我們還必須能夠對其進行解讀。銷售人員第一要對客戶進行心理分析，第二還要能夠靈活的運用分析結果，以便使自己的銷售工作變得更加順利和更加高效。

對於銷售人員來說，觀察客戶的心理活動徵兆相對容易，而對其進行解釋分析則比較複雜。這點應該包括兩個方面，一是必須要準確的解讀客戶的語言、語氣和語調及動作所表達的真正含義，二是銷售人員還必須思考對於這些剛剛了解到的關於客戶的心理活動，所揭示的性格特徵如何利用。

很多銷售人員感到困惑的是，在極短的時間內考慮眾多的因素，對客戶做出一個綜合的評估，這種方法能夠實現嗎？是否具有可行性？這種懷疑是可以理解的，因為它對銷售人員的技能要求確實比較高。但是，事實上，只要你在實踐中嘗試一兩次，你就會知道這種方法非常可行，並且非常有效。

你完全可以在幾秒鐘之內完成客戶評估的所有步驟和流程，這幾秒鐘就是從你獲准進去面見客戶之後，到你開始向客戶介紹你的產品之前。當然，如果你能將對客戶的評估貫穿於整個銷售流程當中，就可以不斷的鞏固和豐富最初所觀察到的資訊。你要相信你的大腦的運行能力，無數的事實已經證明：人類大腦的運轉速度能達到非常高的水準，這種速度足以保證銷售人員從見到客戶的幾秒鐘內完成對客戶詳盡的評估。

當然，人類大腦的這種高效的運轉的能力，是需要開發和經過大量的訓練和實踐才能達成的。事實上，我們正常人每天都要與別人打交道，所以我們每天都不停的在對別人進行評估。當你在注意力非常集中的觀察一個人的時候，你就可以迅速對他產生一個既明確又獨特的印象。產生的這個印象來源於你對其的感知，同時綜合了你對以前曾經遇到過的其他人的印象。你的所有感覺器官，比如眼睛、耳朵、手指都是大腦派出的工具，它們所得到的視覺、聽覺、觸覺的資訊要經過大腦的快速的加工處理，大腦在做這些事情

的時候，是摻和進以前的記憶儲備進行綜合分析的。在對一個人定性之後，我們的大腦還會對其分類，將其儲存起來。

一般人的大腦在某些場合很可能一直是在漫無目的的進行運轉，而不是按照某種科學的方法進行工作。這是我們專業的銷售人員在工作場合所不允許的。然銷售人員必須對自己的大腦進行一番有針對性的訓練，養成一個良好的習慣，使它按照自行運轉。訓練有素之後，以正確的方式對他人進行評估就會變得非常的容易了。

第六章　方法總比問題多：面對不同客戶及問題需求的 N 個成交方法

利用產品的售後條件來成交

博恩．崔西創造的「談售後」成交的方法，其實是可以與暗示成交法組合使用的。這種方法使用起來也是非常簡單的，你在與客戶進行交談的時候，就可以假設客戶已經購買了你的產品或者服務，你無須再請求他進行購買，你只要談論他在購買了你的產品或者服務之後的感受就可以。

例如，如果客戶正在考慮是否選用你們公司的服務，你就可以說：「你會喜歡我們公司提供給你的這種服務類型的。當你下單後，我們會在 30 分鐘內幫你確認，3 天內保證給你提供相應的服務，這比任何的任何一家公司都更加快捷和便利。」

這個時候，就立刻會在客戶的腦海裡創造出速度和效率的思維圖像。客戶已經把自己想像成為了一個滿意的客戶，想像自己正在享用你剛剛描述過的那些好處。

假如是住房，你可以這麼描述，「你會非常喜歡在這樣的周邊環境中生活的。因為這裡不僅安靜平和，而且緊鄰學校、商店和上下班的高速公路，做什麼事情都非常方便，這對於您來說真是一個不錯的選擇！」

如果是辦公設備，你就說「你們辦公室裡面一旦安裝了這部影印機後，它會在你們的辦公室以每分鐘百份的速度印出東西。而且它很安靜，不會打

擾你們的工作，你甚至都不知道它在運行。」

其實不管是什麼樣的情況，當潛在客戶用自己的語言向你描繪出一個畫面，清晰的、令人興奮的、感性的勾勒出他們在享受產品或服務的情景時，他們其實就已經變成了你的客戶。而作為銷售人員，你的任務就是創造出盡可能多的令人興奮的畫面，描繪客戶從你的產品中能夠感受到哪些好處，博恩·崔西認為一名銷售人員如果創造這樣的畫面越多，那麼你的邀約就會變得越不可抗拒。

曾經博恩·崔西的一位學生是一家休閒車輛經銷商的頂級銷售人員。她銷售的休閒車每輛價值為50萬美元。她的業績超過所有了自己身邊競爭對手三到五倍，也就是這些優秀的銷售業績，讓她成為了所在行業裡面的超級大明星，可是我們誰也想不到，她實現這個目標的技巧卻很簡單。

一天，當有一對夫婦來看休閒車的時候，她首先會驗證他們是不是認真的買家。然後，她會向他們展示幾輛車讓他們去看，看看他們對休閒車的規格和價位有什麼特殊的要求，對什麼感興趣。

最後，她會安排與客戶一起到餐廳共進午餐，讓他們試駕他們挑選出的最喜歡的車輛。

在幾天之後，她會按事先與這對夫婦所說好的，她開著那輛車到他們家。她請他們坐到車裡，把他們安置得舒舒服服，然後把他們帶到公園裡一個很具田園風光的地方，眺望湖泊，眺望遠山。就這樣，她開著車帶著這對夫婦四處看看，讓這對夫婦一直面向這美麗的景色，就好像他們是坐在餐桌前看美麗的風景一樣。

接著，當這對夫婦坐在那裡欣賞這美麗風景的時候，她就會從自己的野餐籃裡拿出精美的午餐招待他們。

午飯之後，在回答完這對夫婦所有的問題，她說：「這種生活方式是不是很棒？你們難道不希望自己能隨時駕著這輛車外出嗎？」

當這對夫婦聽完她的問題，看了她一眼，又互相對看了一眼，最後朝山嶺和湖泊望過去，就決定購買了。

其實，她之所以比任何同行賣出的車多肯定是有原因的。而非常簡單的說，就是與客戶的交談。你在和客戶交談的時候，一定要把他們想像成已經購買了產品或服務一樣，這樣，你才能夠讓他們感受到在買完你的產品或者服務之後所能獲得的美好享受。

有助於減輕客戶壓力的暗示成交法

在整個銷售過程中，銷售人員完全可以使用暗示的力量來進行成交，在客戶的頭腦裡面栽下發芽的種子。

當客戶思考和做出最後購買的決定時，很大程度上是基於銷售人員所介紹的內容，也就是故事或者是口頭上的描述。往往客戶能夠按照一種邏輯方式接收推銷人員的資訊，但是在他們的大腦中只能夠保留下一定數量的資料。

可是科學家們透過實驗發現，人們對於圖片或者是故事，人們的大腦卻能保留數百萬個。

我們仔細觀察會發現，凡是出色的銷售人員，總是那些不斷對產品進行感性描述的人。他們會透過自己的語言在客戶的大腦裡創造出畫面。而這些畫面經過能夠引發出情感，比如客戶的購買欲望等等。

在示範後的很長一段時間內，客戶自然就會忘掉你所列舉出的所有事實，但是在他們的頭腦中卻能夠非常清晰的記得那些畫面和故事。

我們可以進行一下假設，把自己想成一名汽車銷售人員，現在正在賣車。你可以說：「你肯定喜歡這輛車在山林裡操縱自如的樣子。」

你知道當你向客戶說出這番話的時候會發生什麼嗎？客戶肯定會想像汽車在山嶺裡穿行的情景。他立刻就會欣喜的陷入到駕駛這輛車繞著彎到處跑，兩邊都是樹木和湖泊的情景中去。

當然，如果你是銷售住宅的，你可以說：「您住在如此安靜的街道上，肯定會感到非常舒適，相信您會喜歡的。因為這裡實在是太美了，夜晚總是寂靜無聲，讓人感到是那麼愜意。」

當你這樣來描述一幢房子的時候，聆聽你描述的客戶肯定就會立刻從自己的思維和情感上去想像這樣的美景。假如他的朋友在他買完之後，問他為什麼購買這幢房子的時候，他幾乎也會把你當初給他描述的美好景象，複述給他的朋友聽。

博恩．崔西在為一家住宅房地產商做銷售諮詢的時候，他們就設計了一個非常有效的電話問題，結果讓前來看房的人數翻了一倍。

在住宅房地產行業裡，開發商在新聞媒體上為銷售中的住宅投放廣告，邀請潛在客戶透過電話了解更多資訊。

通常情況是潛在客戶的往往會打來電話過來進行諮詢，比如詢問該房現有的最優惠的價格和一些細節條款，然後就會掛斷電話。結果，最後房地產商連見到這些人，與他進行一下深入交談的機會都沒有。

而博恩．崔西教給他們，改向客戶介紹房子的實際情況和細節，而且要求他們用一個簡單的問題來回答客戶的諮詢。例如可以說：「謝謝你打來電話。我能問你個問題嗎？你是想找周邊環境都很安靜的理想住宅嗎？」

你不要小看這個問題，這其實是博恩．崔西精心構思過的。當接電話的銷售人員提出這個問題的時候，就能夠立刻讓潛在客戶的腦海裡湧現出兩個思維畫面。第一個思維畫面是他自己定義的「理想住宅」。這個畫面當然是因人而異。但是這寥寥數語立刻會讓打電話的人想像出他個人心目中的理想住宅。

該問題引出的第二個畫面自然就是周圍安靜的環境。客戶如果把兩個畫面組合在一起，那麼他們就會毫不猶豫的回答：「當然。你那裡有滿足這樣條件的房子嗎？」

那麼在接下來，你只需要說：「是的。事實上，我們有兩套房子剛剛上市，你或許想看一下。它們在報紙上還看不到。你什麼時候有時間看一下這兩套房子？」

這種簡單的方法，其實就是博恩．崔西創造的憑藉暗示的力量來結束自己與客戶之間的對話。而這種方法可以大大提高銷售人員的辦事效率，讓來這家房地產接待處的客戶流量翻了兩倍還多。

最後只要一旦客戶來了，這家公司就會派出某位銷售代表帶著客戶去看房子，而一般這位銷售代表會一直與這位客戶保持聯絡，直到他們找到了自己想要的房屋類型為止。

迅速讓客戶做出決定的直接認定成交法

博恩．崔西在自己推銷的時候，還經常使用一種被稱為「直接認定成交法」的銷售方法。「直接認定成交法」有助於掌握好銷售談判的主動權。

在具體實施這種方法的時候，你就可以先問客戶：「您好，請問到目前為止，我向您介紹得還算清楚吧？」如果對方回答說：「很清楚。」那麼你就可以直接認定他已經答應購買你的產品了。所以你接下來在自己的頭腦當中一定要讓自己樹立客戶已經打算購買的意識，你就當作客戶已經說：「好，我買了。我應該如何下單？」

然後，您就可以詳細的向客戶描寫如何購買，拿出你的訂單，合約，填上相關的資料。「接下來，您請看一下，如果沒有什麼問題的話，您只需要在這裡簽字就可以了。我們會在約定的時間內把貨物送到您家的，這樣可以嗎？」客戶通常都會滿意的點點頭。

其實，博恩．崔西告訴銷售人員在使用「直接認定成交法」的時候，最為關鍵的就是讓客戶不要有一種被強迫的感覺，而應該是讓客戶沒有負擔

的、自願的做出決定。

而「直接認定成交法」的妙處就在於它能夠讓銷售人員掌握到交易的主動權。當你說道：「接下來，您只要……」，並且描述一下下單訂貨的流程，客戶往往就只有面臨著兩種選擇，第一是同意你的意見，購買你的產品；第二就是他需要提出另外的理由來反駁你，阻止交易的進行。

這就叫「轉移重點」，也就是客戶討論的是產品的功效，而不是「要不要買」的問題。換句話說，作為銷售人員，你已經把客戶的注意力轉移到了獲得產品和產品的功效能夠為自己帶來什麼樣的享受的問題上，所以客戶就會把自己的注意力全放在怎麼獲得這樣的功效，而不是到底要不要購買的問題上。

當然，你也可以這樣來轉移客戶的注意力：「您好，您需要不需要我們幫助您把產品包裝一下？」或者是說：「請問，您是選擇付現金還是刷卡呢？」這樣的提問之所以巧妙，就在於不管客戶選擇哪一種方式，都等於客戶已經預設了他要購買你的產品，這樣你就可以輕鬆的成交了。

博恩．崔西認為，「直接認定成交法」也可以在銷售人員介紹產品快要結束的時候使用。在這個時候你就可以拿出自己的筆，看客戶一眼，然後就說：「您好，我問一下您，您的送貨地址是哪裡，我好安排幫您送貨。」

這就好像是我們平時看電視和電影，結局總是經過導演認真精心設計的。而這種結局的設計絕對不是無中生有，而是根據劇情出現的恰當動機，產生了最大戲劇性的變化。

一樣的道理，銷售人員的成交過程也必須經過精心的設計和安排。當你在與客戶談話接近尾聲的時候，你就要開始行動起來了。

這個時候你一定要明白自己應該做什麼，就好像你在開一輛車，什麼時候打什麼檔，什麼時候需要換擋，你心中一定要有數才可以。

保證介紹的產品功效足夠多

你在推銷產品的時候，應該盡可能讓產品本身說話，想辦法讓客戶看到產品的優點和長處，這樣才能夠引起客戶的注意和興趣，激發起客戶的購買欲望。

在推銷的過程中，很多客戶都會對你的產品產生異議，而減少客戶提出異議的辦法就是做一次詳盡的產品介紹。你把你的產品介紹得越完整、越詳細，客戶對產品的了解就越清楚。

有很多銷售人員在銷售過程中只為客戶做一個非常簡單而粗略的介紹，以便節約時間，快速成交之後趕赴下一個預約客戶。但是，博恩．崔西認為銷售人員無論是出於什麼樣的理由，不管是在時間多麼吃緊的情況下進行推銷，都要把產品進行詳細的介紹。因為越是這種情況，客戶往往提出了更多的異議，而作為推銷人員的你就不得不花費更多的時間去解釋和說服他們。因此，作為銷售人員要正確對待介紹產品這一項重要的工作。

對於銷售人員來說，介紹產品並不是複述說明書，客戶想要聽到的東西是你能夠告訴他在產品說明書上沒有的東西，也就是說，客戶更希望聽到更有價值的東西。如果你只是按照說明書上的內容向客戶進行一下複述，客戶肯定是不會掏錢購買你的產品的。

博恩．崔西指出，銷售人員必須針對不同的客戶，向他們塑造你的產品的優點，讓他們知道你的產品能為他們帶來哪些好處。而以下的這幾種方式是你可以採取的為客戶分析產品的進程，當然這個工作要在你分析之前全部想好，這樣才可以在為客戶講解的時候做到流暢自然的表達：

第一，說明你的產品能夠幫助客戶賺錢。

假如你的產品能夠幫助客戶賺到錢，而且客戶也確實從你的產品中證實了這一點的話，他們肯定會有非常強烈的購買欲望，而在這個時候你也會發現和客戶說產品的價格已經不再是一個問題了。

第二，說明你的產品能夠幫助客戶節省錢。

博恩．崔西曾經說過一句話：「假如你的產品不能夠幫助客戶賺錢，那麼就做到幫助客戶省錢吧。」你應該仔細想一想，看看你的產品有哪些省錢的功能。這其實是銷售人員最常用的一種引起客戶對產品感興趣的方法，當然，這種方法在說明書上肯定是找不到，所以你就必須要引導客戶，讓客戶產生購買欲望。

第三，說明你的產品能夠幫助客戶節約時間。

對於我們每個人來說，時間就是金錢，特別是對於一些生意場上的客戶來說，時間就是效率，更是生命，所以這個觀念你可以反覆的向你的客戶說明，也許你這樣的一番話正中客戶的下懷，最終促成生意的成交也就變得簡單了許多。

第四，說明你的產品能夠為客戶帶來安全感。

在市場上和你產品同類型，相似的產品肯定還有很多，如果你的產品沒有什麼突出的優勢，那麼你就可以按照博恩．崔西的建議，想一想你的產品能否為客戶帶來安全感，如果你能夠讓客戶明白使用你的產品可以得到安全保障的話，那麼相信即使你的產品比其他的同類產品價格稍微貴一點，客戶也會欣然購買的。

記得有一次，一對夫婦帶著一個小孩去車行看車，博恩．崔西當時非常熱情的接待了他們。博恩．崔西並沒有多說什麼，只是請這對夫婦自己慢慢看。最後，這對夫婦選中了一種型號的車，但他們嫌這輛車比其他品質相近的車價格貴了一些。而這個時候，博恩．崔西向這對夫婦做了這樣的介紹：「你們的這種感覺我同樣也會有，但以後你們會發現，這一百元是花得最值得的部分。因為，這輛車有一個非常好的名字，叫做『你放心吧』；它還有一個非常好的刹車器，這個刹車器經久耐用，方便簡單，更重要的是安全可靠。」

博恩．崔西繼續說道：「太太，您想想，您的小孩騎自行車，您最擔心的是什麼？當然是安全，對不對，多花 100 元買一個安全，您難道不覺得太值得了嗎？而且，一輛車，您的小孩至少會使用五年吧？五年只多了 100 元，每天才多了多少錢呢？您還有什麼好顧慮的呢？」這對夫婦也覺得博恩．崔西的話很有道理，最後就決定買下了那輛車。

其實，在這個成功的銷售案例中，博恩．崔西的產品介紹策略就是先抓住焦點，將孩子的安全作為突破點，只強調剎車器，並形象化的把自行車稱作「你放心吧」。

所以說，作為銷售人員，你在介紹產品的過程中，一定要仔細觀察，判斷客戶對哪些事項最感興趣，這可能就是他們的購買利益點。然後你要集中精力去強調這些客戶最感興趣的購買利益點上。而之後，你就可以直接的與客戶成交。

第五，說明你的產品能夠提高客戶的身分和地位。

絕大部分的客戶在購買一種產品的時候，頭腦中都有產生這樣的想法：希望這種產品能夠顯示自己的身分和地位。

而且現在許多產品的廣告也開始側重於這一方面的宣傳，所以銷售人員在對客戶介紹產品的時候，不妨多給客戶一些這方面的引導，尤其是在推銷那些價位和品味比較高的、精美的產品時。

第六，說明你的產品口碑好。

當你的未來客戶知道第三個人，特別是老客戶對你的產品非常滿意之後，往往內心就更容易信任你的產品，而你也更容易打動他們的心。

在剛開始的時候，客戶由於對你的產品不是十分了解，所以特別希望能夠有一個了解這款產品的人給他一些建議，而你的老客戶對產品的好評則成為了你制勝的法寶。所以，你一定要讓客戶真切的感到老客戶對你的產品是多麼的滿意。

博恩．崔西認為，對於銷售人員來說，妥善準備產品介紹和解說方式，是非常重要的，一般情況下，一個經過精心規劃和設計的產品介紹，比一個沒有經過規劃的產品介紹的說服力要高 20 倍以上。

另外，在介紹產品之前，銷售人員還要注意你所推銷的對象是誰，他在社會當中扮演什麼樣的角色，只有當了解了客戶之後，你的介紹才更有針對性。

讓客戶用用看的「狗狗成交法」

「狗狗成交法」可以說是一種廣為人知的成交必殺技巧。博恩．崔西算過一筆帳，全世界每年大概有幾十億美元的產品是透過這種方法賣出去的。因為這種成交方法很簡單，說到底就是讓每一位客戶親自用一用你所推銷的產品。

博恩．崔西解釋說，之所以把這種方法叫做「狗狗成交法」，就在於它的由來的確是和小狗之間有關係。在寵物店，當小孩子吵著要養狗的時候，可是父母卻不願意幫孩子購買時，寵物店的老闆常常就會利用這樣的機會把狗狗賣出去。

特別是很多孩子喜歡小狗，但是大部分的父母都是養過小狗的，他們知道小狗會到處大小便，亂叫，掉毛，甚至有的時候看不住小狗還會出現意外情況，所以大部分父母總是不同意小孩子養小狗的。

如果小孩子很想養小狗的話，那麼就會不斷的要求父母幫他們購買，讓他養，最後父母實在被孩子鬧得沒辦法了，就會帶著孩子去寵物店。

而精明的寵物店老闆當然知道是怎麼回事了，所以他就會讓小孩子自己去挑選他喜愛的小狗，等到孩子挑到自己喜歡的小狗之後，如果父母還是不同意購買的話，那麼寵物店的老闆就會說：「要不然這樣吧，你們先讓孩子把小狗帶回去養上一個星期看看，如果真的不喜歡，到時再帶回來給我也沒有關係，我保證全額退款。」

每當這個時候，父母就會想，小孩做什麼事情肯定是一時熱情，也許過兩天他們就覺得膩了，所以就會接受寵物店老闆的建議，讓自己的孩子把小狗帶回家養兩天看看。的確，父母說得沒錯，沒過幾天孩子可能就玩膩了，可是父母卻對這個可愛的小傢伙非常喜愛，就是這樣，寵物店的老闆做成了這筆生意。

也就是根據這樣的道理，現在很多公司都會先鼓勵客戶可以試用一段時間產品，然後再決定是否需要購買。特別是在汽車銷售上，有的汽車經銷商可能會給客戶三十天甚至更長時間的試駕期限，而且還承諾，如果試駕時間到了，客戶感到不滿意，保證全部退款。

就以影印機來說，全錄的專利過期之後，佳能就準備進軍美國市場了，而這時他們就採取了一個非常簡單的行銷策略，也就是派自己的業務員到美國各大公司免費幫他們安裝影印機，並且給他們一個月的免費試用時間。

如果試用期到了，客戶對影印機不滿意，那麼佳能公司就會把影印機收回來；當然，如果客戶感到滿意，那麼就會簽下合約，享受合理的價格和一流的服務，還會完善其他的一些服務。

在博恩．崔西曾經工作過的一家公司，幾乎把幾百部的影印機都「借出去」了。沒過多長時間，博恩．崔西所在的公司就成為了當地影印機市場占有率最高的公司。而且由於公司的影印機很好用，只要在當地任何一家公司上放上一個月，員工們就會愛上他們公司的影印機，會想盡辦法把這部影印機留下來。

現在銷售人員所遇到的很大困難，就是客戶總是懷疑產品是不是真的有銷售人員介紹的那麼好。而且心理學家曾經說過，人是一種習慣性的動物，只要他們用到了自己喜歡的產品，那麼很快就會愛上它，以後會繼續使用該產品。

如果你確定自己所賣的產品確實非常棒，那麼就不妨放心、大膽的讓你的未來客戶先試用一下看看，相信在客戶試用一段時間之後，一定會來買你的產品的。

博恩·崔西有一家公司，專門把儲藏室租給需要的人，結果有上百人來求租。因為每個人的家裡面都有很多的東西，把衣櫥和車庫都裝得滿滿的。但是他們從來都沒有想過，可以租個地方放東西。

而為了改變人們的消費觀念，博恩·崔西就先讓消費者試用一個月，在試用的時間裡，他們可以把自己家中多餘的東西放到離家不遠的儲藏室裡。而且博恩·崔西承諾，如果他們不滿意，就可以把東西搬回去。

結果當然很明顯，大部分人都享受到了把東西放到儲藏室的好處，再也不願意花費力氣把東西搬回去了。就這樣沒過多長時間，他們已經把博恩·崔西公司的儲藏室當成自己的家了。

可見「狗狗成交法」是多麼的厲害。而且讓客戶親自試用，可以激發客戶對產品的興趣，引領他們向購買的方向前進，這樣，銷售人員就已經「擊中」了客戶的真正要害，抓住了客戶的軟肋。

將買與不買的優缺點進行比較

博恩·崔西在自己進行銷售工作的時候，常常會使用一種「富蘭克林成交法」。可以說，富蘭克林成交法是最古老的銷售技巧之一。這個成交法則也是由美國著名的政治家、發明家以及外交家班傑明·富蘭克林於西元 1765 年在費城發明的。

而這種方法之所以在之後能夠廣為流傳，就是因為它採用的正是人們做出重大決定時最合理的決策方法。

每個人在遇到重要決策的時候，只要不衝動、不感情用事，自己都會先分析各方面的利弊。如果作為客戶，你肯定也會先思考買或者不買的優缺點，分析自己有哪些購買的理由，或者是不買的理由，在經過一系列的綜合比較之後再做出決定。

而這種富蘭克林成交法則，正是很好的利用住了客戶的這一心理。當推銷人員在介紹完產品之後，其實就可以對客戶說：「您好，您是不是希望做出對您最好、最有幫助的決定呢？」

「那是肯定啊。」每個客戶幾乎都會這麼回答。

那麼你就可以說：「太好了，我們來學學富蘭克林。您也知道的，他是非常著名的決策家，也是美國第一個白手起家的百萬富翁，更是獨立革命時期最知名的發明家、政治家以及學者。」

「在富蘭克林做決定的時候，總是會先拿出一張紙來。」這個時候你就可以在客戶面前拿出一張紙，然後在紙張的中間畫上一條線。接著，在一邊寫下「贊成」購買的理由，另一邊寫下「反對」的理由。

當然，你可以在這兩欄最上面分別寫下兩個標題，「贊成的理由」「反對的理由」，緊接著你就可以向客戶說：「我們來看看吧，您有哪些非買不可的理由。」你在這個時候就可以寫下你的產品最吸引人的地方，並且再一次強調產品的特色功能能夠為他帶來哪些功效。寫完後，你就可以問：「我寫的這些觀點，您同意嗎？」

如果客戶表示同意，那麼你就可以繼續往下進行，寫下產品的第二項特色，並且再次強調產品的這項特色對於客戶有什麼好處，只要客戶沒有異議，你就可以寫下第三項。你就這樣反覆進行操作，直到你幫客戶找到十個購買的理由為止。

等找到十個購買的理由之後，你就可以問客戶：「您看看，我們還有沒有什麼沒有講到的？」

如果客戶回答說：「應該沒有了。」你這個時候就把筆和紙遞給客戶，並且對客戶說：「那下面就麻煩您寫出您為什麼不想購買這一產品的理由吧。」

這個時候，客戶往往會說：「嗯，你讓我想想看，價格太貴了……」然後

客戶就會動手寫下「價格」兩個字。

在這個時候，博恩．崔西提醒銷售人員千萬要有耐心，一定要給客戶充分的時候來進行思考，考慮他們不購買產品的理由。

一般情況下，大多數的客戶僅僅是想到兩三個理由就再也想不出來了，接下來你所要做的事情，就是把客戶這兩三項不購買的理由，和你之前所列出的十條購買的理由進行對比，如果客戶想不出有其他的理由，那麼你就說：「您自己看，買還是不買，不是已經很明顯了嗎？」往往接下來客戶就會與你完成交易。

博恩．崔西有一次在乘坐飛機的時候遇到了一個以前的學生，他是做商業地產的一個非常成功的生意人。這個人跟博恩．崔西說，他現在手上有一個很大的專案，牽扯到很龐大的資金、土地和商業大樓的買賣，參與專案的廠商還包括一個相當大型的金融機構，甚至還有一家大的房地產集團。

這個專案他已經跟進了半年多時間了，可是每次在跟對方的副董事長見面交談的時候，對方總是不肯給他一個非常明確的答案。

最後，博恩．崔西建議用富蘭克林成交法來幫助完成交易。他先拿出了一張紙，在中間畫了一條線，然後一項一項的寫清楚產品的特色和功效，前後大概花費了有半個小時的時間，之後又請副董事長寫下反對的理由。果不其然，對方想到不同意的理由不超過三個，結果這位副董事長看看自己找到的不做的理由，又看看做的理由，最後只好說：「那好吧，看來我們還是應該做。」

結果生意就這麼輕易的搞定了。

後來，他對博恩．崔西說道：「在很多年之前我就聽您講過富蘭克林成交法，可是我一直覺得這種方法太老土了，太過時了，但是真的沒有想到我第一次使用，就讓我搞定了這麼大的一筆生意，真是讓人太難以相信了。」

細節決定成敗的累積法則

在博恩．崔西的眾多銷售法則當中，有一個叫「累積法則」，而這個累積法則所講的就是所有偉大的銷售和成就，都是透過成百上千的努力累積的結果。而這個法則也顯示，成功來自於你常年累月的悉心準備和開發自己技能的努力，而這些背後的準備和努力幾乎是不為人知的，很多人總能看到成功人士輝煌的一面，但是很少能夠看到他們背後所付出的艱辛。

累積法則的推論，其實說到底就是細節決定成敗，這也是銷售的最主要法則。生活中的一切細節都能夠成就將來的你！那些成功的人總是相信而且非常樂意接受這個觀念，根據這個觀念來安排自己的生活；可是失敗的人卻總是心存僥倖，希望不是這樣的。他們試圖說服自己「細節決定成敗」這個觀念不起作用，可是他們卻又發現自己正在經歷沒有止境的挫折和困難。

羅伯特．林格曾經寫過一本書，名字叫《百萬美元習慣》，將之稱為「現實習慣」。他說成功的人是拒絕自我欺騙的，拒絕相信不正確的事情。他們有面對現實的勇氣，而這種勇氣已經成為了一種習慣，而不是希望或幻想「這不是這樣」。

馬斯洛是開創性的心理學家，在他對自我實現人士的研究過程中發現，這些自我實現的人最主要的特質之一就是知性誠實，或者說客觀現實。

他們對自己和自己的生活都非常直率，對自己的強項和弱項都能夠清楚的認知、勇於誠實面對。他們知道為了得到自己所需要的東西，需要學習些什麼，需要成為什麼樣的人。他們拒絕所有愚弄自己和假裝事情不是它本來面目的幻想。而他們這種態度的結果，就能夠讓他們成為社會當中最健康、最開心、最有成就的人。

有的銷售人員經常抱怨在銷售工作上獲得一點成功真是太困難了。他們抱怨的是，如果自己要想獲得成功，爬上事業的頂端，自己需要付出的努力太多。他們總是會問，為什麼這個過程是如此的複雜與艱難，那麼到底有沒有簡單的捷徑可走呢？

事實上，在任何一個領域，能夠最後獲得成功的人往往都是少數。假如今天有 50 個工作的人中，可能只有不到十個人在自己最後退休的時候會做出一些成就，而其他的人要麼有一些不多的積蓄，要麼就需要親朋好友的幫助或者微薄的退休金度過自己的後半生，甚至有的人可能一無所有，不得不繼續工作。

我們算一算就可以發現這種機率是多少。你如果想在這個機率之內，那麼就需要在有限的時間內，盡可能的做所有你能做的事。從此刻起，你最重要的事情就是必須意識到細節決定成敗。

其實，當你完全接受了這個累積法則之後，你就能夠對自己的將來進行主動掌控。你不需要再依靠運氣或者機會，不再會總是一心祈求今天自己的運氣不錯等等;相反，你可能會勇敢的走出家門，天天腳踏實地的進行工作，努力讓自己每天都過得充實，一切順利。

「秒殺」客戶的故事成交法

成交是所有推銷過程中最為困難，也最關鍵的一部分，大部分業務員在進入這一階段之後就會感覺到坐立不安，甚至是想轉身逃脫。因為客戶這種「買不買」的決策過程往往會讓他們覺得很不自在，就好像自己失去了控制權一樣。

其實客戶也不喜歡面臨這種買與不買的選擇，所以每每當銷售人員快要把產品介紹完的時候，客戶也會感到很緊張。身為銷售人員，你只有幫助客戶迅速的敲定生意，才能夠快速的度過這個緊張而痛苦的過程。

買與不買就好像是要到達一個成交的終點前的一處顛簸。打從你已經跟客戶溝通好了之後，特別是介紹完你的產品，也回答了客戶所提出的疑慮，準備要敲定這筆生意的時候，你的任務，你的重中之重就是盡可能快的幫助你的客戶擺脫這一糾結的狀態。

在博恩．崔西的印象中，有這樣一件事情，有一天，一位老先生打電話給他的醫生，問：「醫生啊！我這顆爛牙真的是非拔不可了，我想問您一下，拔一顆牙要花多少錢？」

牙醫說：「80 美元。」

老先生說：「太貴了。拔一顆牙需要多長時間啊？」

「一分鐘左右。」

老先生說：「一分鐘就要花我 80 美元，就這麼一下子，怎麼要這麼多錢？」

「這樣啊！」牙醫回答他說：「如果你覺得拔牙拔得太快的話，那麼我可以幫你慢慢的拔，拔到你滿意為止。」

作為一名專業的銷售人員，你要明白，你有責任帶著你的客戶快速通過這段令你和他都感到很不自在的時間段，並且能夠盡量減輕彼此的負擔，為此你就必須做得又快又好，而這就是秒殺的意義和價值。

當你把產品介紹接近尾聲的時候，生意談判即將結束的時候，壓力是不可避免的。可是對於銷售人員來說，在這個階段等於是為你之前的所有努力給予一個評價。

可能客戶這個時候只要說一個「不」字，你就會心跳加速，血壓升高，因為你害怕客戶的拒絕，所以在成交的關鍵時刻，總是會讓你感到心裡異常緊張。

當然，成交的過程越短，越迅速，壓力對於銷售人員來說就會越小。為此，博恩．崔西為銷售人員介紹了秒殺客戶的方法，而且讓我們感到慶幸的是，「秒殺」法並不難，它可以透過銷售人員不斷的學習和不斷的練習來改善與提升。

博恩．崔西指出，秒殺法的關鍵之處就在於「從結尾開始布局」。當你

在構思怎麼和客戶談生意的時候，千萬不要只想著從產品的介紹開始，你應該來一個反向操作法，先想好最後怎麼說，然後再去想你前面應該怎麼樣布局。這樣一來，你前面所介紹的跟說明的，才會天衣無縫的連接到你最後精心布置的結局上。

當然，在這一刻到來之前，你一定要先做好準備。博恩．崔西建議每一位銷售人員在平時應該多花費一些時間來進行思考和練習。比如想想當那一刻真的來臨的時候，你應該說一些什麼？你要在平時反覆的練習，甚至是自己做夢也能說出這樣的話來再停止。

博恩．崔西在這裡對每一位銷售人員說：「記住，超級業務員在每次談生意之前，已經把他們要講的每一句話、每一個字都想好了。你應該要求自己達到這樣的程度。」

那些成不了氣候的銷售人員，往往在遇到成交關鍵時刻，就會坐立不安，提心吊膽，自己有的時候甚至會因為緊張，說話語無倫次，所以當他們向客戶講完之後，就知道眼巴巴的看著客戶，希望客戶能夠趕緊點頭答應。

而真正的優秀銷售人員總是懂得如何迅速、有效的在最後一刻「秒殺」掉他的客戶，完成交易。

秒殺成交法一定要遵循六大前提：

第一，向客戶展現出你積極、樂觀、熱誠的一面，你的整體精神面貌往往會對客戶的購買欲望造成影響。

第二，充分了解客戶的真正需求。如果你能夠正確的提問，並且認真傾聽客戶的回答，那麼你就會很清楚客戶真正需要的到底是什麼。

第三，確定客戶已經明白了你要賣給他什麼，以及你的產品的相關功能，特別是能夠為他帶來什麼樣的好處。

第四，獲得客戶的充分信任。可以說到了這個階段，你與客戶已經建立起來了良好的友誼關係。

第五，讓客戶有使用你所推銷產品的強烈欲望。如果你的客戶對於你所推銷的東西一點興趣都沒有，那麼你們就不要彼此浪費時間了。

第六，產品不僅能夠滿足客戶的需求，而且他還能夠買得起。最為重要的是要讓客戶覺得你的產品是他最好的選擇，不感到後悔。

以上這六種情況可以說是銷售人員「秒殺」客戶，完成最後成交之前必須進行一一確認的。如果其中有一項不符合的話，那麼你再使用「秒殺」成交法，可能你們的交易十之八九會泡湯。

留住客戶，讓他原地做決定的何必麻煩成交法

在博恩．崔西做銷售的時候，就經常會聽到客戶說「我再考慮考慮」之類的話。而這個時候他就會用「何必麻煩成交法」來扭轉這種讓自己被動的局面。

當然，作為銷售人員的你在遇到類似的情況，也可以使用博恩．崔西總結的「何必麻煩成交法」來扭轉局面。

如果你眼前的客戶說：「我想多看一下再做決定。」那麼你就可以說：「您好，您要是真的這樣做，我當然不反對。可是，您看我們的生意已經做了這麼多年了，現在很多新客戶都是老客戶介紹來的。來我們這邊之前，他們早就貨比三家，您看最後還是選了我們的產品。當然，您要多花時間再去比較這是您的權利，可是我真的憑良心講，何必要這麼麻煩呢？到了最後，您可能還是會回到這裡來買，為什麼不乾脆現在就買呢？而且我們可以馬上就幫您包裝好產品放到車裡，或者是明天一大早就寄到您指定的地點。」

博恩．崔西根據自己多年的銷售經驗發現，對於客戶來說，等待決定的事就等於是一個還沒有解決的問題。客戶只要心裡想著這個問題，他們在心中就會有一種負擔，讓他們沒有辦法專心的去做其他事情。如果你能夠幫助他們快速做出決定，就等於幫助他們解決掉了一道難題，解除了他們心中的

負擔，這樣一來他們就可以無後顧之憂的去做其他更重要的事了。

曾給有過一項針對客戶的訪談研究發現，當人一旦決定購買某件東西的時候，他的「購物雷達」就會停止運作，從而他可以把自己的注意力轉移到其他事情上。也就是說，一旦人們做出了決定，這個決定的重要性就立刻大大降低了。

博恩．崔西介紹說，「何必麻煩成交法」的好處就是可以留住客戶，讓他直接在原地做決定，這樣一來，作為銷售人員的你不但可以多得一筆業績，也節省了客戶四處比價的力氣和時間。

所以你一定要記住，合理的邏輯有助於提高銷售量。如果你可以給客戶一個恰當的購買理由，他們肯定會選擇停下自己的腳步，來購買你的產品的。

留到最後一刻再講的最後一天成交法

如果你在銷售過程中，發現有的客戶總是喜歡說：「我還是想再多看看，多比較比較，我希望自己能夠買到物超所值的東西。」那麼你這個時候就可以試試博恩．崔西在這種情形下所用的「只限今天成交法」。

「只限今天成交法」其實就是「何必麻煩成交法」的另外一種變化形式。在遇到這種遲遲不做出決定的客戶時，你可以說：「您好，我老實跟您說了吧，因為剛剛我們這一期的活動結束了，所以如果您今天選擇購買的話，我還可以給您更低的折扣，但是過了今天就沒有這樣的優惠了。」

在推銷行業有一句非常經典的話，就是「不急，不買」。其實這句話也就是說，如果你想讓客戶立即購買的話，那麼你就必須找到一個讓客戶立即購買的理由，你完全可以說：「這個產品就還剩下這一套了，而且優惠活動就到今天為止。」「今天是我們業績比賽的最後一天。」「只要今天購買，您就可以獲得額外的禮品」等等。

博恩．崔西告訴推銷人員，「只限今天成交法」的重點是：如果他今天買，你就可以給他一些特別的東西，而這些東西是別的時候他無法得到的。

但是銷售人員一定要特別注意的是，這種額外的、附加的「購買動機」，必須要等到銷售活動快要結束的時候才講出來。

假如你一開始就講出來的話，那麼這些好的誘惑理由就會失去它本身的魅力，因為客戶會把這些當成本來就是特惠方案的一部分，那麼你反而就需要更加努力的去說服客戶購買你的產品。

銷售人員一定要記住，要留到最後一刻再使用「只限今天成交法」。

其實，「只限今天成交法」的另外一種形式，特別適用於客戶堅持要貨比三家的情況。在這個時候，銷售人員千萬不要與客戶進行爭辯，反而更應該表現出大大方方的鼓勵客戶去進行比較。

當然，你在客戶決定貨比三家的時候，你可以這樣對客戶說：「您好，我明白您的意思，也非常理解，但是能不能請您也答應我一件事情，就是在您做出最後決定之前，請您再來找我一趟，我保證給您最優惠的方案。」

其實，當你在說完這句話之後，就等於在客戶的頭腦當中種下了一顆希望的種子，因為你說了會給他最優惠的方案，所以當他在比較完了各個公司的產品之後，幾乎還是會回來重新找到你的，因為在客戶的內心深處是想看看你的優惠方案到底是什麼。

在有的時候，有一些客戶也會非常直接的問你：「你給我的最優惠方案是什麼呢？」這個時候你千萬不要著急把自己的底牌亮出來，而應該這樣來回答：「您好，我知道您想在比較之後再做決定，這是可以理解的，但是，您比較完之後，還是麻煩您回到我身邊，到時候我會詳細的向您介紹最佳優惠方案。」

而這個時候，客戶也不會再強迫你了，他只好硬著頭皮去別的地方進行比較。可是等到他花費了很長時間比較完產品的價格之後，他往往還是會帶

著這些資訊來找你，聽你跟他說最佳的優惠方案。

博恩．崔西還教給銷售人員一個技巧，那就是當客戶從別的地方比較完價錢回來的時候，你看看自己有沒有辦法給客戶比他所比較到的最低價還要低一點的價錢，如果可以的話，那麼你就出這個價，這樣你們就很容易可以直接簽訂單了。

當然，有的時候由於各方面的原因，你的價錢實在沒有辦法再低了，那麼就需要你想辦法轉移客戶的注意力，你可以說：「您好，我認為最優惠的方案不能光是價錢的便宜，更重要的是進行綜合考慮。如果您能夠仔細看一看我們的產品、保養維修、售後服務等等，那麼您就會知道我們的方案是多麼的物有所值了。」

接著，你就可以用各種辦法來強調你的產品對於他來說是多麼的有價值，說服客戶不要總是考慮價錢這一因素，而應該進行綜合考慮，甚至可以提醒客戶：「我們的產品價格可能比其他的同類產品要稍微貴一點，但是如果考慮到整個方案的 CP 值的話，那麼我們的產品肯定是最物超所值的。」

而往往在這個時候，客戶已經比了一天的價錢了，自己早就精疲力盡了，他心中其實就是在找一個讓自己下定決心購買的理由，只要你能夠幫他找到這樣的理由，那麼他肯定會點頭答應的。

能起死回生的以退為進成交法

哪怕銷售人員再認真詳細的把產品介紹給客戶聽，到了最後，有的客戶還是會需要你給他產品的簡介，能夠讓他再「想一想」。

其實這就是說明在他的心中還存在著某些疑慮，但是又不願意告訴你。這個時候，你千萬不要顯得自己咄咄逼人，你應該從容的說：「好的，謝謝您花了這麼長時間聽我介紹產品。如果您還有事情要忙的話也沒有關係，希望我們下次還能有機會進行合作。」

往往客戶聽你這麼一說，他那顆七上八下的心就會變得踏實了，整個人都會有一種如釋重負的感覺。而原因就是因為你已經和他談完了，你現在要走了，你一走就不會給他帶來什麼壓力了，所以會感到很輕鬆，而且往往客戶確定你馬上要走了，就開始考慮等你離開之後，他下一件要做的事情是什麼。

當客戶在準備他自己所要做的事情的時候，他的防禦心理就會大大降低，就好像拳擊選手在每個回合鈴聲響起的時候，總是會放下握緊的拳頭，解除自己的防禦。

當你拿起公事包，起身跟客戶握手，並且說：「謝謝您能夠花這麼長的時間來聽我介紹產品。」然後就轉身準備離開。當在你的手就要碰到門把手的那一刻，你一定要裝作不在意的樣子，並且轉身問問他：「在我離開之前，我能不能請教您一個問題？」

當你等到對方點頭同意之後，你就可以說：「我剛剛很努力的介紹我們公司的產品，可是，我覺得自己好像有什麼地方做錯了。如果可以的話，能不能請您告訴我是哪裡出了問題呢？您最後決定不買的理由到底是什麼呢？」

由於客戶這個時候已經完全放鬆了警惕，一心只想著等你離開之後要做的事情，所以他就會毫不猶豫的告訴你：「既然你都問了，我就告訴你吧，其實我也是因為……」

博恩．崔西提醒銷售人員，這個時候客戶說出的話才是他心中最深處、也是真正的疑問，客戶正是由於這樣的原因，他們才決定不買的。

這個時候，你才真正知道客戶裹足不前的原因。當你知道了客戶不購買的原因之後，就一定要想辦法轉敗為勝。

你遇到這種情況可以說：「謝謝您告訴我這麼多，這都是我做得不好，我沒有仔細說明這部分的內容，請你再一次讓我幫您詳細做一下解釋，其實這個問題是很容易解決的。」

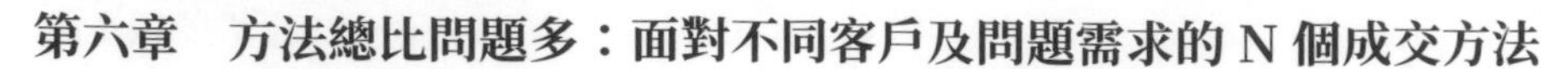

你說完這句話之後，就可以把手收回來，走到原來的位置上坐下來，「您別介意，我只耽誤您一分鐘的時間。」然後你就可以開始你的分析和解釋了。

當然，假如客戶說他之所以不買，是因為「我不太相信你的產品有你介紹的那麼好，我覺得你說得不太符合事實」。那麼，你就可以說：「您好，這個又怪我當初沒有說清楚了。您真是一個內行啊，其實，在我們的保證條款中就是有一條是針對這個問題的。如果我們可以給您相關的書面保證的話，那麼您會不會就購買了呢？」

記著，你一定要找出客戶最後的關鍵疑慮，在把這一問題解答之後，再一次的要求客戶下單。

往往這個時候的情況就和剛才大不一樣了，因為客戶的戒備心理已經完全放鬆了，所以只要你再往前推他一把，那麼你們成交的機率就會大大提高。

博恩．崔西記得在他開辦銷售培訓課程的時候，有一個年輕人跑過來找到博恩．崔西，並且對他說：「博恩．崔西，我最近剛剛做成了一筆入行以來最大的單子，拿到了將近 5 萬美元的佣金。其實客戶本來已經拒絕了，但是情況還不錯，我用了您教給我的『以退為進』成交法，終於把單子給救了回來。」

這個年輕人接著說：「當我在很努力的向客戶介紹完了產品之後，沒有想到客戶還是不想給我一個答案，於是我起身準備離開，但是當時腦海中突然想到您的『以退為進』成交法。我就轉身問他『可不可以請教一下，您今天不買我的產品的真正原因是什麼？』」

「沒有想到最後他就直接跟我講了。而我又回到座位上，重新拿起公事包裡面的文件，對於他的問題進行了詳細的解答。我本來以為這個單子完了，可是沒有想到最後他居然同意和我簽單子了，您的『以退為進』成交法真是太妙了，不僅挽回了我的單子，而且還讓我大賺了一筆。」

快速、有效提高業績的轉介成交法

一名銷售人員想要快速、有效、事半功倍的賺大錢，就要懂得利用好客戶跟老客戶之間的轉介力。轉介力能夠提高銷售人員的業績，而且拜訪新客戶要比不懂得使用轉介力的銷售人員提高 10 倍，甚至是 15 倍。換句話說，比起拜訪那些完全沒有關係的新客戶，別人介紹來的客戶大約只需要花費 1/15，甚至是 1/10 的精力和時間，就可以輕鬆搞定了。

在博恩．崔西的行銷觀點中，做好銷售最為重要的就是客戶的口碑。當你面對轉介而來的客戶時，你就可以利用之前所建立起來的良好口碑，而且還可以用推薦人的信用保證，這樣你就不必重新開始了。

當然，在開始運用轉介的力量之前，你必須先建立起來自己的「可轉介性」，也就是要讓客戶願意把你轉介出去。

一般情況下，客戶不願意把你介紹給他熟悉的人，往往是因為他可能認為你還沒有辦法很好的服務好他的朋友。可是如果你始終能夠用心的去對待客戶，為客戶提供最好的服務，他們自然會把你很好的轉介給他們的朋友。其實當你做事情認真，對待客戶有禮貌的時候，你都不需要多做什麼，客戶就會自然的幫助你。

在有的時候，銷售人員是可以主動要求你的客戶幫助你介紹給別人，只要有機會，比如去拜訪客戶或者是在與客戶完成交易之後，你都可以主動請客戶推薦他的朋友給你。甚至，在開始推銷產品之前，你也可以請客戶幫你介紹客戶。而且你還可以這樣來說：「您好，我想我接下來要介紹給您的產品肯定會讓你感到非常滿意的。但是，不管你今天買不買我的產品，如果您覺得我介紹的東西不錯的話，可不可以請您介紹兩三個對這個產品可能感興趣的朋友給我呢？」

其實，在你一開始就這麼問的話，等於就是設好了局。只要你的產品、服務有足夠的吸引力，再加上你介紹得宜，不管對方最後買沒買，他們都會

把其他的客戶介紹給你的。可是有一個前提就是你必須先要主動開口提出這一要求。

作為銷售人員，當客戶每給你一個新的客戶，你都應該馬上就去拜訪這個客戶，而且拜訪完這個客戶之後，一定要記得與老客戶聯絡。不管你新聯絡的這位客戶有沒有購買你的產品，你都要用讚美的語氣跟原來的老客戶講述你們之間的溝通情況。

而且博恩．崔西特別提醒銷售人員，當和客戶說到這位準客戶之後，結尾的時候千萬別忘記說：「對了，您還有沒有跟這位客戶一樣的朋友呢，人也這麼好，而且還對我的產品感興趣？」

當然，如果最後轉介而來的客戶成為了你真正的客戶，那麼你千萬別忘記購買一些小禮物對幫你介紹的老客戶表示感謝。如果你拿到了很大的一筆錢，也可以考慮買一些高級的禮物。

博恩．崔西有一位老朋友，他是一名超級銷售人員，他有一套非常有趣的轉介系統。每年到年底，他都會去拜訪去年所來往的一些客戶，當然有的時候甚至是很多年前的客戶。而且他一開始就會把話說得非常清楚，表明他只是要確保客戶對他們的服務非常滿意而已。

當然在拜訪客戶的時候，他不但會問很多問題，而且還會做很多筆記，並且對客戶保證，如果出現什麼問題，一定會負責追蹤、解決。當然，他也會在拜訪老客戶的時候順便讓他幫自己介紹一些新客戶。結果就這樣，每年一開始的時候，他的手上擁有的客戶數量往往就會超過 100 個，這些客戶都需要他在一年的時間裡慢慢拜訪。

轉介也是有技巧的，在需要老客戶轉介給你新客戶的時候，你可以說：「先生，您可不可以介紹兩個或者三個對這個產品感興趣的人呢？」這其實就是二選一的方法。毫無例外的，客戶一般會給你兩個客戶，這個時候你就可以把筆記本拿出來，認真記下客戶的資料。而當你記錄下了客戶資料之後，你就可以問：「先生，您覺得我先打給哪一位比較合適呢？」這個時候他就會給你建議。

甚至在有的時候，您也可以說：「先生，既然您和某某比較熟悉，那麼您能不能先打個電話給他，跟他說我會和他約一個時間，見面談。」

因為這個時候這位先生已經知道你想要做什麼了，所以通常會非常願意幫忙。既然你的老客戶已經打過一次電話，那麼你再和這位轉介的客戶聯絡時就變得非常容易了。

在行銷行業中，像博恩．崔西這樣頂級的推銷人員都需要用那個轉介來的客戶才能夠維持他們的業績。而且他們在擴展了一條又一條人脈之後，很快就會去接著開發新的客戶，所以，你要想成為業績、收入都頂級的銷售人員，就不要放過這項最快捷、最有效的銷售技巧。

針對隨和型客戶的熱情成交法

對於銷售過程中遇到的性格隨和的客戶，我們不妨來一個熱情成交法。熱情是可以傳遞的，所以博恩．崔西建議銷售人員用熱情來進行推銷，把你這種發自內心的熱情傳遞給你的客戶。

在現實生活中，不管是賣古董的小商販，為了固定客戶服務的銷售人員，還是賣衣服的店員，以及對於那些接受了佣金的銷售人員來說，熱情都是能夠創造交易的。

當然，很多人認為，銷售經驗和熱情是很少能夠同時存在於一個人身上的，這其實也就證實了「熟而輕之」的說法。

假如有一位剛剛接受完培訓，沒有什麼銷售實戰經驗的銷售人員，他著急想做成一筆生意，但是卻很少有機會走出去。他對於所要推銷的產品的相關情況幾乎不知道，他的經驗也是零。可是讓我們感到不可思議的是，他沒有出門卻也完成了一筆又一筆的買賣。而原因就在於，他是用自己的熱情感

染了客戶。

結果過了一段時間，這位新銷售人員就成為了一名銷售老手。他透過實戰學到的東西越來越多，經驗也是越來越豐富。他對於自己所要推銷的產品了解得是一清二楚，而且他信心十足，可以說已經精通了銷售。

但是這個時候，他對於接受挑戰的欲望變得越來越淡了，他對一些事情也不在感到驚訝，熱情的火苗開始慢慢熄滅了。

結果，這位銷售人員又變成了一名碌碌無為、無所作為的推銷人員。這個故事是銷售人員都熟悉的一個故事。

博恩．崔西說，熱情在銷售中所占的比例高達 95%，而對於產品知識的了解只占 5%。當你看到一名新的銷售人員不知道成交方法，只掌握一點最基本的產品知識的時候，可是卻能夠不斷的把產品推銷出去，你就會發現熱情是多麼的重要，特別是對於一些性格隨和的客戶。

熱情無疑是我們最為重要的秉性和財富之一。不管我們是 3 歲或者 30 歲，哪怕我們已經到了老年，熱情都能夠讓我們青春永駐。這也就是意味著，任何年齡段的人只要具有自我完善的強烈願望， 都可以找到永不衰老的泉源。

不管你有沒有意識到，每個人都具備著火熱的熱情，只是這種熱情會深埋在人們的心靈之中，等到被開發和利用之後，就會為你的銷售工作提供很大的幫助，讓你達到你渴望的目標。

博恩．崔西說，每一名銷售人員都應該找到自己的熱情，就好像找到自信和機會一樣。熱情完全是靠自己去創造的，不可能等到別人來幫你燃起你的熱情。如果一個人缺少了自身的努力，那麼任何人都是無法讓你獲得滿腔的熱情；沒有自身的努力，任何人也無法讓你達到你心中所渴望的目標。

熱情應該是一種能夠轉變為行動的思想，一種動能，它就好像是螺旋槳一樣，能夠驅使你達到成功的彼岸，但是首先需要你心中有一個決心，一定能達到這一目標。熱情意味著對自己充滿信心。

我們想想，如果我們充滿了熱情，那麼我們還會感到恐懼、失望和頹廢嗎？當然是不可能的。

美國偉大的哲學家、散文家以及詩人拉爾夫．沃爾德．愛默生說過：「沒有熱情，任何偉大的事業都不可能成功。」

所以，不管是什麼樣的事業，要想獲得成功，首先就是要有工作的熱情。特別是對於銷售人員來說，因為推銷人員整日、整月，甚至是整年的到處奔波，辛苦自然不用說了，更為主要的是還會遭遇很多失敗的打擊。所以說，銷售人員更需要熱情和活力。

而要想成為一名優秀的銷售人員，首先就是要具有熱情的態度。

客戶也是有血有肉的人，同樣是有感情的，所以說，銷售人員如果只知道一心想著增加銷售量，賺取銷售利潤，而沒有一絲人性感情的話，那麼也不可能做出多大的成績。

優秀的銷售人員應該首先用自己的熱情去打動客戶，從而喚起客戶對你的信任和好感，這樣交易才能夠更加順利的完成。

博恩．崔西認為，身體健康是產生熱情的基礎，一個人如果行動充滿了活力，那麼他的精神和情感也會充滿活力。很多銷售人員每天早晨一起來就會做一些體能活動，因為這樣不僅有助於他們的身體健康，而且還可以提高他們這一天工作的熱情和活力。

當然，也熱情工作之前，也可以講一些鼓勵自己的話，這樣你再去推銷產品的時候，就會發現自己講得比以前更好了，推銷活動也更為成功。

針對精明型客戶的真誠成交法

對於銷售人員來說，大部分客戶之所以會購買你的產品，就是因為他們喜歡你，信任你。所以說，客戶的信任以及日後成交的成功，往往都是建立

在銷售人員對待客戶真誠的基礎上的，特別是那些非常精明的客戶。

銷售人員與客戶之間是一種合作的關係，合作當中勢必會涉及到彼此的利益，而這種合作關係也只有建立在誠信的基礎上，才能夠變得牢靠。

在推銷的過程中，銷售人員既是在推銷自己的產品，也是在推銷自己。特別是現如今在產品日益同化的今天，銷售人員能否被客戶接受，關鍵就取決於銷售人員能否得到客戶的信任。

如果你能夠用自己的真誠獲得客戶的認可與信任，那麼可以說你的銷售工作實際上已經成功了一半了。如果你不能夠得到客戶的信任，那麼無論你推銷的產品是多麼得好，客戶也是不可能購買的。

真誠是推銷的根本，更是銷售人員贏得客戶的信任的關鍵。作為一名銷售人員，你在與客戶合作的過程中如果失去了真誠，損失的不僅僅是你的佣金，更為嚴重的是你的聲望，以及客戶對你的信賴，你也可能就會因為自己的不真誠，從而以後都無法在銷售領域裡面立足。原因很簡單，就是因為你背叛了自己的客戶，讓客戶受到了損失，這樣你肯定會喪失客戶對你的信任感。

博恩．崔西建議，為了你的聲譽，你最好別去做有損客戶利益的事情，因為一個客戶就會把你的事情告訴給他身邊的每一個人，而其他人又會轉告給更多的讓你。這樣，你不僅僅丟掉的是一個客戶，也許會失去大量的潛在客戶。

所以，博恩．崔西強調：「我堅信，如果你在銷售工作中與客戶以誠相待，那麼你的成功會容易很多，迅速很多，而且還會保持持久，永不衰落。」

那些優秀的銷售人員在拜訪客戶的時候，往往都不會非常著急的向客戶推銷自己的產品，而且想盡各種辦法先獲得客戶的信任。

當他們在獲得了客戶的信任之後，他們再透過不斷向客戶傳遞有關的資訊，特別是一些與產品有關的資訊，透過自己的努力為客戶提供滿意服務，促使客戶能夠下定決定購買自己的產品，從而達成最後的成交目的。

這種先博得客戶的歡心，先獲得客戶信任的做法，往往比一些磨爛自己的嘴皮子像客戶推銷產品的做法要好得多，而且最後獲得效果也是非常明顯的。

事實也是如此，在推銷的過程中，能夠獲得銷售成功的銷售人員並不一定是那些才華橫溢的銷售人員，但是他們卻一定是那些善於以親切而和藹的態度來獲得客戶的好感和信任的銷售人員。

在心理學上有這樣一種說法：人類都有一種共同的心理現象，那就是如果有人能夠讓自己感到開心，能夠讓自己信任，那麼即使事情與他們的願望稍微有一些不符合，也可以不必在意。可是相反，如果一個人對別人不信任，那麼即使是一點非常小的缺點，在他們的眼中就會變成一個非常大的缺點。

所以說，要想成為一名優秀的推銷人員，不僅要懂得這一點，而且要善於運用好這一點，懂得用自己的真誠來贏得客戶的信任，從而達到最後的銷售成功。

博恩．崔西認為，客戶其實並不喜歡說「不」，因為點頭比搖頭要容易得多。這也就是告訴銷售人員，如果你是一位態度誠懇、充滿活力、有著很強說服力的銷售人員，那麼客戶對於能夠為他們提供很好服務的你說出「不」字，也是一件非常困難的事情。

在通常情況下，客戶在遇到自己喜歡的銷售人員時，潛意識中自然而然就會出現一種合作的意願。其實，我們不妨想一下，當客戶花上了一個小時左右的時間，聽一位善解人意的專業銷售人員為他介紹購買產品後會獲得哪些好處的時候，客戶就會覺得做出購買的決定是一件非常合理的事情。

而在大多數情況下，客戶都會覺得自己已經占用了銷售人員大量時間的

時候，而自己什麼不買，心中就會有一種內疚感，因為他也知道，銷售人員也是靠佣金來謀生的。

而對於如何給客戶留下真誠的印象，博恩．崔西向所有銷售人員提供了三條建議：第一，堅決不要戴墨鏡。因為銷售人員必須學會用眼睛和客戶交流，讓客戶透過眼睛看到你的內心，與你對話，從而產生自身的安全感以及對你的信任感，可是如果你戴墨鏡的話，就不會感受到這一點。

第二，當你和客戶交談的時候，你一定要正視客戶的眼睛，而當你傾聽客戶的時候，你也要看著客戶的嘴唇，不然的話，客戶就會把你的心不在焉理解為不真誠，心裡有鬼，特別是那些精明而敏感的客戶。

第三，對於推銷人員塑造真誠形象同樣重要的是，你要注意自己的態度，一定是真誠的是，而不是貪婪，一旦你表現出貪婪，就會讓客戶不願意與你合作，從而失去很多機會。

針對外向型客戶的俐落成交法

在銷售過程中還有一種類型的客戶是社交型客戶，博恩．崔西把這類客戶稱為「外向型客戶」。這類客戶的共同特點就是喜歡交際，性格外向。

這類外向型客戶喜歡與他人一起工作，或者是透過別人的幫助來獲得自己想要的結果。他們在有的時候也被人們稱為綜合型的客戶，因為他們在以人為導向和以任務為導向之間，總是能夠較好的把握著一種平衡。

這種外向型的客戶所傾向的工作領域，通常是需要在不同類型的人之間進行高度協調，從而才能夠完成工作的領域。他們往往會擔任主管、經理、老闆、交響樂團指揮、大型專業公司的高階行政人員、非營利機構總裁以及其他需要協調能力、讓不同人共同完成目標的職位。

外向型的客戶總是會以成就為導向。這其實就是因為他們的外向和社交類型的性格，而這類客戶的主要關注點是自己以及別人。

外向型的客戶喜歡與你進行交談，談論你的事情或者是他個人的時候，喜歡談論成就和結果，樂於向你講述他過去做過的事情，並非常有興趣了解你和你的成就。

當然，在有的時候，外向型的客戶往往答應購買得太快，結果他們自己對一些的細節反而會記不住。他或許會同意為你做件事或者從你這裡購買，但幾天之後，他卻完全忘記了。甚至有的時候更糟糕的是，他們會把談話記憶成別的意思，所以，當你與他們說明你們當初談話的意思的時候，他們往往感到非常吃驚。

所以說，為了避免這種情況發生，博恩．崔西建議你可以把你們達成的協議寫到紙上。當你與這種外向、友善的客戶打交道的時候，一旦你們之間達成了某種協定，你就應該寫下來並送給他一份影本。記住，與這種類型的客戶一起時，「理解會避免誤解」。

這種外向型的客戶的大約占消費者市場的 25%。由於他們的熱情、友好、愛幫助人的性格，以及喜歡聽別人講話，而且會提很多問題，所以，你總是能夠在很多客戶當中一眼就認出來。

針對多次拜訪的 TDPPR 法

有的銷售是需要銷售人員進行多次銷售拜訪的。而多次拜訪往往一般會出現四種結果：客戶同意購買；客戶不感興趣；客戶建議你和他保持聯絡但沒有告訴你具體的購買時間；或者客戶同意你們進入銷售過程的下一步。

作為銷售人員，你肯定是希望自己銷售工作能夠繼續往前推進。所以，你要有積極的能量，並保持住能量，要掌握住主動。你應該明白，一旦開始了這個銷售過程，你就要讓銷售這個「球」一直滾動著，千萬不要讓它停下來，因為一旦銷售過程停下來的話，你做成這筆生意的可能性就會降到零。

在博恩．崔西眼中，針對多次拜訪的銷售來說，TDPPR 法是一種不錯

的方法。

TDPPR代表的是時間（time）、日期（date）、地點（place）、人物（person）和理由（reason）。如果你的銷售經理問你：「這個銷售進展怎樣了？」你應該能夠回答出現在銷售進行到哪個階段，你下次銷售拜訪確定的時間、日期、地點、人物和理由。

假如你在離開潛在客戶的時候，這些東西都還沒有完全搞定，那麼你就失去了在這個銷售中的能量，失去了銷售的主動，也許當你離開之後，你就永遠失去了這個潛在客戶。

要想做成一個複雜的銷售是非常困難的，而這就要求銷售人員能夠做到，在自己每次銷售拜訪的時候，都應該盡可能完成一些小的目標。

在每次拜訪結束之後，你應該獲得足夠的資訊，好為下一次拜訪做充分的準備。下一次拜訪也許你就是依賴於你上次拜訪的那個人或其他人所提供的一些額外資訊。

就這樣，逐漸你就會獲得了你所需要的足夠資訊來形成你最後的銷售建議，也就是你對客戶進行最後的銷售陳述的基礎。

在每次銷售談話結束後，你都應該主動說一些類似於這樣的話：「基於我們的討論，我建議我們下星期某某時候能夠再見一次。那時我會給你一些資料和對比，以便讓我們之間的合作能夠進入下一步。你覺得這樣可以嗎？」

當你回到公司之後，你要把自己的日程表拿出來，圈上你建議的那一天。在你離開之前，盡可能堅持確定一下，下一次拜訪的具體時間、日期、地點、人物和理由等等。而一旦確定了，就記住要向潛在客戶重複一遍，避免你們之間會發生不必要的誤解。

如果你從事銷售行業多年，你就會發現客戶在什麼時候都是很忙的，即使是你產品的優質潛在客戶，他們也不希望總是就把自己的寶貴時間浪費在你的身上。

作為銷售人員你首先要明白這一點，其次，你也要讓潛在客戶明白這一點，即使你設定了 TDPPR 法則，如果到時候遇到什麼特殊的情況，時間還是可以更改的。而如果你的潛在客戶知道你們之前確定的這些內容是可以更改的話，他們一般也是會同意設定一個具體日期和時間接受你的拜訪。

針對感性型客戶的獨特成交法

在銷售過程中，你可能會遇到的客戶類型是關係導向型客戶，他們大概占到市場的 25%，當然這個具體比例要看你賣的是什麼產品。這種類型的客戶往往很有主見，不會特別浮華和善於言辭。你得慢下來，保持放鬆，與他們融洽相處。

博恩．崔西又把關係導向型客戶稱為「感性客戶」或「敏感型客戶」，他們非常在意別人的看法。他們對於別人心裡怎麼想的，是什麼樣的感受等等各種不同的問題非常敏感。在考慮產品或服務的時候，他們會非常在意別人對自己的選擇是怎麼看和怎麼說。說到底他們會非常看重別人的意見，是支持還是反對，而且對別人的意見常常是特別敏感。

感性客戶在尋求工作的時候，自然會選擇那些「幫助」的職業。他們之中的很多人都擔任教師、人事管理者、心理醫生、護士和社工等等。

他們需要別人的喜歡和讚美，這種類型的客戶在購買某種產品或服務的時候，總是會擔心別人的看法。他們總是要跟別人進行討論，而且常常不是一兩個人，是很多人。有的時候他們需要徵求每個家人、朋友、同事的意見，然後才會購買一種新的產品或服務。

感性客戶的主要動機就是與他人和睦相處。他們會為周圍人群的和諧和幸福而努力，而當想到別人不知道為什麼心情不好的時候，他們也會受到感染，變得沮喪。

作為銷售人員，你更應該去關注其他的滿意客戶。當你向感性客戶銷售產品或服務時，他們會問你很多關於這一產品的其他使用者的事情。

其實，他就是想知道，自己的購買所影響到的人是否會普遍歡迎和接受該產品。他們想確保他人會覺得該產品吸引人和適用。如果你賣給他們一棟房子，他們最關心的是，別人參觀和訪問這棟房子的時候，大概會說些什麼，有什麼樣的反應。而當你賣給感性客戶衣服或車的時候，他的主要興趣是別人會對自己的選擇做何反應。

感性客戶非常喜歡和討論，並且詢問有關你的問題，以及你的想法和感覺。他們喜歡談論產品或服務，以及別人會對購買和使用這些東西做出什麼樣的反應。他們想先與銷售員建立起一定的關係，直到他們感到能自在的與你討論產品或服務為止。

所以，當你與關係導向型客戶或感性客戶打交道的時候，千萬不要著急，因為他們可能會花一個小時，甚至多個小時來和你交談，從而更好的認識你，並邀請你下次再來，再花上一兩個小時建立起雙方的連結。因為他們總希望能夠和你愉快相處，直到他們開始有心思來認真研究你提供的產品或者服務為止。

為此，博恩．崔西特別提醒銷售人員在應對感性客戶的時候，千萬不要催促他們，關係導向型客戶總是喜歡慢慢做出決定；因為他們一般會猶豫不決，他們喜歡對事情考慮得很多。

如果有別人對他們的決定提出批評或不贊成，他們就會在決定購買你的產品後，又完全把自己的態度進行一百八十度的轉變，改變自己的想法。所以，當你與感性型客戶打交道的時候，你必須培養自己的耐心處事、關注別人、體貼別人的能力，這樣你才能與他們做成生意，完成交易。

第七章　高效成交背後的祕密：時間管理能力決定你的銷售業績

讓每一個小時都賺得更多

要想讓自己在每個小時做更多的事情，提高自己的工作效率，可以利用清單來開始每一天。

制定工作清單的最佳時間一般是前一天晚上，要趕在結束當天事情之前，寫下第二天要做的每件事情。

比如你可以首先確定會面的安排，然後想想明天自己所要做的事情有什麼，千萬不要讓自己的工作沒有計畫，讓自己像無頭蒼蠅一樣整天忙碌著。

博恩．崔西自己在做銷售工作的時候，就會按照清單來做事情，而且他發現，單單憑藉提前計劃一天的工作，就可以為每天增加 25%的生產率，也就是說，讓自己的每一天能夠獲得額外的兩個小時工作時間。

優秀的銷售人員總是把清單看成是管理時間和自己生活方式的一種工具。

一旦你有了清單，就要確定在你的清單上設定優先順序。也就是說，確定出什麼事情是重要的，什麼事情是次要的。我們每一個銷售人員可以捫心自問，假如有一天公司突然要求你離開這裡一個月，在你離開之前，只能選擇這張清單上的一件事情去做，那麼你會選擇去做哪一件事情呢？

不管你最後選擇的是什麼事情，都要在那一項上畫個圈。隨後，繼續問

問自己，如果要到外地赴約，在那裡待上一個月，離開前只能做兩件事情，那麼第二件事情是什麼？

當然，在自己選擇之後，也要在這一項上面畫個圈，然後繼續進行。

博恩．崔西說，這種行為其實就是在強迫自己思考什麼才是真正重要的事情，讓自己明白，那些看起來緊急的事情也許並不是重要的。也只有當你確定了最高優先順序的工作，你才能夠知道了從哪裡開始、去做什麼事情，讓自己的銷售活動有計畫的進行。

博恩．崔西對於時間管理，有一個問題他認為很值得提出來，那就是：一件什麼樣的事情，如果完成得很好，會對你的工作產生最積極的影響？因為博恩．崔西堅信總是會有一件事情，如果自己做得好的話，可以對自己的成績和回報產生重大的影響。

其實，我們也可以把博恩．崔西所說的這個問題理解成：「什麼是我能做的，而且只有我能做的，並且如果做得好的話，會讓情況有實質性的轉變？」

每天的每一小時，對於這個問題都只有一個答案。這是一件只有你能夠做的事情，而且是非常重要的，而且只有你能夠去做，如果你不做的話，沒有人能夠替代你。

而最為關鍵就是自己一定要學會找到這樣一個問題，不要認為沒有這樣的問題，博恩．崔西指出，每個人都會找到這樣的問題，關鍵是自己如何去找。

作為銷售人員，你要明白，你的時間就是你銷售的全部，也是你的基本資產。你怎樣使用自己的時間將決定你的生活水準。因此，要有決心使用好自己的時間。

博恩．崔西提出過 80 ／ 20 法則，指的是你做的有些事情要比另一些事情有價值得多，即使是花費同樣的時間。

所以，當你在設定優先順序的時候，你提問的最後一個問題應該是：現如今，什麼事情是對我的時間最有價值的事情？

你在銷售過程中，每個小時都要問自己這個問題。它總是只有一個答案的。你的任務是確保：無論自己在做什麼，自己所做的事情都是當時對時間最有利用價值的事情。

對於一名銷售人員的時間管理最為關鍵還有一點，就是當你一旦列出了清單，並且設定了優先順序，你就要著手做自己所面臨的那個最重要的任務，而且還要做到在接下來的時間裡，專心致志於這件事情上面，直到將其完成。

一名銷售人員能夠專心致志、集中注意力、徹底搞清自己最重要的工作是什麼、然後只做這件事情直到將其完成的能力，這對於這名銷售人員工作效率和績效水準的提高，會產生至關重要的作用，而且這些是其他東西望塵莫及的。

要耐心工作，然後做好

對於工作，如果你沒有耐心，那麼即使你能夠看到龐大的利潤在你不遠處，但是你可能永遠也得不到。俗話說：「通往成功的電梯總是不管用的，想要成功，只能一步一步的往上爬。」

博恩．崔西一直以來都強調銷售人員要對工作要有耐心。關於這一點，博恩．崔西還說：過「你要先播種，後澆水，然後一邊做別的事一邊等種子發芽。只要你第一步做好了，種子總會發芽的。」

除了博恩．崔西之外，傳奇的銷售大師喬．吉拉德在自己76歲的時候，他進行了一次演講，中途他讓四名工作人員搬來了一把高度6公尺高的梯子，就在大家的擔心中，他一步一步的爬了上去，並且一邊爬一邊說：「通往成功的電梯總是不管用的，想要成功，只能一步一步的往上爬。」

「一步一步的往上爬」，這其實是一種踏踏實實對待工作的表現，也是每一名成功銷售人員所要具備的基本素養。

在喬．吉拉德的家鄉也有句很有意思的比喻：「如果你朝牆上扔足夠多的義大利麵條，那麼最後總有幾根會黏到牆上。」

這其實就表現了推銷的基本機率法則：耐心工作能夠獲得成績。耐心工作，意味著你要為做成生意、尋找新客戶多做很多事情。

在現實中，有的事情不需要你做得有多麼完美，關鍵是你要不斷的去做，而且要堅持不懈，不要停下來，不然的話你是無法最大限度的獲得機會，發現客戶的。

在喬．吉拉德 12 歲的時候，他就已經知道自己該如何去贏得屬於自己的東西，也就是讓自己保持頭腦清楚，並且不浪費每一分鐘。

當時的喬．吉拉德在底特律自由報社的工作，這就使得喬．吉拉德的洞察力得到了顯著的提高。

有一次，底特律自由報社為尋求新讀者舉辦了一場競賽，表現最好的人可以獎勵一輛嶄新的兩輪自行車。當時還只有 12 歲的喬．吉拉德很想得到這輛小車，而且他也知道怎樣去贏得這輛車，即用他清醒時能用的每一分鐘挨家挨戶去敲門拉生意，這種方法一直以來都是他的法寶。

果然，喬．吉拉德最後在競賽結束後順利的獲得了自行車，這證明了他的想法是正確的。當然，他所贏得的不僅僅是物質上的一輛自行車，他還贏得了精神上的東西，他從中總結出：如果一個人能夠耐心的把自己的制定的計畫執行到底，那麼他就會成功；可是如果一個人對於工作沒有耐心，往往總是會與成功失之交臂。

做事需要耐心，說起來簡單，但是做起來並不是一件容易的事情，因為我們每個人的時間和精力都是有限的。可是，喬．吉拉德在這一點上卻做得尤為突出。

在喬．吉拉德剛開始學習賣車的時候，他對銷售是一竅不通，所以當時他非常喜歡參加銷售經理召開的銷售會議，他覺得可以學到很多想學的東西。他按照會議上放映的示範銷售影片和經理的提示不斷的去做，結果他發現自己的銷售額果然上升了。

到了後來，喬．吉拉德開始招募生意介紹人，他知道要想最後產生效果就需要時間，但是他仍不斷的尋找和招募，而且在與介紹人談妥之後，他還會經常寄信提醒他們自己會付 25 美元給他們作為介紹費，並且定期進行電話回訪，正是這份需要極大耐心的工作，喬．吉拉德堅持了下來，也為他贏得了大量的客戶。

其實，正是因為成功需要時間，所以耐心與堅持就顯得特別重要。很多銷售人員在事業上獲得了成功，就因為他往往能夠比別人多堅持了一下；而那些失敗的銷售人員，不是他們不聰明，而是因為他們對於工作不夠有耐心，沒能堅持到最後。

所以，你要成為優秀的銷售人員，就一定要養成對工作有耐心、不急不躁的好習慣，這樣推銷之路便會越走越順，成功也就指日可待了。

透過目標和目的掌控時間

對銷售人員來說，要明確自己的工作目標，制定工作計畫並且迅速落實，而且這也是銷售人員在進行客戶拜訪之前，所要做的一項必不可少的準備工作，這項工作能夠讓銷售人員更好的掌控時間，有助於下面銷售工作的順利展開。

實際上，任何工作都是需要有目標的，這就好像船隻在海上航行，如果沒有羅盤的引導，那麼就會迷失前進的方向。如果工作中沒有目標，那麼工作也將沒有任何意義。因為博恩．崔西說過：「不需要在一定的時間內完成一定的進度，也就無所謂成果。」這樣的工作就好比是當一天和尚敲一天鐘，

最後只能虛度一生。

為此，博恩．崔西認為推銷工作不能沒有目標，但是更為關鍵的問題在於如何設定一個明確的目標。有的人主張把目標設定的應該比自己的能力稍微高一點，逐次提高，這樣才能藉以刺激自己在穩定中進步，而那些可望而不可及的目標，有的時候會讓人一起步就喪失了自信和鬥志。

當然，要達到一個目標，推銷人員就要付出百倍的努力，但在他們看來，高目標才能夠帶來高成果，才能夠磨練出真正的優秀人才。

到底設立什麼樣的目標，這其實還是由你自己來決定的。如果你想成為一個鬥志高昂的銷售人員，那麼就應該力求將眼光放長遠，設定一個更具有挑戰性的目標，從而思考是否可以使用更有效的方法去完成目標；如果你只想做一個平凡的銷售人員，那麼就可以用時間來換取空間，花上很多時間一步步的前進，這樣也可以收到相同的結果。

博恩．崔西說：「作為一名銷售人員，不管你選擇哪一種方式，都不要忘了：人類因為有了夢想才變得偉大。」

如果你為自己設定了高目標，就不要因為失敗而失去信心，必須要有一種堅持不懈的精神；而你如果向來是一個保守的人，你也不要忘記在達成目標以後，時刻進行修正，讓未來的目標永遠比現階段更高一點，並且恆心去追求這一目標。你要記住，沒有人能夠斷言你的潛力到底發揮到何種程度。

博恩．崔西在做銷售工作的時候，時刻清晰的知道自己想要得到什麼，清楚自己的目標和需求，隨後他所進行的一切行動都會以滿足這個目標和需求為中心，從而讓自己努力成為優秀的銷售人員。

當然，博恩．崔西之所以可以這麼成功，除了有明確的目標之外，還在於他總是會制訂一份詳細而周密的銷售行動計畫，這樣做可以讓博恩．崔西掌控好自己的時間，做到有的放矢。

而且博恩．崔西還建議銷售人員，一定要學會透過目標和目的來掌控時間。具體可以從以下幾個方面入手：

第一，總結一切與拜訪客戶有關的問題。

出色的銷售人員從來不打無準備之戰，而這就要求你對雙方合作的可能性要進行調查，對有利於你們合作的機會要牢牢把握，對各種不利因素要有所準備。那麼，博恩．崔西告訴你，你所要做的第一件事情就是理清自己的思路，把與客戶拜訪的準備工作寫出來，並且進行分析，看看自己還需要準備什麼。

第二，確定方向與目標。

做任何事情，只有找到了正確的方向和目標，才能夠更好的行動起來，這也是一名優秀銷售人員所必備的重要思維。而推銷的方向大致上要確定與客戶的友好關係，核查他們的經營實力，最大限度的索取自己的利益。

第三，合理制定推銷的開銷計畫。

推銷的費用指的是推銷產品或者服務過程中所需要支出的各種費用，具體包括包裝運輸費用、宣傳費用、推銷人員費用等等。一個銷售人員是否優秀，很大程度上取決於他能不能合理的制定費用計畫。

第四，確定推銷的策略。

這一環節可以說是在制定戰術，確定銷售實施的手段，也就是實戰技巧。博恩．崔西在推銷時所採用的方式是「以戰求勝」，用壓力脅迫對方從而達到目的；或者說是「目標一致」，說服客戶。

當然了，銷售人員對戰術的具體實施還是要列出詳細的部署，比如說你要對參與這個銷售計畫的每個人所扮演的角色加以分配，誰應該做什麼事情，應該怎麼去做等等。

第五，做好資訊的回饋

當你制定好了推銷計畫之後，就應該接著制定執行計畫，這樣才能夠確保推銷目標的實現。所以，像博恩．崔西這樣出色的銷售人員都會對執行中

出現的各種意外情況進行預測，而且還要制定出相應的應對措施，必要的時候也要學會改變最初制定的銷售計畫。

而這一切就需要你建立起一個回饋與評估的制度，隨時檢查推銷計畫的執行情況，即及時發現問題，解決問題，讓自己的推銷工作不斷改進，完成自己的銷售目標。

制定 GOSPA 模型，銷售更簡單

博恩．崔西介紹說，GOSPA 模型是實現策略計畫最簡單的方法是。GOSPA 代表的是終極目標（goal）、階段性目標（objective）、策略（strategy）、計畫（plan）和行動（activity）。

凡是優秀的銷售人員，都是透過確定在銷售中要獲得什麼樣的成就來設定你的目標的。比如：可以設定出你的長期目標、中期目標和短期目標。

而一套有效策略計畫的關鍵內容則包括：把整個過程分解成為一個個的組成部分，再把這些組成部分組裝成一個運行良好而有效的策略銷售機器。如果你現在已經準備好把這些組成部分組裝在一起，那麼就等於把你的銷售結果推向了最高點。

你要為自己的生活和職業發展設立一個目標，繪製出一幅美好的藍圖以便明確的知道你現在做什麼，你為什麼這麼做，你想要實現什麼成就，你什麼時候實現這些成就，以及當你成功的時候你會變成什麼樣子等等。而你當時把這些組成部分都寫到你的計畫裡面，你的成功就有了最終的保證。

一名出色的銷售人員對可預測的未來，需要確定自己的銷售和收入的目標，寫出自己要實現那些終極目標的所有原因。

博恩．崔西說過：「原因是動力這個火爐的最佳燃料。」越多原因，你就越有動力，越堅定決心。

博恩．崔西的一個朋友是一家大型跨國公司的銷售經理。每年年初，

他都會幫助銷售人員制訂下一年的策略計畫，每一年都是這樣。他發現那些有明確要實現收入目標的銷售人員總是能夠完成，甚至是超過他們的銷售指標。

而那些不知道目標，或者是根本沒有什麼目標的銷售人員，除了能夠基本完成工作之外，很少能夠完成他們的銷售指標，做得都不太出色，不會成為優秀的銷售人員。

其實，策略和計畫就是你要怎麼去實現自己目標的方法。

一般來說，實現一個目標有著許多種方法，就好像攀登一座山有許多條路一樣。策略的目的就是讓你在投入的時間和精力上能獲得最大的回報。

而一旦當你確定了策略，或者說確定了到達山頂的路線，你就可以把這個計畫制定出來：為了爬到山頂，你每月、每週、每天要走幾步。

在個人策略計畫中，你要仔細檢查銷售循環和購買過程，也就是說，平均來講，一個合格的潛在客戶要多長時間才能做出購買決定、取貨並付款等等。

許多公司的銷售循環的過程很長，往往需要好幾個月的時間。例如，如果一個銷售循環平均要 7 個月，那麼大部分銷售人員如想要完成當年的銷售指標，就必須在 5 月底前對所有客戶做完第一次銷售拜訪。

而那些優秀的銷售人員，他們往往會從新年第一天就會開始工作，把潛在客戶安排組織好，以便在 5 月底前不僅能夠對所有客戶進行銷售拜訪，還有時間拓展新的潛在客戶。

其實，在你的策略計畫當中，應該包括組織的大量活動，以便於你在每天工作的時候都盡可能多的去拜訪潛在客戶。因為，對於銷售人員你來說，你拜訪的人越多，你所要達成的銷售也就越多。

從制定清晰的銷售額和收入目標開始

越是優秀的銷售人員心中越是對於目標有著強烈的欲望。在一項調查研究中發現，目標導向的品性似乎都與一個人的水準、能力有著密切關聯，當然也與銷售人員的業績相關。

那些業績優秀，收入較高的銷售人員總是能夠知道自己在每個星期、每月、每季度、每年會賺到多少錢。他們知道自己要打多少個電話才能達到某種銷售水準；對於自己靠什麼來賺錢，他們心中一直都有著清晰的計畫。

博恩．崔西說：「成功的關鍵是你要確定自己每年要賺多少錢。」如果你自己都不是特別清楚心中的收入目標，那麼你的銷售活動就不能夠集中，你也不會把全部精力投入其中，你的狀態就好像是一個試圖在煙霧中射擊靶子的人一樣，即使你是世界上最出色的射手，由於你不能夠清晰的看到靶子，所以你有再高的技術，也是無法射中目標的。可見，你必須清楚的知道自己的目標是什麼。

你思考自己的目標，首先就要從你的年收入目標開始。你要好好思考一下自己在接下來的 12 個月裡能夠賺多少錢？一定要把這個數字精確到個位數，然後把這個數字寫下來。這等於就成為了你的目標，也是你這一年所有活動的努力方向。

在有的時候，你需要一個切合實際，但是又具有一些挑戰性的目標。博恩．崔西建議，你可以把你截至目前的最高年收入拿來，之後在這個數字上增加 25%，甚至是 50%，只要最後的這一數字不會讓你感到不合適就沒有問題，而且你要確信把自己制定的這一目標是既可信又實際的。

因為那些荒唐的目標不會激勵你，反而會讓你失去動力，失去信心，因為在你的內心深處，你下意識已經知道它們不可能完成；所以，當你第一次碰到逆境的時候，你就會選擇放棄。

那些頂尖的銷售人員都能夠準確的知道，他們每年以及每年中的各時間段需要自己賺多少錢。如果你問他們，他們甚至都能夠對你說出每天的目標額是什麼，而且他們能夠做到誤差不超過 1 美元。

而那些菜鳥級的銷售人員對自己需要賺多少錢根本就沒有概念。他們要等到年末拿到稅收表格，看到自己這一年都賺了多少錢之後才知道。從他們那裡，每天、每月、每年都是一次陌生的經濟冒險，他們也沒有想過自己最終會是什麼樣。

博恩．崔西還建議銷售人員，要想讓自己做出成績，那麼自己的目標就必須落實到紙面上。有的時候，人們不願意在紙上寫下他們的目標。他們會說：「萬一我達不到怎麼辦？」其實，博恩．崔西告訴你，你完全不用擔心這一點。因為你寫下目標的這種行為本身，就會將你完成目標的可能性增加 10 倍，甚至更多，而且這常常比你預料的要快出很多。哪怕最後你沒有按期完成目標，也不要沮喪，只要你寫下目標，仍然會比你什麼也沒有寫要好出很多。

目標制定的第二部分就是要問自己：「我今年要賣出多少產品才算完成我的收入目標？」要做到這一點其實很容易。哪怕你的工作是底薪加抽成，你也應能準確算出需要銷售多少才能賺到自己想要的金額。

而且當你一旦確立了自己的年收入和年銷售目標之後，就要懂得細化，將它們按月細分。為了實現年目標，你每個月得賺多少錢，得賣出多少產品？

一旦你有了年銷售額和年收入目標，以及每個月具體的銷售額和具體的月收入目標，再將之分解成週銷售額和週收入目標。這樣你甚至可以細化到你每週要賣出多少產品才能實現你的長期目標。這樣到了最後，你就可以確定每天需要賣出多少產品才能實現自己想要的日收入額。

我們可以打個比方，假如你的年收入目標是 5 萬美元。如果你將 5 萬美元除以 12 個月，每月大概就是 4,200 美元。如果你將 5 萬美元除以 50 週的

話，那麼結果就是每週 1,000 美元。現在，你擁有明確又詳細的目標了，就可以為之努力了。

制定銷售目標的最後一步就是確定自己應該從事哪些活動，才能達到預期的銷售水準。你預估自己要打多少次電話，才能獲得多少次與客戶會面的機會，你得準備多少次拜訪和回訪，才能達到預期的銷售水準。

如果你能夠每天、每個月進行精確記錄時，你很快就能以相當的精度準確計劃出自己每天每週要做的事情，從而實現你的月收入目標和年收入目標。

如果我們假設你每天需要打 10 個電話去開發客戶，從而為自己爭取到更多的拜訪機會，進而銷售出足夠的產品來實現自己的目標。在每天中午前你可以打 10 個電話去開發客戶，就好像是在玩遊戲一樣，你把這件事情作為你每日的例行公事，並強迫自己按計畫堅持到底。

每天早晨一到公司，你在 8:00 或 8:30 就要拿起電話，或者在不得已的時候，乾脆進行貿然造訪。不管你做什麼，一定要強迫自己在中午之前完成 10 次接洽；你每天都要堅持這樣做，直到養成習慣為止。

在你的活動計畫中，最重要的是對銷售活動要有一種可控性的認知。你不能控制和確定哪裡會冒出一個訂單。但是，你能控制投入，即那些為了完成銷售你要事先從事的活動。透過控制自己的活動，你就間接的控制了自己的銷售結果。

在有的時候，你能賣出去很多產品，有的時候卻連一件也賣不出去。有的時候你會經歷市場淡季和銷售暴跌，有時你的銷售額會是預計的兩到三倍。但是，平均法則總是在無情的發揮作用。如果你不停的進行這些計畫要做的拜訪活動，你最終都會完成自己的銷售任務，就像當初計劃好的那樣。

在很多時候，如果你確定了一週、一月、一年的銷售目標，而且能夠讓自己每天都按部就班的朝這些目標努力，那麼你實現目標的速度會比預期的快很多。

在博恩．崔西的學生中，有許多人都知道制定了一年的目標，但是他們只花了六七個月的時間就完成了。在實際工作中，一些人往往只在短短的三個月時間內，就實現了全年的銷售目標。

無論什麼時候，在你動手為自己銷售生涯的各方面制定清晰而具體的目標時，你都會對自己最後的結果而吃驚。在博恩．崔西的研討裡，一些參加者曾多年在某個特定的市場裡打拚，銷售某種特定的產品。

但是，他們在這以前從來都沒有為自己制定過目標。可是，當在他們開始為自己制定目標之後的第一年裡，他們的銷售額暴漲。他們突然開始破紀錄的大賣產品，雖然他們還是從同樣的辦公室出貨，銷售同樣的東西，給同樣的人，以同樣的價格，這一切，都是制定目標帶來的。

按照時間規劃你的客戶

我們根據客戶所做出購買決定需要花費的時間可以把客戶劃分為三種類型。

第一類是短期客戶。

這類客戶通常是你產品或服務的小額客戶，他們可以非常迅速的就做出購買決定，立刻採取行動。而且這類客戶他們不會去考慮太多的事情，甚至不會去徵求別人的意見，就付款購買你的產品或服務。如果你能夠遇到這樣的客戶，那麼你的銷售是很快、很直接的。如果你能闡明你的產品或服務對潛在客戶帶來有意義的改善的話，他們幾乎會立即做出購買決定。

現在一些公司只對這類客戶進行銷售，因為這些公司本身所提供的產品或服務，根本就不需要客戶進行長時間的考慮、評價和比較。

特別是對於潛在客戶來說，他們的產品簡單易懂，好處更是顯而易見的。而對於銷售人員來說，這類客戶就代表了立即的銷售收入。如果銷售人

員想得到最大銷售量的話，就需要自己多與這種類型的潛在客戶打交道。

第二類客戶是中期客戶。

這類客戶主要是一些小的公司或者小的團體組織，它們有管理層，而且決策的制定者也可能不是唯一的人。

這類客戶往往在聽完銷售的陳述之後，假如也喜歡你的產品或服務，但是由於他沒有權力做出購買決定，而是其他人或董事會來做最終的購買決定，所以需要花費一些時間進行討論。而且這種組織機構一般都比較小，批准流程也比較快，所以說銷售量一般比短期客戶要大，而且常常還存在著其他的銷售機會。這類銷售對公司和銷售人員來說一般都是划算的，因為他們的規模對整個銷售量來說也很重要。

對這類客戶，銷售人員通常需要進行多次的銷售拜訪。得到最後的購買訂單及付款過程通常也需要一些時間。而且你可能在得到訂單的過程中會遇到其他銷售人員的競爭，所以說你不得不讓自己更加努力，雖然需要你付出，但是這類客戶的銷售額不算小，所以即使你付出點努力也是值得的，它是比較不錯的報酬。

第三類是長期客戶。

自然而然，這屬於大型的客戶，一般長期客戶都是一些大型公司和大型的組織機構。他們代表了大銷售額和銷售量，是每個銷售人員和每個公司都希望能達成的。這類銷售能占據公司年銷售額的大部分。

對這種大型潛在客戶的開發和銷售是非常具有挑戰性的，原因在於這類銷售需要較長的時間，在這個大訂單最終達成之前，花上兩三年和這個大型的組織機構打交道都是常事。這些公司或組織通常是在年度預算中就把下一年的預算定下來了。所以，如果你在客戶預算確定下來後再去拜訪，那麼你的產品或服務被對方考慮至少還要等上整整一年，因為這會被認為是個新的預算項目。

在銷售活動中，銷售人員應該做到定期「釣大魚」，也就是說透過仔細搜尋和分析現有的銷售市場，找出那些能夠代表這種極大的潛在銷售機會的客戶。

不過這類銷售也不是輕而易舉就可以達成的，所以你要有足夠的耐心和信心。你經常會遇到這樣的情況，可能持續追蹤了好幾個月，但是到了最後的關鍵時刻，由於一些你不能控制的因素，讓你失去了這個訂單。

這種情況其實是經常發生的，幾乎每個銷售人員可能都會遇到。一個大單子幾乎馬上就要成功了，但是突然卻丟失了這個訂單，原因很多，可能是由於什麼兼併、收購、企業新的策略計畫，沒有預料到的商業環境變化、新的決策制定者上任，或者有著更好條件的競爭對手突然殺出來等等，原因真的是太多了。

但是我們也不能因為這樣，就不與這些大客戶打交道。一方面，我們應該把握住，只要有機會就要和這些大客戶們多接觸，反覆拜訪他們，不斷把自己的銷售行動往前推進，直到得到訂單為止。

博恩·崔西也告誡銷售人員，你永遠也不要把自己所有的希望都寄託在一個大客戶上。不是有句俗話說得好：「一艘大船永遠不是由一條繩子來控制的，而一個偉大的人生，也永遠不是靠一個希望來支撐的。」

其實這就好像是很多飛機在一個航線上飛行，而你必須讓小型、中型和大型的飛機都飛行起來。

為此，你必須同時去開發短期的、中期的和長期的潛在客戶，以便獲得今天、明天甚至未來的銷售收入。

但是你絕不能讓大型銷售把你的注意力從艱苦的、每天持續的潛在客戶開發中偏離，因為那才是讓你的銷售管道滿起來的根本。

有一些對於大型銷售的錯誤看法，可能你在某個時刻也曾經犯過：他們停止去拜訪新的潛在客戶，而是把所有的希望和夢想都寄託在某個大型銷售

能在最後一分鐘搞定。但是讓我們感到悲哀的是，這種希望和夢想從來沒有實現過。

博恩．崔西發現，一旦你把所有賭注都押在一個潛在客戶身上，毫無例外你一定會失望。如果你的銷售管道有大量的潛在客戶，那麼這樣你不僅會有穩定的銷售收入，而且這個大型銷售最終勢必也是會被你所掌握。

了解 39 法則

在了解博恩．崔西的「39 法則」之前，請你先仔細思考一下下面的兩個問題：

第一，現在哪一件事情你可以做卻沒有做，如果你做了，會讓你的生活或者工作發生什麼樣的積極變化呢？

第二，在你的商業或職業生活中，有哪一件事會產生類似的效果？

對於優秀的銷售人員來說，他們的成功，用博恩．崔西的一句話來概括就是：「根據事情的輕重緩急來組織和行事。」

我們可以看到，一般一件事情往往會具備兩個要素，那就是緊急和重要。緊急，顧名思義就是需要我們立即去做的事情，通常是顯而易見的。它往往就在我們面前，對我們造成壓力，非要我們採取行動不可，也就是「現在」，比如說你的電話鈴響了，這就是緊急的，因為現實中大多數人不會讓電話鈴一直響下去。

而重要往往和結果有關係，比如客戶當中有的人可能對你很重要，因為他們可能會為你帶來大的利益。

大多數銷售人員對於緊急的事情會很快做出反應，而那些重要但並不緊急的事情我們就沒有了主動和積極的意識。博恩．崔西告訴我們：你對待「緊急」和「重要」的態度必須是積極，你要主動去抓住機會，完成銷售目標。

博恩．崔西現在特地為很多的企業家、銷售人員舉辦培訓講座，教給他們一條「39 法則」，也就是不管你這個星期、這個月做了多少事情，其中一定只有 3 件事情能夠為你帶來達到「目標時薪」的收入，而你靠這 3 件事情賺到的錢就已經占據你收入的 90%了。

博恩．崔西說：「超級業務員的成功祕訣，或者說任何領域的成功祕訣，其實不過是：把火力集中，選重要的事做，然後做得好一點。」

你作為銷售人員，不管賣什麼，真正讓你能賺到目標時薪的只有 3 件事情：開發新的客戶，推銷自己的產品，最後完成交易。

你只有在做這 3 件事情的時候，你才算是真正的在進行工作。而如果你不具備積極主動的習慣，分不清什麼重要，不知道某些事情會產生什麼樣的結果，那麼你很可能太過重視緊急的事情，而忽視重要的事情，這對於銷售人員來說是大忌。

你的時間管理能力，往往就決定了你能不能成為一名成功的銷售人員，因為你只有把自己的時間管理好了，才能夠打理好自己的生活。

在博恩．崔西第一次跑業務的時候，他以為時間管理只是職業生涯規畫的課題之一，他把人生比喻成太陽系，而把時間管理看成是繞著太陽的一顆行星。隨著博恩．崔西做銷售工作時間的增加，後來他才發現，時間管理本身就是那顆發光發熱的太陽，而其他的事情只不過是那顆繞著它運行的行星。自從博恩．崔西懂得這個道理之後，他的工作效率馬上就提升了兩到三倍。

在博恩．崔西的銷售思想中，他把「重要的事情」作為橫座標，把「緊迫的事情」作為縱座標，從而建立了一個座標系，來衡量銷售人員所要面對的各種事情。

在低效率或者失敗的銷售人員當中，很多人最容易犯的錯誤就是把「重要的事」與「緊迫的事」混為一談，把策略與戰術、「做正確的事」與「正確的做事」混為一談。

博恩．崔西還告訴我們，當你在分清楚了「重要事情」與「緊迫事情」之後，就一定要把「第一位的事情放在第一位」，這才是最重要的。

博恩．崔西的這個座標系由四個象限組成：重要且緊迫、不重要而緊迫、不重要且不緊迫、重要而不緊迫。

而出色的銷售人員總是把目光聚焦在第一象限，也就是重要而緊迫的事情，而最差的銷售人員總是把目光放在第三象限，也就是常常不重要也不緊迫的事情。

一個總是做重要且緊迫事情的銷售人員，常常會有很多的業餘時間，這樣一來，他們就會做完「正事」之後，還有很多的時間去做「重要而不緊迫」「不重要且緊迫」甚至「不重要且不緊迫」的事。

為自己創造時間，保持領先

有句俗話：「凡事預則立，不預則廢」，每一位推銷人員都應該懂得為自己創造時間，學會合理規劃自己的時間，從而高效的完成自己的任務，特別是在一些閒暇的時間，對自己未來的工作做出一個合理的規劃與安排。

為此，博恩．崔西建議，銷售人員可以在時間安排上面遵循下面的幾條原則：

第一，明確和細化目標。

在設定自己人生目標或者是在公司下達了銷售目標任務以後，你可以把目標進行歸類，劃分為三個層次：

短期目標，也就是必須馬上去完成的目標。

爭取完成的目標，指的是你透過改進自我的工作方法、技巧和提高知識，最後能夠實現的目標。

未來的目標，指透過一些計畫的修改以及外力的支持，並且結合現在自身情況，有可能實現的目標。

博恩．崔西特別提醒，當銷售人員把目標細化之後，還要注意的問題就是在一個時間段裡面不要提出太多的目標，這樣只會分散你的精力，浪費你的時間和資源。博恩．崔西曾經說過：「在同一段時間裡，目標應該單一性，採用聚焦時間和聚焦資源的辦法來完成銷售工作。」

第二，合理分配時間。

為了實現銷售目標，每一位銷售人員都應該在自己的日程表上記錄下來，當然，所有事情的輕重緩急是不一樣的，如果你把什麼事情都看成是重要的事情，那麼你只會把自己弄得焦頭爛額，疲憊不堪。

所以，一名優秀的銷售人員就應該懂得從自己的工作中，學會對工作分析和歸類。在一般情況下，銷售工作可以分為三類：老業務、新業務、非業務。

而博恩．崔西建議銷售人員對於自己的時間的管理，可以根據行業的性質、產品的特點和公司的推銷模式，來進行歸納和分析，做好自己的日程規畫表。只有當你把事情按照輕重緩急分配好以後，你才可以有序、有效的採取行動，而這樣的銷售工作，也才更有計畫性和合理性，當然最後獲得成功的機會也會更多。

第三，懂得利用好時間。

美國有一位著名的證券經紀人馬丁，他曾經被列入全美國十大傑出銷售人員，他曾經說過：「一個人一天的時間就這麼多，誰越會利用時間，誰的成就越大。」而且根據博恩．崔西的調查發現，如果是兩個能力相同、業務也相似的銷售人員，其中一個人拜訪客戶的次數是另外一名銷售員的兩倍的話，那麼這位銷售員的銷售業績，也一定是另一位銷售人員的兩倍以上。

可見，要想成為優秀的銷售人員就一定要學會利用時間，把拜訪客戶放在首位，其次才是聯絡客戶約定拜訪時間，最後是了解客戶的資料。

其實，利用時間也是有方法可言的。比如你每天早晨比之前早起十分

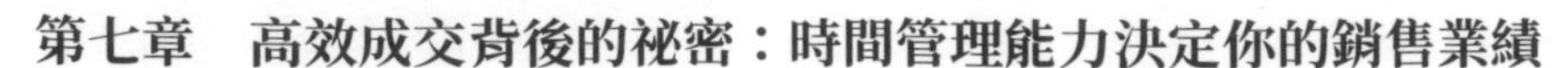

鐘，而一個月算下來就相當於是 240 分鐘，這樣一年的話就多出了 48 個小時。而且我們還可以假設，如果你起床早了，那麼就可以避開塞車的問題，這樣又替自己省出了很多的時間。

而且，你還可以把浪費在路上的時間也利用起來。假如你每天上班在路上會花費三十分鐘，那麼一週上五天班的話，一年你花在上班路上的時間就會超過 250 個小時。相當於你每年都要浪費掉六個星期。

這樣算來，你可能發現自己浪費了一筆多麼大的財富。所以博恩・崔西提出同一地區客戶集中拜訪的原則。也就是當你要去拜訪客戶或者是做某些事情之前，先安排好路線，盡量把同一區域的客戶集中在一個時間段去拜訪，這樣就可以提高你的時間效率。而且你還可以利用拜訪客戶路上的這點時間，決定自己下一個即將去拜訪的對象，這樣你就等於在移動的過程中完成了另一項工作。

其實，時間對於每一個人來說都是平等的，它也是我們每個人一生中最為寶貴的財富。在有限的時間裡面，我們所做的事情更是屈指可數。所以，對於一名出色的銷售人員來說，做好自己的時間規劃和管理，能夠有計畫的去完成工作，這是銷售工作能夠獲得成功的關鍵因素之一，千萬不可忽視。

消除推銷環節中浪費時間的行為

銷售人員在推銷過程中最容易犯的毛病就是「拖」和「延」。當你發現自己又在為自己找理由的時候，延遲去拜訪客戶，那麼就說明你又犯了「拖」和「延」的毛病。

我們總是會有很多的事情要做，時間永遠都不夠用，有的時候難免會推掉一些事情不去做，或者是迫不得已把事情往後拖延。而成功的人和失敗的人最大的不同，就是他們能夠選擇好先做什麼事情，後做事什麼事情。而失敗的人，總是錯誤的把那些非常重要的事情往後面拖，甚至是放棄不做。

博恩．崔西建議銷售人員：「從現在開始就立即停止浪費時間的行為。」美國知名的一家國際人力資源顧問公司曾經的一項研究顯示，不管是哪一個行業，都有一半人的工作時間被浪費掉了。

而這些被浪費掉的時間，通常是被用來了喝咖啡、打電話、處理私事以及買東西等等，他們算了一下，平均而言，人們一個星期真正工作的時間只有不到 32 個小時，其中多達 16 小時的時間都被浪費掉了。

也就說，一週之內，人們實際的工作時間只有 16 個小時，而在這短短的 16 小時時間裡，大部分做的都是那些比較容易做到的事情，而不是難事和重要的事情。

從現在開始，我們就要戒掉「拖延」的壞習慣，而博恩．崔西認為最好的辦法就是要事先規劃好自己這一天要做什麼。比如這一天要做的事情有哪些，按照事情的輕重緩急排個順序，而且要記住越早拜訪客戶越好。

記住，你只要每天從最重要、最有意義的事情做起，那麼這一天的你都會保持很高的工作效率。

哪怕有一天，當你發現自己又開始犯拖拉毛病的時候，你就應該對自己說：「現在我要馬上做，馬上去做。」這些話有的時候真的可以幫助你擺脫拖拉的毛病。你常常說這些話，這訊息就會進入你的潛意識裡面，就好像是為你注入了一劑強心針，讓你整天都是神采奕奕。

當然，有的時候浪費時間的原因也會和別人的打擾有關係，博恩．崔西建議，對於那些喜歡拖延的人，你應該盡量離他們遠一點，因為他們會干擾你，降低你的工作效率。

其實，在工作中喝咖啡也不是不可以，但是應該在做事的時候順便喝，中午正常休息也沒有什麼錯，勞逸結合更有利於工作效率的提高，但是關鍵是不應該浪費時間，不要把午休當成度假。

一些推銷人員第一次去拜訪客戶沒有一次到位，還需要再一次去拜訪客戶，這其實也是一種潛在的時間浪費。

造成這樣的原因有很多，可能是因為你在拜訪客戶之前，還沒有準備好相關的資料，結果等見到客戶的時候，才發現自己忘記拿了什麼重要的東西，而導致的結果就是自己必須再一次和客戶約定時間，可是很多時候，也許你並不存在這樣的機會。

由於銷售人員的推銷技巧不成熟，常常就會導致推銷的失敗。當你快要介紹完自己產品的時候，準備要求客戶下單的時候，可能就會出現自亂陣腳的情況，因為你不知道如何向客戶開口。這種不專業的表現，無疑是在告訴客戶，讓他拒絕你。

博恩．崔西在他二十歲剛開始做銷售人員的時候，勉強找到了一份純佣金制度的推銷工作。那個時候，博恩．崔西賣的是一種餐廳俱樂部的會員卡，每張卡 20 美元，如果你有了這張卡，就可以在 100 家合作的餐廳內享受到 8 至 9 折的優惠。換句話說，只要持卡人用這張卡消費一次，可以說就把辦卡費「賺」了回來。

聽起來，這張卡應該很多人買才是，可是現實卻不是這樣，博恩．崔西在賣這張卡的時候，四處碰壁。

最後，博恩．崔西發現了問題的癥結，就在於他不知道怎麼推銷這張卡。那個時候，博恩．崔西一心只知道到處尋找客戶，推銷自己的產品，但是每次到了關鍵時刻，博恩．崔西就不知道該說什麼了。這個時候，客戶就會對博恩．崔西說：「這樣吧，你先把資料留給我，我考慮好了回話給你。」

這個時候，博恩．崔西所能做的只能是謝謝他，約好過幾天再來進行拜訪，然後繼續去拜訪下一個客戶。而再一次拜訪客戶的時候，客戶總是很少有時間會見你了。

直到有一天，博恩．崔西突然恍然大悟：我一個星期頂多只能拉到兩至三個客戶，原因就在於每次我介紹完產品的時候，我都會乖乖的讓客戶「再考慮考慮」。

從此之後，博恩．崔西下定決心，再也不要留第二次去拜訪客戶的機會，第一次拜訪的時候，就要求客戶購買自己的產品。

這對於博恩．崔西來說，可以說是需要他極大的勇氣的。在博恩．崔西接下來拜訪客戶的時候，當客戶聽完他的介紹，說要考慮考慮的時候，博恩．崔西總是會說：「對不起先生，我是不會來拜訪您第二次的。」當客戶聽完博恩．崔西的話，就會感到非常吃驚，於是博恩．崔西繼續說道：「是這樣的，因為這款卡真的非常好，價格也不貴，而且您只要使用一次就可以收回成本了，所以，這張卡賣得很好，您既然已經知道這張卡的好處了，為什麼不直接買下來呢？」最後客戶都會立即同意買下來。

從此之後，博恩．崔西的人生出現了轉捩點，他再也不是那個屢戰屢敗的菜鳥銷售人員了，而成為了一名非常出色的銷售人員。

不要站著等事情發生，要勇敢的去迎接它

銷售行業和其他行業相比是比較自由的，而銷售行業的自由，主要表現在時間上：一般情況下，沒有人規定你的上下班時間，也沒有人規定你每天必須向客戶推銷多少產品。

但是自由並不能代表什麼，更不意味著自己放低自己的門檻，銷售其實也是自律者和勇敢者從事的工作。可以說，銷售人員經歷最多的事情就是別人的拒絕。

在現實生活中，根本就不會出現有人看見銷售人員上門推銷而面帶笑容的說：「歡迎歡迎。」如果真的是這樣的情況，那麼這個世界上也就不需要銷售人員了。

其實，在現實生活中，當銷售人員從舉手敲門的那一刻開始，到與客戶展開唇槍舌戰，直到最後付錢下單，可以說每一步走得都是異常艱辛。

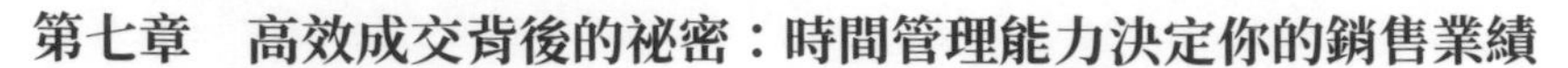

曾經有人把銷售工作比喻成是一場戰爭，因為銷售人員有兩大敵人，第一大敵人是看得見的敵人 —— 競爭對手；第二大敵人是看不見的敵人 —— 自己。作為銷售人員，在面對一次又一次的拒絕時，如果沒有一個頑強的鬥志和必勝的信念，那麼肯定會被這一次又一次的打擊壓垮。而要戰勝這一點，除了銷售人員自己鼓起勇氣之外，沒有別的辦法了。

博恩．崔西說過：「只要永不退縮，全力以赴的去做銷售，鼓起自己的勇氣就一定能夠完成銷售目標。」也唯有這樣，你才會想盡一切辦法與客戶進行接觸，最後說服客戶購買自己的商品。

博恩．崔西始終認為銷售人員就是在推銷自己的勇氣。剛剛步入銷售行業的銷售人員，在面對陌生人，特別是與客戶準備開口談生意的時候，可能經常會出現內心緊張，甚至都能感覺到自己的心臟「砰砰砰」跳的情況，把自己之前想好的開場白、問候語之類的，忘記得一乾二淨。而越是這個時候，你可能越羨慕那些侃侃而談，臨危不亂，有著豐富銷售經驗的銷售人員。

其實，你根本沒有必要去羨慕他們，他們現在的狀態你也能夠達到，他們和你一樣，在剛開始的時候，見到客戶也會緊張不安，但是他們之所以能夠成為今天這樣，就在於他們在長期的銷售工作中，學會了如何調節自己的緊張情緒，化解心中的緊張。

博恩．崔西發現，每一位銷售人員在最初都會有恐懼感，如果更深一層的問他們到底恐懼什麼，他們會說：「我就是害怕，具體也說不出來害怕什麼。」「我不知道為什麼，一想到要和陌生人說話，我就緊張，所以我不願意和陌生人說話。」等等。雖然銷售人員回答的答案各不相同，但是歸根到底都反映了銷售人員自己對自己沒有信心，一種害怕被拒絕的心態。

其實，勇氣並不是天生的，它是靠我們後天培養出來的。記得在第二次世界大戰的時候，英國首相邱吉爾說過一段至理名言：「一個人絕對不能在遇到危險時，背過身去試圖逃避。如果是這樣做，只能使危險加倍。如果立刻面對它毫不退縮，危險便會減半，絕不要逃避任何事情，絕不！」

當銷售人員在面對客戶的時候，有的時候總是不夠有自信，低頭哈腰，其實你只要鼓起自己的勇氣，就會發現客戶並沒有你想像的那麼難以來往，而博恩．崔西認為只要你做到以下幾點，就一定能夠戰勝自己心中的恐懼。

第一，相信自己。

自信心是一個人建立起成功事業的基礎，在銷售行業中，相信自己，不僅僅是相信自己有成為優秀銷售人員的能力，更重要的在於要相信自己所選擇的銷售行業是正確的，讓自己真正的愛上銷售行業，只有當你建立起了這種職業的自信心和自豪感，你自然而然就會勇敢的去面對每個客戶。

第二，評估客戶。

當兩個人第一次見面的時候，很自然會非常看重對方對自己的評價。可是作為銷售人員，如果時時刻刻都是在意別人對自己的看法，那麼心理上就會不安，自然就會變得緊張起來。所以，博恩．崔西建議你不如先暫時忘記自己，反過來主動去評價客戶。當然，你在評價對方之前，需要仔細觀察客戶的表情、服裝、說話神態等等，找到客戶身上的優缺點，這樣你就可以很好的掌握客戶的心理，變被動為主動。

第三，不過分看重結果。

博恩．崔西總結出一個經驗，當你在與客戶來往時，如果帶著過分明確的目的性，往往會出現欲速則不達的後果。因為急於求成的心態，反而容易讓你變得慌亂、緊張，無法正常發揮自己的能力。所以當你與客戶進行交談的時候，不要把結果看得太重，只要告訴自己，與客戶建立起一種良好的關係，能夠爭取到下一次見面的機會就可以了，而這樣一來，你勢必會懷著一種心平氣和、從容自如的態度與客戶互動。

把自己工作的時間拉長一點

工作和商品不一樣，是沒有絕對的限額，如果你每天只知道本分的去完成工作，那麼你永遠都只能是一位普通的員工。而只有每天多做一些事情，才能夠讓你在眾多銷售員中脫穎而出，更能夠吸引客戶。

博恩．崔西有一句名言：「能力有時像黃金一樣，只有不斷的拿出來流通，才能夠獲得增值。」

可是現在銷售工作中，很多銷售人員養成了看菜吃飯的毛病，薪水給得高了，就會表現得積極一些，如果薪水一旦沒有達到自己的心意，那麼做起事情來就變得消極了許多，一些可做可不做的事情就會推給別人。

而優秀的銷售人員都是透過勤奮才獲得成功的。如果你想要從眾多的銷售人員中脫穎而出，那麼就不妨按照博恩．崔西「把工作時間拉長一些」的思維，每天多做一點。不要總是想著把自己的本職工作做好就夠了，這只是一個前提。有的時候正是由於你做了額外的事情，才讓你得到一些意外的機會。

博恩．崔西一直堅持每天早到一點，晚走一點。很多銷售人員對這一點並不在乎，因為認為自己早到也不會有人注意到。其實不然，如果你每天能夠早到一點，那麼首先說明你對自己的這份工作非常重視，而且早到一點可以為今天的工作制定出一個計畫，這樣你等於比別人永遠走在了前面。因為當別人還在思考今天做些什麼，該如何去做的時候，你已經按照制定好的計畫實行了。

而每天下班之後，你不妨晚走一些，因為不管是從老闆的角度，還是客戶的角度來看，在他們的心理都是喜歡晚走的人。如果你和別人一起下班，那麼老闆總是會把你看成是一名普通的銷售人員，而如果你能夠晚一點走，那麼老闆就會覺得你是公司的主人翁，是一個為公司盡職盡責的人，一旦有機會，老闆肯定是會提拔你的。

你想想，假如有一天下班之後來了一位客戶，發現只有你一個銷售人員還在公司工作，那麼他對你的第一印象肯定是非常好的，認為你是一個工作認真，兢兢業業的人，那麼以後你再與他進行合作的話，就非常容易成功了。

很多銷售人員每當自己業績不好的時候，就找藉口說沒有好的機會。那麼什麼是機會？你如何才能為自己創造機會呢？博恩．崔西認為：在工作期間，你做了不是你的工作，這就是機會。

博恩．崔西曾經研究過，為什麼當機會到來的時候，很多銷售人員總是抓不住。原因就在於機會總是會讓自己披上「問題」這層保護膜。其實在銷售工作中，客戶的一個問題，同事的一個提醒，都是在為你創造機會。

某些時候，有的銷售人員與客戶簽單之後，客戶日後再請求得到幫助的時候，他甚至置之不理，這是極其錯誤的做法。

對於一個優秀的銷售人員來說，應該學會主動去幫助客戶，不管這個客戶是不是你負責的，很多銷售人員不認可博恩．崔西的這種想法，認為這樣做等於白費力氣。雖然有的時候當你伸出了援助之手，卻沒有得到任何回報，那麼你也不要氣餒，更不能因為你沒有得到好處，就不幫助別人。

其實在很多時候，我們真正的幫助別人並不是為了獲得什麼回報，但是最後往往會獲得很多。

而且銷售人員每天拉長工作時間，表面看起來自己工作時間長了，可是算一筆帳的話，得到的回報也更豐富了。

因為透過博恩．崔西多年的銷售經驗發現，一般第一個拜訪都需要早一點進行預約，而有的時候很難遇到的客戶，通常早上七點或者是更早的時間都有空。

所以說，博恩．崔西把見重要客戶的時間都放在正常上班時間「之前」或者「之後」，特別是一些成功的大企業家更是如此，因為這種人總是要比普通人早到，比別人晚走。而如果你可以把自己的工作時間拉長一些的話，跟客戶約一個他們比較方便的時間，那麼絕大多數情況是你們的生意不僅能夠談成，往往還會有下一次合作更大生意的機會。

所以你一定要記住：越忙越沒時間的客戶，通常也是最為重要的客戶。而整天都有空的人，反而是很少買東西的。

把握好每一分鐘

時間是人生最大的財富，離開了它，我們將變得一事無成。一名成功的銷售人員往往把時間看成是異常寶貴的，可以說是惜時如命。可是失敗的人，整天就好像在夢遊一樣，最後只能悔恨終生。

最成功的銷售人員和最不成功的銷售人員一樣，一天都是二十四個小時，但是博恩．崔西卻認為最為關鍵的，在於如何利用好這二十四個小時。你如果珍惜了這些寶貴的時間，那麼你就能夠將它轉化成為你的財富，不然的話你就是在虛度自己的寶貴時間，浪費生命，不會為你帶來任何價值。

時間就是金錢這一觀念，早在中世紀後期的義大利商人中就產生了。時間可以說是一種稀缺的資源，你只要充分加以利用，就能夠把它轉化成為你的財富。

阿爾伯蒂是 15 世紀早期義大利商人開辦工廠中的一個合夥人，他的信件一直保存到今天。我們從他的信件當中就可以清楚的看到，年輕的阿爾伯蒂是時間管理的先驅者。他在自己的信中寫道：「早晨起來，我做的第一件事情就是對自己說：『今天該做些什麼？這麼多的事情要做，我盤算著、想著，然後，把時間配置到各種事情當中去。』」接著他又寫道：「我寧願少睡點覺，也不願失去時間，要嚴格要求自己，做該做的事情。睡覺、吃飯都可以明天去做，但今天的生意卻不能等到明天。」

博恩．崔西也曾經告誡自己：「要經常看時間，要合理分配時間，要一心投入在事業上，把握好每一分鐘。」

凡是在工作中表現出色的銷售人員，都在於他們有一個掌握好時間的好習慣。在他們的工作中沒有清閒，總是會抓住工作時間的分分秒秒。

博恩．崔西在管理時間的時候，總是會把時間用秒來計算，因為用「分」計算的人，要比用「時」來計算的人時間多59倍。所以，善於利用零星時間的銷售人員，總是會做出出色的銷售業績。

博恩．崔西每天早晨一來到辦公室，不等到咖啡泡好就開始工作，迅速的讓自己進入工作狀態。而他在工作的時候，總是會絕對專心，不會在上班的時候做那些與工作無關的事情，可以說，博恩．崔西把每一分、每一秒都放在了自己的工作中。

而且博恩．崔西在工作中，如果有人對他說：「我可以耽誤你一分鐘時間嗎？」博恩．崔西總是會回答：「可以，但是現在不行，因為我在工作。」

作為一名優秀的銷售人員，你就要成為全公司最努力、最拚命工作的人。而你這樣的想法不要去告訴別人，你也不要在乎你的努力有沒有被同事和主管看見，只要自己埋頭努力工作就好了，讓自己成為一個「拚命三郎」。因為你是來上班的，不是來度假的。

現在銷售人員面臨這龐大的壓力，所以工作中泡咖啡也成為了眾多銷售人員的習慣。可是博恩．崔西卻要求銷售人員不要把時間浪費在喝咖啡上。

有的銷售人員早晨一到辦公室的第一件事情，就是開始想著什麼時候能休息，什麼時候可以去泡咖啡，或者是今天要與同事聊什麼八卦的新聞。而你要成為優秀的銷售人員，千萬不能和他們一樣。

博恩．崔西說過：「只有『結果』才會為你帶來收入。」所以，一些不能為你帶來利益的活動就避免了吧。如果你能夠把這些喝咖啡的時間節省下來去跑業務，你的業績跟你的收入，馬上就會發生極大的變化。

博恩．崔西做過一個計算，上班族平均每天上班喝兩次咖啡，假如每次

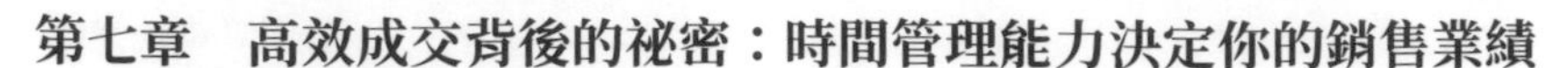

喝咖啡的時間是 20 分鐘的話，可能你的身邊沒有人，你會喝得更久。這樣算來一天喝咖啡的時間就是 40 分鐘。每個星期你工作五天，就等於你每一個星期都要浪費 200 分鐘；如果一年是 52 個星期，那麼這樣算起來的話就 1,000 多分鐘，相當於 166 個小時，也就等於一年你浪費了一個月的上班時間。換句話說，如果你每天上班喝兩杯咖啡的話，你一年就整整會有一個月在喝咖啡，這是多麼可怕。

你可以想想，如果你把這些喝咖啡的時間拿來工作，你很快就會發現收入多了，相當於多了一個月的薪水，而這一個月的薪水加起來就足夠讓你出國遊玩，或者是提早退休 5 年。

即使你吃午飯的時間也不要浪費時間，一般銷售人員在剛開始工作的時候，每天上班光吃午飯就要花一個小時，也就是一個星期是 5 個小時，一年就花了 250 個小時在吃午飯。

而你如果把喝咖啡和吃午飯的時間結合在一起，並能夠把握好這些時間，那麼你一年就相當於多了兩個半月的時間，你的收入也將會增加 25%。

你長期堅持下去，就能夠養成不浪費時間的好習慣，俗話說：「習慣成自然。」你很快就會習慣這種高效率的做事方法。這些習慣對你是百利而無一害。

做好個人的調查研究

經過了初步的調查研究，銷售人員就可以對自己代理區域內的情況有了一個初步的了解。我們就可以開始進行第二階段的工作了。具體的說，就是要搜集資訊，尋找可能成為客戶的人群。

普通的銷售人員只有一個目標，就是將自己的商品銷售出去。他們不會去考慮客戶是否需要這個產品，他們關注的是眼前的利益。與此不同的是高層次的銷售人員，他們不僅要把產品賣給客戶，而且只賣給那些真正需要的客戶。因此，在進行調查研究的時候，他們更加關注整個代理地區客戶的實際需求。他們不僅僅是在爭取訂單，也是尋找為客戶服務的機會。

當然，需求是不斷被發現的。可能客戶自身並沒有意識到自己的需求。可是，如果作為銷售人員的你發現了，那麼你就獲得了機會。也有可能，一個銷售人員偶然的聽說一個人打算購買某一種商品，而自己恰恰正在推銷這種商品。有時候，銷售人員的主動詢問也可能會碰巧獲得這樣的線索。

博恩．崔西的一位朋友是一名越野車銷售人員。越野車的購買人群以高收入、高學歷的人士居多，隨著網際網路技術的發展，這類客戶在買車時對於汽車的性能、新技術以及新操控等已經相當熟悉，也就是對於自己的購買目標往往有清晰的定位。

透過調查研究，他發現，通常購買越野車的人群都比較鍾愛野外活動，經常參加野外生存俱樂部等。

為了了解客戶的需求，他也在網上找到了參加人數最多的當地的一個野外活動俱樂部網站，並申請成為會員，定期參加會員活動。透過參加活動，他還發現，與他們聊一些興趣愛好，能夠迅速與他們建立連結，進而就可以針對每個人的不同興趣愛好，結合他們最迫切需要的越野車的主要性能，給予相應的解決方案，在這之後，把自己的名片順利的遞到他們手上，也就非常容易了。

當然，大多數情況下，這樣的線索不會來得那麼直接。銷售人員往往需要大量的走訪來獲得相關資訊。有了這些具體的資訊，再加上對當地情況的整體了解，銷售人員就可以確定自己的目標客戶了。

這樣的調查工作是很有意思的，不僅可以為我們帶來很多有用的資訊，而且還可以在很大程度上增加銷售人員的信心。因為在調查客戶的需求時，很可能將一個潛在客戶變成一個實實在在的買主。也有的時候，一些客戶的採購計畫可能不夠周密，這就導致他們原有的購買計畫失敗，出乎意料的是，無意中發現另一種產品更適合他們，於是他們購買了另一種。因此，在了解到客戶需求的時候，銷售人員不要急於做出判斷，而應該綜合分析各種不同的情況，然後才能對症下藥。

在調查目標客戶需求的同時，銷售人員不要忘了了解一下自己的情況。你應該清楚的了解自己能為特定客戶提供什麼樣的服務。如果你不具備客戶所需要的能力，就應該有針對性的進行補充。

在我們了解到的客戶需求中，有些可以轉化為購買，但這並不意味著所有的需求都能夠轉化為購買。這就需要我們不斷的調整思維，將「客戶需要什麼產品」這個問題調整為「我能為客戶提供什麼服務？」只有換個角度來思考問題，才能將自己培養成高層次的銷售人員。

你要時刻提醒自己，除非你有十足的把握，相信自己的建議能夠為一個人帶來幫助，否則你就沒有資格將他看成是一個真正的目標客戶。真正的調查研究不是去尋找一些透過爭取有可能購買你產品的人，這是一種狹隘的自私自利。

只有擺脫這種自私自利，將產品賣給真正需要的人，並且能為他提供很好的服務，這樣的銷售才是成功的銷售。

第八章　因為專業，所以不同：讓銷售職業成為你的專業

具備專業的態度

什麼是專業？博恩．崔西說：「專業表示是一種擁有特殊方法和流程的高尚職業。它是具有系統、有規畫的，從頭到尾都有一套可以遵循的標準規範。」這也就是指，專業銷售就好像是一把號碼鎖，而你必須要依序轉動一組數字之後，才能把鎖打開。

如果你不知道號碼，或者是以錯誤的順序去轉動號碼，那麼即使你擁有了全世界最大的熱情與力量，那麼也是無法打開這把鎖的。其實這就好像一個人沒有把事情做正確，或者是一直以錯誤的順序去做正確的事情，那麼即使他有再大的熱情和野心，也是無法在競爭激烈的市場中脫穎而出的。

銷售工作有著一套非常複雜的流程，包括教導、學習、影響、說服、戰勝未來客戶抗拒購買的自然的心態，並將其轉變成為客戶。這不是一件容易的事情。如果你現在看有很多成功的銷售人員，而以為銷售很容易，那麼你就錯了，你這樣的心態放在銷售工作上面，即使不會讓你受到致命的打擊，也會對你造成一定程度的傷害。因為心理學家發現，一般很多把事情看得非常簡單的人，當他發現事情遠沒有他想像的這麼容易時，就會產生沮喪、甚至是鬱悶的情緒。

當你把銷售也當成一種專業以後，你才會有機會擠入更高層次的銷售人

員的隊伍中。博恩．崔西一直以來都認為，只有當自己退後觀察自己的行為時，並且認真進行思考，才會有所進步。

在 1905 年，有一名叫泰勒的人開創了一套沿用至今的革命性的生產過程，被稱之為「科學化管理」，而這套方法也使他成為了當今製造方法的最高權威。

按照泰勒的想法，改善生產品質和數量的辦法，就是去把每一項工作分解成個別的動作，然後再訓練工人熟練的掌握這些動作。這些工人不需要熟練掌握太多的動作，只需要把某一項功能做得又快又好就行了。

科學化的管理過程就是由精密的分工開始的，它把勞動工人根據專業進行分類，而且發明出一套製造流程或生產線，這樣就讓大量的工人高效合作，創造出了史無前例的產量。

正是由於科學化的管理理論，讓美國在二十世紀初就成為了世界上最偉大的工業生產大國。著名的企業家亨利．福特是當時第一位應用這套理論的企業家，這讓他在今後的十年內迅速成為世界首富。

作為銷售大師的博恩．崔西，一直非常推崇科學化管理理論，並且把這一理論應用在了銷售上面，迅速提高了銷售業績。

博恩．崔西認為科學化管理這套理論中的關鍵之處在於「流程分析」。雖然表面看起來，銷售技術大部分都不是實實在在的，而且銷售工作與人關係密切，可是博恩．崔西發現這套理論卻非常適合應用於銷售工作的流程分析上。因為整個銷售過程可以分為許多個別並且是特定的活動，而這些活動又是可以被銷售人員分析和改善的。

有一項市場研究花費了大量的時間和數百萬的經費，長年觀察著數千位位於不同層次的銷售人員的銷售活動，特別是他們如何與客戶談判。最後研究報告指出：頂尖的銷售人員總是會以特定的方式進行推銷活動；而中等的銷售人員做事根本沒有計畫，隨意性很強；最差勁的銷售人員與客戶談判時雜亂無章，說話沒有重點，往往把自己陷入困境。

博恩．崔西每次都會在自己交易的前後過程中，對自己進行的每項活動都進行分解和標識定義，這樣就非常清晰的看到了優點與缺點，透過努力學習就可以把缺點轉化成優點，而這樣銷售過程中的每一項活動，就能夠得到最大幅度的改善。

之前博恩．崔西曾提到過因果法則，也就是說，每個結果都是由特定的原因造成的。而博恩．崔西也說過，如果你能夠把你想要的銷售成功定義出來，而且能夠找到如何成功的方法，那麼你就不妨按照這一辦法去做，爭取早日獲得你想要的銷售成功。

成為銷售大師

銷售人員相信自己是很重要的，因為自信總是能夠為我們帶來「奇蹟」。博恩．崔西說：「在行銷行業，對銷售人員的首要要求就是有足夠的自信，我非常推崇這一點。」

在推銷行業有一件讓人們回味無窮的經典案例。那就是在幾年前，喬治把一把斧頭成功推銷給了當時的小布希總統。而為此，布魯金斯學會也把一個刻有「最偉大的銷售人員」的金靴子獎給了他。

其實，從某種角度來看，這個獎並不能說明喬治的推銷技巧是這個世界上最好的，但是它卻能夠說明喬治具有一種堅不可摧的信心。

當時，當所有的學員都認為不可能把斧頭推銷給小布希總統的時候，喬治卻沒有退縮。他在成功之後接受記者採訪時說道：「我認為，把一把斧頭推銷給小布希總統是完全可能的，因為他在德州有一座農場，而且那裡面還長滿了很多樹。所以我就寫信給他，在信中說：『有一次，我非常幸運的參觀了您的農場，發現那裡面長著許多樹木，可是令人感到惋惜的是，有的樹已經死去了，木質也開始變得鬆軟。我想您現在一定需要一把小斧頭。可是根據您現在的情況來看，小斧頭對於您來說那就太輕了，您需要的是一把鋒利無比的大斧頭，而我這裡剛好有這樣一把大斧頭，它是我的祖父留給我的，非常適合砍伐樹木，如果您需要它，那麼請按照我留給您的地址回覆。』」

就是這樣，最後小布希總統向喬治匯去了 15 美元。

這就是喬治成功推銷的方法，他並沒有因為別人說目標不能實現就產生放棄的念頭，也沒有因為這件事情不容易辦到而失去自信。

其實在很多時候，我們不是因為有些事情難以做到而失去信心；而是因為我們失去了自信，有些事情才顯得那麼難以做到。

在博恩．崔西的眼中，信心是一種精神狀態，它是靠著調整你的內心去接受無窮智慧的方法而發展成的。

信心是讓你無窮的智慧，用在你實現自己目標的一種適應表現。可以說，信心是成功的動力機，是推動你為自己目標實現的原動力。

不管你的內心所懷抱著的意念、信仰是什麼，只要你有信心，你就能夠讓它們變成現實。所以，我們自己不要在自己的前進道路上放置障礙。這就好像是陽光透過三稜鏡時，馬上會變成多道光束一樣，而當你的信念穿過你內心的時候，也一定會綻放出不同的光芒。

在推銷過程中，那些消極的思想，比如不可能成功，客戶的要求太苛刻了等等，這其實都是銷售人員本身思維中的缺陷，而這些缺陷，足以扭曲甚至是分散任何一名銷售人員的行動力量。

博恩．崔西建議銷售人員每天一定要騰出一個小時的時間，來思考一下你和自信之間的關係，找出可以在你的銷售活動中建立起自信的方法。先要消除在你內心的各種消極思想：缺乏、貧困、恐懼、疾病等等，然後建立起一個明確的目標，並且讓自己毫不猶豫的開始執行。

如果你以信心為基礎所制定的計畫，需要其他銷售人員和你進行配合的時候，那麼就一定要找到這個人，因為他是不會主動來找你的。

有的銷售人員為自己設定了目標，把目標實現之後就出現了自滿現象，不再去設定下一個目標，這是銷售人員的大忌。

當年比爾蓋茲創建了供應世界 70%電腦作業系統軟體的微軟公司。在他 35 歲以後，他的公司就發展成了世界上最大的電腦供應企業。可是比爾蓋茲難道就滿足了嗎？他沒有，他仍然不斷的設想為自己的公司找到可以扮演的新角色。

結果在比爾蓋茲 37 歲的時候，他開始提供一種可以使辦公室內的所有機器都可以連線作業的系統：電話、傳真機、電腦都可以一起工作，而且他還成功說服了像 IBM 這樣的大公司，一起加入他的研發行列，最後終於成功研發出了這一款重要系統。

在你為自己設定了目標之後，你如果能夠立刻關上懷疑的大門，那麼你很快就會找到自信。雖然增強自信可能需要費一些功夫，更需要你的努力，甚至是無私奉獻，由於你的力量是無限的，所以你的努力也是可以持續的，而這樣你最後所得到的回報也是驚人的。

發揮你的銷售潛能

假如你有一輛汽車，由於車況不好，你要將汽車送去修理，修理廠很容易就會發現你汽車的問題，並且還會一項項為你的汽車做一個全面檢查，一直檢查到最不可能發生問題的地方。如果你問汽車修理師會從哪裡開始檢查，他們一定會從汽化器、機油箱和機油管線等方面開始檢查，之後再去檢查火星塞、電力系統，最後看點火器、發電機等部分，因為汽車修理師明白，如果這些系統沒有什麼問題，那麼整輛汽車也不會存在什麼問題。

我們的身體也是一樣，也有一套檢測你身體重要器官功能的生命活力指標。如果你缺少了其中任何一項，在醫學意義上就意味著死亡。當你感覺到自己身體不適時，去醫院進行檢查，醫生往往首先要檢查的就是你身體重要

器官的功能，因為重要器官的檢查可以讓醫生發現你的問題所在。

而銷售工作也是一樣的道理，它也有一套重要的器官功能。這些功能的健全與否，就決定了你的表現以及銷售事業的前途。

博恩．崔西告誡銷售人員，任何一項功能的退化，都能夠導致你銷售生涯的退步；任何一項功能的消失，都會讓你的銷售事業宣告死亡。所以，要成為出色的銷售人員，就要檢查每一項功能的優缺點，然後制定出一個計畫，提高自身弱點功能的整體能力水準。

博恩．崔西認為銷售的七項重要功能是：積極的心態，健康的身體和外表，充分的產品知識，源源不斷的客源和市場，展售技巧，化解客戶的反對意見並獲得承諾，個人的管理技巧。

這些功能會因為人和產品的不同而發生變化，但是根據博恩．崔西的經驗，這七項功能對一名銷售人員發揮專業銷售的潛能是非常重要的，其中任何一項的缺失，都足以減少銷售人員在其他方面的努力，使其表現不佳，更為嚴重的甚至是失敗。

舉例來說，銷售人員缺少積極的心態，就會用一種消極的態度對待工作。假如你對自己的產品服務沒有一種表示肯定與積極的態度，不去向客戶展示自己的產品對他們有什麼用，那麼客戶是肯定不會購買的，而你也將很快被市場所淘汰。

當然，如果你的外表看起來不太健康，或者是讓人覺得討厭，不能夠激起客戶與你互動的興趣，那麼你的未來客戶很有可能不會購買你的東西。特別是你看起來一副無精打采，病懨懨的樣子，那麼你可能就替自己的銷售事業提早畫上了句號。

銷售人員應該對自己的產品有一個很好的了解，如果你沒有充分了解自己的產品，就會在與客戶展示產品的時候顯得不夠專業，不夠自信。甚至在有的時候你沒有辦法及時而準確的回答客戶提出的問題，這樣一來，你未來的客戶就會對你和你的產品失去信心，而你的最終下場必然就是離開銷售行業。

博恩．崔西說：「銷售成功需要有不斷的客源及新的生意機會。」如果你作為銷售人員，不努力去開發新的客戶，並且讓他們購買你的產品，僅僅是這點就會讓你一敗塗地。

銷售技巧的關鍵在於銷售人員能夠由簡入繁，逐步讓客戶對你的產品產生興趣，並最後決定購買。而這一切依靠的就是你的一張能說會道的嘴，如果你不能夠把產品的功能向客戶介紹清楚，不能夠讓客戶在你的介紹中對產品產生興趣，那麼也會對你的銷售前途產生極大的影響。

銷售人員對於個人的管理也是非常重要的。這也就是說你規劃、組織活動的能力等等。博恩．崔西發現，在美國，很多銷售人員表現不好的主要原因除了銷售技巧不好之外，就是對於自我時間的管理。也就是說，他們不能夠把寶貴的時間用在有效的時間段。如果這樣的狀態持續一段時間的話，很有可能會讓你的銷售業績出現歷史新低，最後被淘汰出局。

博恩．崔西說：「你應該自我分析每一項重要的功能，以開始增加你的銷售績效。」這就好像是一個要去做體檢的人一樣，體檢的目的就是為了了解自身的健康情況。

一個簡單的自我分析方法，就是針對每一個項目用 1 到 10 進行打分，「1」指的是效果最差，而「10」則代表效果最好。當你一旦決定了自己的分數之後，你就可以進行自我分析，而博恩．崔西建議最好可以請你的銷售經理，一些經驗豐富的同事為你提供寶貴意見。

自我評估

狀況分析的一些任務，指的其實就是去評估你到目前為止的工作經歷。你可以花點時間回想一下自己的第一份工作、第二份工作、第三份工作，甚至可以把你曾做過的每份工作都列出一份清單。

在每一份工作的旁邊標出你在這項工作中所獲得的主要成就在哪裡？你當時工作的主要職責是什麼？每月有多少報酬？你是憑什麼技術和能力，最後才有資格得到這份工作的？到目前為止，在不同的工作中，你認為它們之間是否存在著一些共通性？根據你過去的經歷來看，是否可以發現什麼趨勢？你的工作是否變得更複雜，需要更多的知識和技術，並且獲得更多的報酬呢？在過去的工作中，你是否不斷的重複相同的工作，結果也大致相同？

假如這種趨勢一直繼續下去，你在未來一年內會做什麼事情？那麼過了一兩年之後呢？五年十年之後呢？你會因為自己的工作而變得越來越好，社會地位越來越高，獲得收入越來越高嗎？如果不是這樣的話，那麼你要採取什麼樣的行動，才能加速事業生涯的成長與發展呢？

其實，評估需要分析一下你的學歷，把你受過的教育列出一張清單。假如你完成高中、專科或大學的學業，你要把它們寫下來，並且寫出它們對你事業最重要的影響。

你可能會發現，在你所受到的正式教育中所學到的80%的知識，在職場是毫無用武之地的。但是，你應該找到那些對你目前的工作特別有幫助的科目。想想哪些在職訓練對你的工作特別有幫助？如果僅僅是從銷售業績與個人收入上來看，在過去這些年裡，你學到的哪些知識能為你帶來最大的報酬？有沒有哪一類型的學習機會對你的工作幫助特別重大？

博恩·崔西一直強調銷售人員要加強自我學習，所以在談到自我學習的時候，你應該想想哪些書籍對你的銷售生涯產生過幫助？當你在開車的時候，你經常專注去聽的有聲書是什麼類型的？除了一些學習培訓之外，你還用什麼方法來擴展你的技能，提高你的業務水準？

要想成為一名優秀的銷售人員，天賦能力也是至關重要的。而什麼是你的天賦能力呢？你目前的事業有如此成就，這些要歸功於你的哪些技術？你具有哪些別人會覺得很難、你卻能學得很快、做起來又輕鬆的技術？你在未來需要哪些技術與能力，才能確保銷售業績及收入不斷上升？這些都是需要你在進行評估時思考的問題。

博恩・崔西說過，你能學到的最重要的一課就是：只有實踐，才能夠讓生活過得更好。你也只有不斷充實了自己的內在之後，才能擁有外在成就。

這也就是說，假如你要讓客戶變得更好，前提是讓自己變成一個更好的銷售人員；假如你要讓家庭變得更好，就要變成一個更好的配偶及父母；假如你要改善人際關係，你就要變成一個更好的人。只有不斷去進行實踐，你的世界才會變得更加美好。

現實生活中，你的銷售生涯與工作總是會與你的私人活動密不可分。由於你的大部分時間都會同時想到這些事，所以它們可以說是無法分割的。而像博恩・崔西之類的最成功的銷售人員，他們似乎都有著很強的整合能力。

他們能夠很好的兼顧個人生活及銷售工作，這兩者之間的分歧會非常模糊，就好像從一隻手換到另一隻手似的，他們的銷售活動及個人活動就像是彼此的延伸。

在評估個人處境方面時，你首先要想想自己生活或者工作是否快樂，想不想繼續停留在你目前的狀況和關係當中。如果你的答案是肯定的，那麼你要思考應該擬定什麼樣的計畫，以確保在現況中獲得最大的幸福與滿足。假如你不想永遠停留在現狀，那麼就需要你思考有什麼辦法可以改變它。在今後的一個月或一年的時間當中，你每天所需要做的事情是什麼？是否需要改變你周圍的環境？等等。

無論你處於什麼樣的外部環境，都要為自己負責。你要掌管自己的生活，不論在哪裡，不論做什麼，不論為誰工作，都是你自己決定要置身於那種狀況下的。

可以說，你今天的生活就是你過去選擇的結果，而且這樣的生活並不是彩排，是現實。假如你沒有辦法解決自己個人生活上的問題，那麼你可能永遠都無法在銷售上面獲得極大的進步。

接受評估你還需要了解自己：是否有子女？他們的年紀有多大？他們的教育和個人生活情況怎麼樣？假如你的孩子年紀不大，你為他們的未來做了什麼規畫？你要他們上大學嗎？有沒有為他們在高中畢業之後能夠繼續受最好的教育而做儲蓄計畫呢？當一個人有了孩子之後，做任何事情最大的動機之一，就是為了我們的孩子。

所以，在有的時候你就會覺得自己必須特別努力，才能夠為他們提供更好的生活。而你要思考的問題也更多，比如自己要怎樣才能更好的滿足孩子們物質上、精神上的需求呢？

其實，你完全有必要把自己的財產列一張清單。你有什麼樣的車？是否滿意？你希望未來有一輛更大、更好、更快的車嗎？你計劃如何購買它？你滿意你的服飾、家具、器具、珠寶及其他個人財產嗎？

甚至你也可以做這樣一個練習，把你曾經的夢想和希望，擁有或者享受到的東西都列出一張清單來，暫時先不要考慮自己會花多少錢。這個練習最重要的部分就是讓你的心自由飛翔，並且能夠安心做你的美夢。

如果你已經結婚，你完全可以和自己的另一半坐下來，一起盡情想像你們希望能擁有或享受的事物。你的清單開得越詳盡、越廣泛，那麼在你銷售工作的時候，你就會在這些銷售及收入目標上更專注與賣力。

有的時候，我們可以把評估中出現的問題的答案，想像成拼圖上的碎片，而你才剛剛打開拼圖盒子，把這些碎片倒在一塊平面上。你接下來所要做的就是一塊接著一塊，把過去、現在及未來希望的點點滴滴，拼成一幅更好的生活美景，進而把它們組合成一張有待實現的目標藍圖。

當你將個人的策略目標擬定完成之際，你就會開始以一種連自己也無法置信的速度迅速完成目標。

逐步增強推銷能力

每個銷售人員在拜訪客戶之前，都必須事先做好準備工作，特別是提高自己的銷售能力，不然的話，客戶就會認為你不是一名出色的銷售人員，從而拒絕和你交談。

沒有哪一項能力不好、知識貧乏的人，最後能成為優秀的銷售人員。在推銷這個行業當中，凡是出類拔萃的人，無不是有著淵博的知識和出色的銷售能力。現在社會發展很迅速，知識的更新速度也日益加快，而要想成為一名真正的銷售人員，就要不斷的進行學習，提高自己的銷售能力，千萬不能認為自己已經掌握了很多的知識，鍛鍊了很多銷售能力。博恩．崔西說：「一名出色的推銷人員要會抓住機會，隨時隨地學習，虛心向別人請教。」這也是作為一名優秀銷售人員必須具備的。

在博恩．崔西成為銷售人員以後，就很虛心的去學習所有與銷售相關的知識和技巧，從而讓自己的銷售業績可以快速提高。博恩．崔西當時閱讀了大量的報紙、雜誌，而且聽銷售方面的錄音，從中挑選出對於自己最有幫助的內容，而且他還會認真的從身邊優秀的銷售人員身上，學習寶貴的銷售經驗，因為他一直以來都認為，在每個人的身上都有值得我們學習的地方。博恩．崔西說過：「如果你身邊有優秀的人，你就要挖掘他的優秀特質，把這種特質根植入自己身上。」他就是從一些人身上學習到一些，再從另外一個身上學到一些，慢慢的，博恩．崔西再進行仔細的分析，直到最後他自己用起來得心應手為止。

一位美國最高法院法官也說過：「通常，一個觀念轉移到另一個人心中之後，會比剛出現時，成長得更好。」所以，作為銷售人員，你一定要懂得學習別人的思維和能力，特別是那些成功的寶貴經驗，並讓這些寶貴的經驗能夠成為自己的東西，而不是死搬硬套，只有這樣，你才能夠發揮出更大的作用。

對於銷售人員來說，完備的行業知識，高深的專業知識，以及高超的銷售技巧，這些都是銷售人員應該馬上去掌握的。你對於推銷的產品有多麼喜歡，多麼了解，這些都將決定你在與客戶談話的過程中，向客戶所傳遞出的熱情和影響力，當然也決定了你的推銷是否能夠成功。

我們可以想想，如果你連自己所推銷的產品都不了解，頭腦中沒有掌握銷售產品的完整而詳細的資料，那麼你在與客戶交談的時候，該如何回答客戶的提問呢？

而博恩．崔西告訴推銷人員，如果你不能夠給客戶一個滿意的答案，也就是你不能給你的業績直接決定者一個滿意的答案，那麼你的推銷工作肯定會以失敗而告終。

當然，有的時候由於你所具備的銷售技巧不夠熟練，當客戶向你提出一些問題的時候，你沒有辦法當場解答客戶的這些異議，那麼博恩．崔西要你記住，在發生這種情況的時候，你一定要與客戶再一次約定下一次的見面時間，或者是事後再打電話給這位客戶。

總之，當你發現自己遇到這樣的情形時，說明你已經喪失掉了與客戶交談的最佳時機。很多銷售人員對於博恩．崔西提出的建議不予理睬，認為是浪費時間，多此一舉。如果你也這麼想，那你就大錯特錯了。

如果你不和客戶預約下一次見面的時間，那麼當你回去準備資料的時候，很有可能這位客戶已經改變了自己的主意；即使沒有改變主意，當你再一次見到客戶的時候，還需要從頭再為客戶介紹一遍，而你這樣重複介紹產品，就容易讓客戶產生反感心理，從而對於你的產品完全不感興趣了。

最後，你不僅浪費了大量的時間，也可能損失了一位自己的潛在客戶。

另外，由於銷售這一行業本身的特殊性，它總是會從事一些與「錢」「人」有關係的工作，由於工作性質的原因，銷售人員就必須應對不斷變化的各式各樣的事情和身邊的人，更要培養銷售人員妥善處理好與各類客戶之間的互動關係。

而要想培養這些能力，就需要銷售人員必須盡可能多的學習和掌握廣博的知識，提高自己的銷售能力。

博恩．崔西說，要想成為一名優秀的銷售人員，就需要經常了解社會，熟悉經濟、政治、文化等諸多方面的狀況，以及未來的發展趨勢；需要培養自己對經濟的敏感度，掌握基本的理財投資常識，提高自己的知識儲備量。

總之，你要想在競爭激烈的市場中生存，能夠在面對客戶的時候充滿自信，在面對問題的時候迎刃而解，那麼你就要盡量儲備自己的知識，逐步提高自己的銷售能力。

跟更優秀的人比

要想成為優秀的銷售人員，就一定要跟隨領先者，而不是跟隨那些普通人，一定要讓自己做銷售行業裡面頂尖人士所做的事情。學會模仿那些能夠在自己的人生當中讓自己有所成就的人，可能這些成功的人現在所獲得的東西，就是你將來所要獲得的，為此，你要與成功者為伍。

在平時，你應該多看看自己的周圍，哪些人是讓你最敬佩的人？哪些人得到的東西是你想在未來幾個月當中，或者幾年時間裡得到的？而且你還要辨識銷售行業中哪些人是最優秀的，然後按他們的樣子去設計自己。當你決定要讓自己成為他們的樣子，那麼盡可能的與他們多聯絡。

如果你希望知道自己怎麼做才能夠成為成功的銷售人員，那麼就要到企業中最優秀的人那裡去，請他們給你一些意見或者建議。你要主動向他們諮詢，你應該讀什麼書，聽什麼語音資料，上什麼課程，以及詢問他們對待工作和客戶的態度、方法等等。

而且，凡是成功的人士，也是非常願意幫助其他人成功的。如果你真心想要成功，那些非常忙於自己生活和工作的人，總是會抽出時間來幫

助你的。

當你向成功人士請教的時候，一定要接受他們的建議。作為成功人士，他們往往會鼓勵你做一些事情，例如買書籍學習；聽音訊節目；參加課程，並練習自己所學的東西等等。當你接受了他們的建議，而且自己也去做了之後，一定要回過頭再找到這個成功人士，告訴他你都做了些什麼，這樣一來，這個人才會給你更多的幫助。

在幾年之前，有一次在研討班上，有一千多名專業銷售人員參加。在培訓中途休息的時候，一位銷售員來到博恩．崔西面前，跟他講了一個很有意思的故事。

其實當時，博恩．崔西就明白他的成功源於他的外表。因為他穿著適當，修飾得體，自信，積極，放鬆，有很強的親和力。這也是他對自己之所以能夠成功進行的總結。

這個人還告訴博恩．崔西，當他在剛開始的時候，是與初階銷售人員混在一起的。在起初的半年時間裡，他注意到公司裡面有四位非常出色的銷售人員，而且他們似乎只是互相來往，不怎麼與其他銷售人員待在一塊。

結果這個人他仔細觀察了一下初階銷售人員，當然也包括他自己，還有那些頂尖銷售人員，就立刻察覺到一件事情。這些頂尖的銷售人員，穿得要比他們初階的銷售人員好很多，這樣的打扮讓他們看起來非常瀟灑時髦，更顯得專業，客戶一眼就會知道他們是成功人士。

結果有一天，他問其中一位頂尖的銷售人員，自己能做些什麼事情才能更加成功。這位銷售人員問他是否正在使用時間管理法。

和我們想的一樣，他根本就沒有聽別人說過這個時間管理法。而那個成功的銷售人員就講了自己正在使用的方法，還跟他說了在哪裡能找到這種方法。

最後他找了，而且還用上了。就這樣，他利用時間的效率開始提高了。

從此之後，他開始按照頂尖銷售人員的樣子來塑造自己。他不僅向他們請教讀什麼和聽什麼，他還觀察他們的一舉一動，把他們當成自己的榜樣。

在每天自己出門上班之前，他都會站在鏡子前問自己：「我看起來像公司的頂尖銷售員嗎？」

他對自己的要求非常嚴格，特別是關於自己的穿著打扮。如果他發現自己看起來不像頂尖銷售員，那麼他就會不停的換衣服，重新打扮自己，直到看起來像為止。這個時候，他才會出發去工作。

一年之內，他就成為部門裡面傑出的銷售人員，而之後他也只跟其他的優秀銷售人員打交道，他已經變得和他們一樣了。

由於他的出色銷售業績，他受邀參加全國銷售大會。在大會上，他做了一件非常有意義的事情。那就是在大會中途休息的時候，他走到來自全國各地的每位頂尖銷售人員面前，向他們請教。

而且他們都非常高興有人來請教自己，所以會把他們所做的、包括讓自己從本領域最基層做到最優秀的一些事情都告訴了他。當他回家後，他向他們寫了感謝信，並把這些想法付諸到自己的工作裡。這樣一來，他的銷售業績又漲了許多，遠遠超過了別人。

很快，他成為全州的頂尖的銷售人員。經過 5 年的時間，他改變了自己的人生。在全國銷售大會上，他應邀到臺上接受獎勵。當他在這個行業做到第 10 年的時候，他已經成了全國的頂尖銷售人員。

他在跟博恩．崔西說這些事情的時候，讓博恩．崔西覺得很有意思。因為他告訴博恩．崔西，他自己之所以能夠成功，靠的就是向其他優秀銷售人員請教他們在做什麼，並按照他們的做法而實踐。

俗話說：「物以類聚，人以群分。」如果你能夠與成功人士來往，那麼你自然而然就會傾向於採納他們的態度、言談和穿著方式、工作習慣等等。很快，你就會開始獲得他們做出的那些成就。

其實，我們每個人就好像是變色龍。當我們在學習與我們來往中的那些成功人士的態度和舉止的時候，我們會變得像這些人，而且我們也會接受他們的觀點。博恩．崔西認為這其實就是暗示的力量，特別是他人的觀點和見解能對我們產生相當大的影響，從而改變我們的想法，甚至是認識自我的態度，以及對待生活和工作的態度。

讓自己學會「零基礎思考」

零基礎思考是博恩．崔西策略思考中最為重要的部分。所謂零基礎思考，就是指對你做的每個決定都要進行嚴格認真的分析，你應該問問自己：「如果當初知道了現在知道的一切，那麼我還會做這樣的決定嗎？」

幾乎我們每個人都曾經有過這樣的經歷，可能還經歷過很多次，當你問到，如果讓他重新再來一遍的話，很多人可能都不會做出和第一次一樣的決定。這些消極負面的情形，會成為你創造理想生活的桎梏，因為它不僅暴露了你的短處，而且還削弱了你的自信和自我尊重，會讓你感到無助和絕望，可能有的時候，在你還沒有意識到的時候，就把你的銷售潛能扼殺在了搖籃裡。

面對這樣的情形，你往往需要用很大的勇氣來面對——如果你重頭來過，你絕對不會和第一次一模一樣的。面對曾經嚴重阻礙你的對於失敗、被拒絕和被冒犯的恐懼，往往需要極大的勇氣，而且還需要做出心靈釋放的決定，這也需要極大的勇氣。

但是你要成為你希望自己今後成為的那種人，就必須像扔垃圾一樣扔掉你生活中的消極情形，如果你能夠讓自己重新開始一遍的話，那麼你一定能夠超越過去的自己。

零基礎思考的意義主要有三個方面。

第一個方面就是在人際關係上。你可以想一想，有沒有一些私人的或工作上的人際關係，如果重新來過的話，你不希望發生呢？比如，現在越來越多的人都覺得自己的婚姻是一場錯誤，他們花費了自己幾乎所有的精力，來努力讓自己的婚姻維持下去，儘管他們的婚姻並不幸福。

假如你現在是一名經理，有沒有一些員工，如果你進行重新徵才的話，你一定不會錄用呢？許多經理都對自己當初僱用過錯誤的員工，而且還對他們的糟糕的業績咬牙切齒。如果當初知道今天是這樣的結果，我們相信他們絕對是不會僱用那個人的。

當然，你也可以想一想，在你的人生當中，有沒有一些人是你非常不願意相處的？即使與某些起負面作用的人來往一無所獲，你仍然感覺好像有義務要保持互動。如果重新來過，有沒有一些人，是你一定不會去來往的呢？

如果你的答案是肯定的，那麼就立即斬斷與這些人的聯絡吧。你必須接受這樣一個事實，人其實是很難改變的，如果你不做點什麼改善你們之間的關係的話，你們的關係可能就會更加難以改善。要想讓自己脫離一段不和諧的人際關係，那麼你必須先自己抽身而退，再鼓勵另外一人抽身而退。

在不久之前，有位女士曾經為博恩．崔西工作，可是她的工作表現很不好，而且還給博恩．崔西製造了大量的麻煩。當時博恩．崔西的妻子，也就是公司的老闆，認為應該把這位女士調到別的職位上去，讓別的人來做她的工作。於是博恩．崔西問了妻子一個尖銳的問題：「如果讓妳重新來過的話，妳還會僱用她嗎？」

她立即回答道：「絕不會！」瞬間，她意識到自己應該採取什麼行動了，最後她解僱了這位女士。

博恩．崔西遇到的每個經理，都有一些他們永遠不會再僱用的人依然還在公司裡上班。而博恩．崔西給這些經理們最好的忠告，就是如果你對他們感覺不好，你就不可能建立一個偉大的組織。在你要建構新的、美好的同事關係前，你最好先把這些「老人」們的問題先處理好。

而零基礎思考的第二個方面的意義就是與投資有關。你有沒有什麼投資是如果你知道了現在的結果，你就絕不會進行的呢？如果你的答案是肯定的話，那麼你的問題就是：「我怎樣從這個投資中擺脫出來，而且能夠盡快擺脫呢？」

優秀人士的一個顯著特徵，就是對自己和自己的生活能夠有一個誠實和客觀的態度，在必要的時候，否定自己過去的錯誤決策，並迅速進行改正。他們會承認自己做了某個錯誤的投資，可能是時間上、金錢上或者情感上的錯誤投資，然後他們會做一些必要的事情來減少損失。

零基礎思考的第三個方面與各種具體行為有關。你想想，有沒有什麼具體的事情，你已經承諾了別人要去做，但是如果讓你重新選擇的話，你還會不會去做呢？

你應該經常檢查自己的生活，分析每個耗費你時間和金錢的活動，看看有沒有什麼你正在做的事情，如果能夠擺脫它們的話，你想立即擺脫嗎？

每天都要尋求更好的方法

作為銷售人員，如果我們不懂得創新，就永遠無法進步。由於銷售人員面對不同的客戶，如果總是用同一種方法去說服客戶的話，那麼無異於做無用功。所以唯有不斷的進行創新，因地制宜，你才能夠立於不敗之地，才能夠不斷創造出優異的成績。

銷售大師博恩．崔西認為一個優秀的銷售人員，每天都應該去尋求更好的方法來解決遇到的問題。因為我們每一個人都不是死板的，很多人在剛剛進入公司的時候，往往能夠用創新的思維來解決問題，可以說每次碰到問題都能夠尋找出一個最恰當的解決辦法，但是隨著在公司工作的時間不斷增加，你可能會發現自己再遇到問題的時候，已經沒有了當初的那種氣魄，其實這就是博恩．崔西所講的，進入公司時間越長，越容易受到公司條條框框的約束，更容易被別人的經驗所左右。這個狀態下的你，遇到一些具有挑戰性的工作，或者是一些極難解決的問題，你就無法激發起自己的創新細胞，尋找到一種最佳的解決問題的方法。

一些銷售新人總是把創新看成是一件高不可攀的事情，而博恩．崔西則告訴這些年輕人，不要被創新所嚇倒，創新離我們每個人都不遙遠，我們每個人都具有創新能力。之所以很多人沒有做到創新，就是因為自己在工作中形成了一種惰性，失去了創新精神。現在很多銷售人員總是習慣按照一種固定的思維方式去思考問題，結果這樣下來，他們變得更加的平庸，絲毫得不到進步和提升。

美國偉大的管理之父杜拉克曾經說過這樣一句名言：「組織的目的只有一個，就是使平凡的人能夠做出不平凡的事。」你現在可以僅僅是一位普通的銷售人員，而如果讓你現在成為一家銷售公司的老闆，讓你擔起重任，你可能就會更加努力，就可以充分發揮出自己的創造力。

銷售大師博恩．崔西總是這樣問手下：「你思考過如何更好的發揮自己的創造力嗎？」其實這個問題的答案很簡單，就是創新。要想充分發揮你的創造力，你就需要大膽創新，改進你的工作方法，從而讓自己變得更加有活力。更何況在銷售當中，你工作了一段時間之後，那麼就更需要改進，和尋求更深的知識與工作方法。也許以前你的主要工作方式是上門推銷，剛開始你的這種上門推銷收到的效果不錯，可是時間一長，別人也用了這樣的方式，結果上門推銷讓客戶變得越來越反感，這個時候你就需要尋找新的方式，如果還不改變，勢必會讓自己失敗。結果那些優秀的銷售人員，又想出了所謂的電話行銷、網路行銷等方式。

日本曾經有一家生產味精的公司，當時公司的主管要求每一位員工必須提出一個建議，從而保證公司的銷售量能夠成倍增加。

當各部門接到命令之後，就開始行動起來，大家都各自想著各自的辦法，最後辦法也是五花八門，有的部門員工建議推出富有創意的廣告，有的部門建議修改瓶子的形狀，有的部門建議重獎優秀的銷售人員等等。

結果就在大家紛紛闡述自己建議的時候，有一位女工，怎麼樣也想不到好的辦法。可是就在她吃飯的時候，她想往自己的菜上撒調味粉，可是調味粉受潮了倒不出來。於是她的兒子不自覺的用筷子捅進了瓶子裡，用力往上攪動，最後調味粉終於撒下來了。這時，這位女工的母親說：「實在不行，妳就拿這個辦法試試吧，把瓶口開大一倍。」「這算什麼辦法啊？」女工看了一眼母親說道。

最後實在沒辦法了，女工把這個建議報了上去。令人吃驚的是，這位女工的建議居然成為了 15 件最有用建議之一，並且獲得了公司的獎勵。而且這位女工的建議被採用之後，公司銷售額居然成倍增加，這讓女工極為感慨：「我一直以為提建議很困難，沒有想到這麼簡單的辦法，也能收到這麼好的效果。」

在有的時候，解決問題就好像我們解答數學題，一個問題可能有多種解法。一個人如果能夠每天都尋找更好的方法來解決問題，那麼他的工作不但會完成得非常出色，而且自己也勢必會學習到很多新的知識，頭腦也將變得越來越靈活。

博恩．崔西的推銷思維中有一項非常重要的內容，就是只有具備了創新能力，才擁有了核心的競爭力。美國一位著名的心智發展專家說道：「創新能力是一種強大的生命力，它能為你的生活注入活力，賦予你生活的意義。創新能力是你命運轉變的唯一希望。」可見，現今尋找新的方法是多麼的重要。然而現在很多的銷售人員只知道按常規辦事，不具備強勁的競爭力，這樣也是很難創造出卓越的成績的，隨時都會被優秀的銷售人員所替代。

所以，如果你想成為一名優秀的銷售人員，就必須要勇於創新，不斷更新你自己的知識，不斷尋找新的方法，讓自己永保青春和活力。

成功銷售是你必須要做的事

假如你是一名工藝大師，那麼你在工藝行業中的每一項技術應該是很拿手的。當你想到一位木工師傅的時候，你一定會認為他對各種工藝都非常熟練，可以把一塊木頭變成漂亮的家具。可是如果你現在是一位醫生，那麼你就要對病人的病情瞭若指掌，這都是要有非常豐富的經驗的。

同樣的道理，一位出色的銷售人員總是會對銷售流程中的每一部分瞭若指掌。他肯定會依照事先制定好的計畫，進行每項活動，獲得高效率。

博恩・崔西把改善個人重要功能的方式，看成是卓越行銷表現的基礎。這也是建立和諧關係、定義問題、展示解決方案等基本銷售流程的自然延伸。而你把銷售流程擴展到成功關鍵因素，是助你爬上行業頂端的下一個步驟。

在你的每一項銷售工作中，都可以分解出成功的關鍵因素。博恩・崔西認為成功關鍵因素和活動是不相同的。活動就是你每天要做的事情，成功的關鍵因素則是你必須完成的事情，是你可以和過去表現做評比的事項。

博恩・崔西透過觀察發現，銷售人員並不是太喜歡別人用客觀方式來評估他們的績效表現。他們不喜歡被評價、被衡量，不喜歡自己的表現透過一些精確的數字表現出來。因為他們很擔心某些特定的比較方式，會讓他們看起來落後於別人，或者是自己沒有達到某一項標準。

但是，如果你想成為像博恩・崔西這樣出色的銷售人員，你就必須能仔細衡量出你在每一項活動上的表現水準，否則你是不可能得到進步的。

其實這就和一位獲得冠軍的運動員一樣，他肯定會仔細檢查最後分數是如何得出來的，速度跑得有多快，自己的每一場比賽表現如何。

為此，博恩・崔西認為一名優秀的銷售人員一定要嚴格的審核自己在各方面的表現，因為這與你的銷售業績息息相關。

成功的關鍵因素，就是能夠達成客戶期待成果的特別活動。假如你在各

方面都能夠做到客戶的要求，那麼你的整體成績肯定也是非常出色的。

博恩．崔西說：「要成就大業，就必須有偉大的理想。要登峰造極，就要設定一套最高標準以追求卓越。」

舉例來說，假如你在開發新客戶之餘，其餘的銷售流程項目都非常傑出，那麼單獨這一項成功關鍵因素，就決定了你能夠開發多少新客戶，和以後自己的業績如何。

假如你不擅長交流，但是你的其他表現都非常出色，那麼這個脆弱的方面也會限制住你，讓你沒有辦法在各個方面都保持平衡，而博恩．崔西告訴你唯一的辦法，就是讓各方面的銷售活動都達到高績效標準。

博恩．崔西進行研討會的時候，往往很多人都會前來質疑他所說的各方面都要求卓越的必要性。博恩．崔西經常聽到有人這樣說：「有沒有辦法讓我不需要開發客源就能夠銷售得很成功。我實在不喜歡開發客戶。」

在你的銷售活動當中，總是會遇到一些自己不喜歡的活動，原因可能是你這方面的表現比較差，所以你會盡可能避免從事這些活動。

很多銷售人員最後失業，就是因為他們無法接受那些優秀，並且你不容易追求的事實。你如果想成為出類拔萃的銷售人員，就一定要走出溫室，刻意讓自己進入那些自己不喜歡的領域，鍛鍊自己。

你只有不斷學習新的技能，直到你對一個更新、更高的績效標準感到滿意的時候，你才可以提高到更高的階段。

很多年前，博恩．崔西開始學習銷售的時候，他總是會請教其他的銷售人員，或者是看書、參加進修課程，從而吸收新觀念。而博恩．崔西也決心在銷售工作中使用這些觀念，可是他立刻發現這些新觀念根本行不通。因為當博恩．崔西去拜訪客戶的時候，使用了新的方法，但是幾乎都沒有達到預期的效果。

最後，博恩．崔西不得已放棄了嘗試新觀念，又重新回到了自己的「安全區域」，用老辦法做事情。

也正是由於這種想法，讓博恩．崔西發生了很大轉變。他終於明白自己必須要多次應用新的技巧和方法，必須要在未來的客戶身上應用至少十次以上，才能夠非常實際的評價它的效果。

而在這之前，博恩．崔西一直對新方法感到不自在和不適應。因為在博恩．崔西使用新方法時，根本沒有辦法衡量出它到底好不好。

很多人在嘗試新鮮事物的時候，都無法忍受尷尬和不自在的感覺，所以他們的表現水準總是很低。一位優秀的銷售人員就要學會給自己機會，如果你認同了某件事情，而且發現它對你的銷售工作有幫助，那麼你就在評價它好壞之前，多強迫自己練習幾次。假如你做了足夠的練習，那麼你幾乎什麼事情都可以做到。

做好銷售準備

如果現在你在銷售工作中屢屢受挫，那麼你有沒有想過是什麼原因造成的呢？也許你會將這歸結於自己的產品不好、自己銷售技巧不過關，甚至會將責任推給公司老闆，其實，這些都並非重點。最關鍵的在於你沒有做好充分的準備。

在從事銷售工作的大多數銷售人員當中，很多人都沒有接受過全面的培訓。在他們的頭腦中，根本沒有一個準備的概念。這當然有他們的過錯，但更多的是因為他們的老闆沒有為他們提供一個良好的培訓。

作為老闆，為了讓他們多拜訪一個客戶，總是急不可待的將那些還沒有充分準備好的銷售人員「轟出」辦公室。事實上，這樣的拜訪，大多數都以失敗告終。俗話說：「知己知彼，百戰不殆。」不要指望著你的老闆會為你做好一切準備 —— 他只能提供一些幫助給你。有時候這些幫助非常少，因為在很多情況下，老闆並不知道銷售都涉及哪些準備工作。

因此，我們在拜訪客戶之前，一定要自己先做好調查研究、設計好接近客戶的計畫方案，以及拜訪客戶的計畫等。如果一個銷售人員在拜訪客戶之前做好了充分的準備，那麼，他就為自己的成功做好了策略保障。

關於銷售前的準備工作，我們將它總結為以下三個部分：

第一，要對自己所代理產品的相關資訊瞭若指掌。

第二，要讓自身適合所有客戶的需求。

第三，要能夠靈活運用所學的知識。

只有為客戶提供關於產品的準確而全面的資訊，才能得到客戶的積極回應。而這一切有一個必要的前提，就是銷售人員自己要熟練的掌握這些資訊，並且能將這些資訊為客戶展示。

銷售人員應該有這樣一種意識，我們的目標不僅僅是將產品賣給客戶，而且要真真切切的為客戶服務。這就要求我們不僅要了解產品的基本情況、功能，還要充分了解產品具有的價值。如果做不到這點，你根本算不上一個合格的銷售人員。

作為一個優秀的銷售人員，不僅要了解自己所代理的產品，而且對產品甚至公司充滿了信心，時刻將自己的命運與公司連結在一起。當然，即使了解了產品的所有資訊，也不可能每見到一位客戶，就將自己所了解的全部產品資訊都告訴他。一方面，時間有限，不可能做到；另一方面，這樣做也是不明智的。因為不同的客戶可能會有不同的需求，我們只需要有針對性的介紹，而不需要面面俱到。這就要求銷售人員的頭腦中，必須要有全面的知識儲備。

人的頭腦就像一個倉庫，一旦東西多了，就會顯得混亂而沒有秩序。很容易出現一個現象，當你想找某種東西的時候，偏偏找不到。為了克服這個障礙，必須對各類資訊進行歸納和整理。這樣，一方面銷售人員自己不會遺漏任何資訊，另一方面，在客戶需要了解銷售人員所代理的產品和公司的相關資訊的時候，銷售人員也能夠及時準確的做出回答，而不至於手忙腳亂的四處尋找。

在這裡，向你推薦一個簡化、有效的資訊記憶方法。將需要了解的知識和資訊進行系統化的分類整理，然後將它們製作成一個書面的表格。這樣在需要的時候，你的頭腦中就會浮現出圖表的形象，然後就可以回憶起圖表中的所有內容。

一個銷售人員，之所以在解答客戶某些疑問的時候，或者在遭到客戶的拒絕之後，不能馬上想到答案或者做出適當的反應，一個很重要的原因就是他的頭腦當中的知識和資訊沒有系統、沒有條理。如果你嘗試一下圖表記憶法，會有效的改變這種狀況。

其實，上面所說的圖表，是將與產品有關的資訊歸納總結之後形成的一個提綱和摘要。提綱挈領，就是這個道理吧。

在具體的準備過程中，銷售人員很容易忽視這些內容。

第一，了解公司的方針和政策。

只有熟悉掌握公司的相關方針、政策，才能更好的為客戶提供全面的服務。而且，銷售人員應該學會在客戶的角度上來理解方針、政策。這樣才能在保證公司利潤的前提下，獲得客戶的最大利益化。

第二，全方位了解產品。

我們很容易犯一個錯誤，就是只關注當下。於是，為了完成購買行為，銷售人員會不斷的向客戶講述產品的結構、功能等等，偏偏忘了最有趣的東西，產品的歷史。一種產品的歷史不僅會引起你自己的興趣，而且還很容易引起客戶的興趣。事實上，即使是那些最為平常的東西，我們對它們的歷史也知之甚少。所以，我們首先要關注一下產品的歷史，引起客戶的興趣之後，再介紹產品的相關資訊。

第三，了解產品生產方面的知識。

大多數人對產品的生產過程都知之甚少。其實，對於那些有理由為自己所代理的產品的生產方式而驕傲的銷售人員來說，社會化生產的商品生產條件是一個非常有價值的話題。如果我們能將生產過程、生產情況了解清楚，並且能在與客戶的交流中很好的表達出來，就為我們的銷售幫了大忙。要知道，這是一個「興趣化」的時代，人們對生產過程的興趣，往往要比對事物的興趣更為濃厚。

除此之外，一些「次要資訊」也是銷售人員應該詳細了解的，因為它們往往也與產品息息相關。銷售人員不應該將自己的知識僅僅局限於代理產品的範圍之內，而應該不斷開闊視野，盡可能多的了解主要競爭對手的產品。

如果你已經對自己銷售的產品有了足夠的了解，那麼接下來你需要做的，就是為自己所代理的產品贏得更多的尊重，當然，在這個過程中，我們要靈活的運用所學的知識。

人人都想成為一個成功的銷售人員，如果你希望自己能夠在銷售領域獲得重大的成功，那麼，首先你應該具有一種狂熱的獻身精神。要全身心的投入到工作當中，我們必須堅信自己正在銷售一種偉大的商品，否則，很難將你的潛力發揮出來。

控制銷售局面

銷售人員在解決客戶異議的時候，要學會有效控制局面的策略，逐步緩和消解客戶的不滿情緒，洽談和找出解決問題、排除異議的有效策略。

第一，千萬不要讓客戶難堪。

在處理異議時，博恩．崔西有一條重要的原則：你是在做生意，而不是去打勝仗或吃敗仗。

在現實生活中，有些銷售人員忍不住會和客戶發生爭執，甚至弄得面紅耳赤。不管是誰占了上風，生意都會不可避免的失敗。記住，千萬不要與你的客戶爭吵，因為那樣做會使你們發生對抗。

有時，客戶提出的有些異議根本不值得討論。例如，當客戶說：「我只想隨便看看，我不準備購買。」對於客戶的說法，銷售人員不要在意他的這句話，不要去貿然頂嘴。因為客戶也許說的是實話。當我把自己的產品做完介紹後，客戶可能會產生不同的感覺，即使沒有也不要緊，千萬不要冒犯任何一位潛在的客戶。

那些失敗的銷售人員，在處理客戶異議時，之所以會控制不住局面，就是因為他們會沒好氣的還嘴：「不買？那你到這裡瞎忙什麼？」

這樣的話常常會激怒客戶，使他們陷入窘境，迫使他們採取行動保護自己。在剩下的推銷過程中，客戶為了顧全面子，絕不會輕易改變主意，因為這時候，買與不買已經牽扯到客戶的榮譽，如果他屈服讓步，他會認為那是一種軟弱的表現。一句不恰當的、倉促而不假思索的話，就能夠替你惹來麻煩，使你陷入無可挽回的困境。

有一次，博恩．崔西正準備穿過一片麥地去拜訪他的客戶。這是一位正在開曳引機的農夫。農夫為了聽清楚博恩．崔西說的話，只好關掉了引擎，但他顯然因為工作被打斷而怒氣沖沖。農民生氣的對博恩．崔西說：「要是下次再碰到你這樣卑鄙可惡的人的話，我發誓我會毫不客氣的把你扔得老遠。」

博恩．崔西直視著農夫的眼睛，毫不遲疑的回答說：「先生，在您準備那樣做之前，您最好申請到您能得到的所有保險賠償費。」

農夫先是一陣沉默，隨即臉上出現了笑意，「年輕人，」他說，「走，上我家去，我想聽聽你在做什麼推銷。」

當他們進屋的時候，農夫將手搭在博恩．崔西的肩上，對他妻子說：「喂，親愛的，這位年輕人說他能贏我。」說完，他哈哈大笑起來。

其實，從博恩．崔西的這個故事裡面可以看出，對於銷售人員來說，在遇到異議時，怎樣處理那些潛在的困難局勢是非常重要的。這時不僅需要智慧和魅力，而且需要忍讓和寬容。那些讓客戶陷入尷尬或者與客戶發生爭執的銷售人員，是永遠都贏不了客戶的信任與合作的。

第二，分辨客戶的真假異議。

在客戶提出異議時，出於各式各樣的原因，往往表達出假的異議，而不告訴你為什麼他們真的不想買你的產品。很顯然在這種情況下，你可能無法說服客戶，除非你搞清楚了他們真正的異議是什麼，如果做不到這一步，就算你費盡口舌，他們也不會改變主意。

湯姆是美國達拉斯某公司的一名股票經紀人，他正試圖推銷另一公司的三千股股票。而他的客戶剛巧是他的鄰居和好朋友。

一開始，湯姆的客戶就對他提出了異議：「我只會對那些盈利的公司進行投資，而你推薦的這家公司的股票，今年下跌了十個百分點呢。」

「是的。」湯姆回答說，「不過，它們的股票不會再貶值了。我們的股市分析家預估明年會上揚五個百分點。」

「我不相信，除非我親眼看到。據我所知，那家公司已經有一年零兩個月沒有盈利了。」這位客戶又說。

對於湯姆來說，應該先弄清楚自己客戶的真正異議是什麼。後來經過了解，他才知道，原來這位客戶的侄女也正在推銷股票，迫於太太的壓力，他準備讓侄女做他們的經紀人。在這種情況下，即使湯姆使出渾身解數，他也不可能說服自己的客戶，因為他說的一切都和客戶的真正異議毫不相干。除非他意識到自己的客戶不想買的原因是那位侄女，並且能夠對此想出對策，否則他不太可能得到客戶的訂單。

通常，客戶們表達出假的異議，或許是出於各種不同的考量。如果你找不出他們的真正用意，那你就會錯過許多的生意。譬如，一位客戶可能不太了解你的公司，但他又不想冒犯你。所以他不會直接說你的公司不可信賴或帶有欺騙性，相反，他會說：「讓我考慮考慮。」這時候，你可能會自以為是的對他解釋「為什麼他應該馬上採取行動」，比如存貨短缺，價格即將上漲，或者如果他不買就會遭到很大損失等等。然而，在你講的理由中，沒有任何一項能夠使他確信你代表著一家合法的、有信譽的公司。

客戶最不願意表達的一種異議，恐怕就是承認自己買不起你的產品了。承認自己沒有足夠的錢，不僅會令自己尷尬難堪，而且往往會刺傷自己的自尊心。所以，客戶常常會表達出一些假的異議來，比如「我有一個表弟也在做這樣的生意，我得先問問他」或者「我想等到新的型號上市再說」。正如你能猜到的那樣，我要是判斷不準確，就很可能以滿臉沮喪、推銷失敗而告終。但是，一旦我掌握了他們的真正異議，我就會強調折價優惠、按月付款等好處，以便讓他們確信自己付得起車款。

而辨別假的異議，最好的辦法就是當你提供肯定而確鑿的答案時，留心觀察對方的反應。一般說來，他們要是無動於衷的話，那就表示他們沒有告訴你真正的異議。另一條線索是，當客戶對你提出一系列毫不相干的異議時，他們很可能是在掩飾那些真正困擾他們的原因。如果你懂得「要是不想購買的話，沒有人會提出如此之多的真正異議」，那你就可以提一些問題，以便揭示出對方的內心世界。

如果你仍然看不出他們的真正異議，那麼你可以大膽的直接發問：「先生，我真的很想請您幫我一個忙。」大多數人都會說：「當然，你說吧，我能為你做點什麼？」然後，你可以積極誘導，以便發現對方的真實意圖。我不贊成你去嘗試瞎猜，在你遇到真正異議之前，最好全面分析局勢。同時，你可以提出一些客戶沒有想到的異議——在交談的過程中，套出他的實際想法來。

有些人從頭到尾都會堅決的拒絕購買任何東西——不管對什麼產品！不管在什麼情況下！例如，一個人可能對他的同事說：「有一位人壽保險經紀人今天晚上要來見我，但我想他只能是浪費時間，無論如何，我也不會買他的

任何保險！」一對夫婦可能接受一位遊樂場開發商提供的免費度假，而他們的目的卻是想藉著聽開發商做推銷的機會，在遊樂場消磨週末時光。

同樣，另一個人會告訴他的朋友說，他在下班回家時順道去看新車展銷，卻根本無意購買。這些人常常愚弄了他們自己，因為他們會尷尬的面對相關銷售人員的嘲笑和抨擊，為了更好的做生意，我們很有必要懂得這些行為也是重要的線索。

擴大自己的人際關係網

銷售人員要想建立起龐大的客戶關係網，不僅要學會如何搭建人際網路，而且要學會如何擴展自己的人際關係網。

要想快速擴展人際網路，達成銷售成功，就要影響那些有影響力的人物。因為有影響力的人通常會有一個組織，他們有一群有影響力的朋友。如果你能影響這些人，就能影響一群人。你影響十個有影響力的人，勝過影響一百個一般的人。

比如藥品銷售人員可獲得醫生的信任與合作——他們是病人的中心人物。而司機、教師，分別是乘客、學生的中心人物，社會名流是追星族、崇拜者的中心人物。中心人物在一定的範圍內，都有較大的影響和帶動性。他們有著廣泛的連結和較強的交際能力，他們資訊靈通，與銷售人員關係密切。

有兩類銷售人員應作為重點去影響：一類是銀行等金融機構的管理人員。這些人交際廣，對企業界的情況了解比較透徹，對投資行情也十分熟悉；另一類是某一行業的經理。銷售人員應多交一些既熟悉行業行情，又喜歡暢談的經理朋友。

銷售人員選擇一批有影響力的人之後，要經常與他們保持聯絡，透過各種途徑爭取建立起一種穩定、融洽的關係。比如，經常徵詢這些人對產品的意見，對他們的合作與幫助予以合理的報酬，定期贈送節日禮物或週年紀念賀卡，經常有禮貌的打電話問候，對最近所受到的善意幫助登門致謝等等。

多影響這些有影響力的人物，讓他們作為你的客戶見證，會使你的影響力越來越大，你的業績提升得越來越快。記住，要想快速獲得成功，就要多影響那些具有影響力的人，然後請他們介紹更多的朋友，這是博恩．崔西能夠獲得成功的又一法寶。

一般的銷售人員在洽談結束，獲得客戶首肯並簽完訂單後，都會十分快慰，想要趕緊收拾東西打道回府。而博恩．崔西認為，如果只是這樣，就永遠無法成為頂尖的銷售人員。頂尖的銷售人員和客戶一旦確認建立了良好友善的情感氣氛後，不論客戶有無購買，都會適時提出期望，請他幫忙推薦潛在客戶。

在他們看來，轉介紹的客戶不一定單單是購買產品的客戶。比如你在銷售產品時，如果有的客戶不購買，你可以說：「先生，我知道您目前已經擁有，請問您認識的人當中有哪些人更需要，您能介紹您周圍的朋友來了解我們的產品嗎？」

但是令人遺憾的是，很多銷售人員做完生意後，從來不懂得請客戶轉介紹，這在無形中失去了許多潛在的客戶。不管客戶買不買，你都要請客戶幫你轉介紹。我們應該明白，經老客戶推薦新客戶，省心省力又可靠，並且經由不斷的回饋，與客戶的友誼也因此更加深厚。

如果你的表現、精神狀態、工作能力能夠獲得客戶良好的口碑，你確實能為客戶利益著想，則要求客戶轉介紹，就不難獲得回應。很多時候，客戶害怕介紹朋友，是怕銷售人員和其產品的缺陷給他帶來麻煩，並使對方不愉快，影響友情，因此銷售人員一定要想辦法讓客戶放心。客戶有時不會拒絕介紹他的朋友，但會叮嚀你不得說出自己的姓名，銷售人員如不小心審慎處理，必會惹出不少麻煩。

但是，如果你要求對方介紹客戶時，對方不願意，這時也不必強人所難，應該立即轉換話題，幫自己找個臺階下。

如果成功拜訪了客戶介紹的人，你最好能向當初介紹的客戶報告進展情況，並致電感謝。這樣一來，客戶就會有一種強烈的成就感，他會樂於再轉介紹，使他成為自己的「客戶來源中心」。

你一定要向客戶提供物超所值的服務，甚至是別人無法想像的服務。很簡單，客戶購買的不只是產品，他買的是你的產品提供給他的服務，以及你的工作態度，你的服務水準和工作態度，決定客戶能否幫你轉介紹。

銷售人員經常詢問每一位客戶是否能夠提供可能的準客戶名單，將這個推銷活動中的基本動作養成習慣，將它變成和客戶閒聊中最自然的一句問話，你就一定會成為推銷的高手。不論客戶有無購買，都應該適時提出期望，請他幫忙推薦潛在客戶，同時須予以回饋，懂得如何擴大關係網，才能登上成功之路。

博恩・崔西的銷售法則

讓比爾蓋茲、股神巴菲特、傑克・威爾許奉行的商業定律

編　　著：丁政
發 行 人：黃振庭
出 版 者：崧燁文化事業有限公司
發 行 者：崧燁文化事業有限公司
E-mail：sonbookservice@gmail.com
粉 絲 頁：https://www.facebook.com/sonbookss/
網　　址：https://sonbook.net/
地　　址：台北市中正區重慶南路一段六十一號八樓 815 室
Rm. 815, 8F., No.61, Sec. 1, Chongqing S. Rd., Zhongzheng Dist., Taipei City 100, Taiwan (R.O.C)
電　　話：(02)2370-3310
傳　　真：(02) 2388-1990
印　　刷：京峯彩色印刷有限公司（京峰數位）

定　　價：420 元
發行日期：2021 年 11 月第一版
◎本書以 POD 印製

國家圖書館出版品預行編目資料

博恩 . 崔西的銷售法則：讓比爾蓋茲、股神巴菲特、傑克 . 威爾許奉行的商業定律 / 丁政編著 . -- 第一版 . -- 臺北市：崧燁文化事業有限公司 , 2021.11
面；　公分
POD 版
ISBN 978-986-516-899-5(平裝)
1. 銷售 2. 職場成功法
496.5　　110017300

電子書購買

臉書